国家示范性高等职业院校建设规划教材

教育部高职高专水工专业教学指导委员会推荐教材

工程地质与土力学

主　编　王玉珏　孙其龙
主　审　苏巧荣

黄河水利出版社

·郑州·

内 容 提 要

本书是国家示范性高等职业院校建设规划教材,是教育部高职高专水工专业教学指导委员会推荐教材。本书是根据教育部国家示范性高等职业院校建设计划水利水电建筑工程重点建设专业及专业群人才培养方案要求,按照工程地质与土力学课程标准编写完成的。全书共有 8 个学习项目,主要内容为:水利工程中常见的工程地质问题与处理方法,土的基本指标检测及土的工程分类,土方压实,土的渗透性及渗透变形防治,地基变形验算,地基强度验算,挡土墙的稳定性验算,水利工程地质勘察报告阅读与分析。

本书可供高职高专院校水利类相关专业教学使用,同时可作为水利水电工程技术人员的参考用书。

图书在版编目(CIP)数据

工程地质与土力学/王玉珏,孙其龙主编. —郑州:黄河水利出版社,2012.8 (2014.6 修订重印)

国家示范性高等职业院校建设规划教材

ISBN 978 - 7 - 5509 - 0313 - 5

Ⅰ.①工⋯　Ⅱ.①王⋯　②孙⋯　Ⅲ.①工程地质 – 高等职业教育 – 教材　②土力学 – 高等职业教育 – 教材

Ⅳ.①P642　②TU43

中国版本图书馆 CIP 数据核字(2012)第 169617 号

组稿编辑:王路平　电话:0371 – 66022212　E-mail:hhslwlp@163.com

出 版 社:黄河水利出版社

地址:河南省郑州市顺河路黄委会综合楼 14 层　邮政编码:450003

发行单位:黄河水利出版社

发行部电话:0371 – 66026940、66020550、66028024、66022620(传真)

E-mail:hhslcbs@126.com

承印单位:河南地质彩色印刷厂

开本:787 mm × 1 092 mm　1/16

印张:17.25

字数:400 千字　　　　　　　　　印数:3 101—7 000

版次:2012 年 8 月第 1 版　　　　印次:2014 年 6 月第 2 次印刷

2014 年 6 月修订

定价:38.00 元

前　言

本书是根据《教育部、财政部关于实施国家示范性高等职业院校建设计划,加快高等职业教育改革与发展的意见》(教高〔2006〕14 号)、《教育部关于全面提高高等职业教育教学质量的若干意见》(教高〔2006〕16 号)等文件精神,在教育部高等学校高职高专水利水电工程专业教学指导委员会指导下组织编写完成的。

本套教材以学生能力培养为主线,以实际工程案例为载体,融"教、学、练、做"为一体,适合开展项目化教学,体现出实用性、实践性、创新性的教材特色,是一套紧密联系工程实际、教学面向生产的高职高专教育精品规划教材。

本书是根据黄河水利职业技术学院国家示范性建设水利水电建筑工程专业制定的人才培养方案的要求编写的,它是水利水电建筑工程专业及其相关专业群的专业技能课程的教学用书。

本书遵循现行行业规范,如《土工试验规范》(SL 237—1999)、《水利水电工程地质勘察规范》(GB 50487—2008)、《水闸设计规范》(SL 265—2001)、《碾压式土石坝设计规范》(SL 274—2001)等规范标准的要求,突出针对性与实用性。理论部分以够用为度,删繁就简,实用内容尽量充实和强化,体现"教、学、练、做"一体化的教学方法,注重培养学生的基本技能和分析问题、解决问题的能力。本教材具有内容精炼、体系完整、紧密结合实际的特点。根据课程要求,书中附有针对性较强的例题和练习题。

本书由黄河水利职业技术学院承担编写任务,编写人员及编写分工如下:王玉珏编写绪论和项目 5(不含任务 3 中的(2)),杨二静编写项目 1 中的任务 1(不含 4、5),孙其龙编写项目 2、项目 3(不含任务 2)和项目 4(不含任务 2),华北水利水电学院许新勇编写项目 1 中的任务 1(4、5)、任务 2~5 和项目 8,黄河勘测规划设计有限公司周森编写项目 3 中的任务 2 和项目 6,田玲编写项目 4 中的任务 2、项目 5 任务 3 中的 2 和项目 7。本书由王玉珏、孙其龙担任主编,王玉珏负责全书统稿,由苏巧荣担任主审。

由于编者水平有限,对于书中存在的不足之处,诚恳地希望读者批评指正。

编　者
2012 年 5 月

目 录

绪　论

任务 1　工程地质学与土力学的概念

地球的外表层称为地壳,构成地壳(岩石圈)的基本材料是岩石,岩石是由矿物或岩屑在地质作用下按一定的规律聚集而成的自然体。岩石形成年代较长,颗粒间联结牢固,呈整体或具有节理裂隙的岩体,在山区或平地深处都可遇到。而土是地壳表层的岩石长期遭受自然界强烈的风化(物理风化、化学风化和生物风化)作用、剥蚀作用形成的产物,是各种矿物颗粒构成的松散集合体。土形成年代较短,一般在第四纪(在地质年代中新近的一个纪)形成,土颗粒间的联结强度远远小于颗粒本身的强度,有的甚至没有联结。在一般情况下,土颗粒间有大量的孔隙,而孔隙中常常被水和空气占满。土粒、水和空气是组成土的三种不同相的物质,称为土的三相。因此,土与其他连续介质相区别的最主要特征,就是它的多孔性和散体性。

地质学是研究地球(地壳)的物质成分、内部构造、表面特征及地球演化历史的科学。随着科学技术的发展和生产实践的需要,地质学在应用方面形成了许多独立的分支,工程地质学是其中的一个分支,它是调查、研究、解决与人类活动及各类工程建筑有关的地质问题的科学。

土力学是研究土的物理性质、水理性质和力学性质,重点利用力学知识和土工试验技术来研究土的强度、变形及规律性的一门学科。对水利工程来说,还要研究土在渗流作用下的渗透稳定问题。一般认为,土力学是力学的一个分支,但由于土力学研究的对象是松散矿物集合体——土,土体的力学性质与刚体、弹性体及流体等都有所不同。因此,一般连续体力学的规律在土力学中应结合土的特性加以应用,并且还要借助土工试验来研究土的物理力学性质。

工程地质与土力学由工程地质学与土力学两门课程组成,虽然这两门课程的研究对象、研究方法不同,但研究的目的是相同的,即都是为保证建筑物地基的岩体、土体稳定和建筑物的正常使用提供可靠的地质论证和力学计算依据。所以,这两门学科在工程实践中是互相依存、互相渗透、互相结合的。

任务 2　工程地质在工程建设中的重要性

在地球形成至今约 46 亿年的历史中,地壳在内力地质作用和外力地质作用下,经历了一系列的演变过程,形成了各种类型的地质构造和地形地貌以及复杂多样的岩层和土层。建筑在岩层或土层的水工建筑物,例如水库、闸坝、隧洞、水电站厂房等,在兴建和使用过程中,必然会遇到各种各样的地质问题。实践证明,如果对地质条件事先没有仔细查明或对工程地质问题重视不够,将会给工程建设带来严重后果。例如,美国加利福尼亚州的圣·法兰西斯混凝土重力坝,坝高 62.6 m,建于 1927 年,由于设计者预先没有对坝基岩体进行很好的调查研究,就修建了这座大坝,结果蓄水后,在渗透水流的作用下坝基泥质胶结的砾岩浸水崩解成碎块,岩层中的石膏细脉溶解,坝基发生了漏水现象。1928 年 3 月 11 日第一次洪水就将坝的左岸坝肩冲断,推至下游 1 km 多,0.46 亿 m³ 的水几分钟就泄漏一空,下游两岸均被冲毁,造成 400 多人伤亡。又如 1959 年 12 月 2 日法国的马尔帕赛拱坝,坝高 66 m,由于坝基左岸岩石软弱,未经地基处理,蓄水后发生位移达 210 cm,致使整个坝体全部崩溃,水库拦蓄的 0.3 亿 m³ 水顿时下泄形成洪水,以 8.33 m/s 的速度倾泄,造成下游 400 余人死亡,损失达 6 800 万美元。意大利的瓦依昂水库,坝高 265 m,当时是世界上最高的双曲拱坝,1963 年 10 月 9 日坝前左岸山体突然发生特大滑坡,2.4 亿 m³ 的岩体迅速滑入峡谷水库中,产生涌浪高 200 多 m,漫过坝顶泄向下游,使朗格伦镇夷为平地,共死亡 2 400 多人,水电站工作人员也全部遇难。西班牙的蒙特哈水库,由于设计时没有查明库区两岸的地质情况,建成蓄水后,库水通过库周的石灰岩裂隙和溶洞而漏光,使 72 m 高的大坝耸立在干涸的河谷上,起不到挡水作用。类似的工程实例还可以举出很多。

我国从 1949 年新中国成立以来,已建成坝高 15 m 以上的大坝水库 12 000 余座。由于我国重视工程地质工作,从而解决了许多复杂的工程地质问题。但是,也有极少数工程,人们对工程地质条件研究不够,或对复杂的工程地质问题缺乏周密的论证,导致处理不当,造成水库或坝基(肩)漏水、水库淤积、边岸滑塌及隧洞塌方等工程事故,浪费了人力、物力,延误了工期或遗留后患需要处理,使工程不能发挥应有的效益。如北京十三陵水库,坝基和库区存在着深厚的渗透性较强的古河道冲积层,建坝初期未作垂直防渗处理,致使水库多年不能正常蓄水,20 世纪 60 年代作了坝基防渗墙处理,此后坝基不渗漏了,但水库区古河道仍在渗漏,渗漏问题仍未解决,直到 1991 年,为了兴建抽水蓄能电站,在库区又做了一道防渗墙,才彻底解决了渗漏问题。

由此可见,工程地质工作在工程建设中是一个非常重要的环节。工程地质的主要任务是:查明建设地区或建筑场地的地质条件,分析、预测和评价可能出现的工程地质问题,提出防治不良地质现象的措施,为保证工程建设的合理规划,建筑物的正确设计、顺利施工和正常使用,提供可靠的地质科学依据。所谓工程地质条件,是指地形、地貌、地层岩性、地质构造、水文地质、物理地质作用和天然建筑材料等这些与工程建设有关的地质条件的总和,即凡是影响工程建筑物的结构形式、施工方法及其稳定性的各种自然因素条件,均称为工程地质条件。

■ 任务 3　土力学在工程建设中的重要性

1　土的工程用途

土在地壳表层分布极广,它与工程建设的关系十分密切。在工程建设中,特别是在水

利工程建设中,土被广泛用做各种建筑物的地基、材料和周围介质。

1.1　作为建筑物的地基

任何建筑物的上部荷载都是由它下面的地层来承担的。承受建筑物荷载后而引起原有应力状态发生变化的那部分地层,称为建筑物的地基。基础一般位于地面以下,是建筑物的下部结构,主要作用是将建筑物的荷载较均匀地传到地基中,起着承上启下的连接、调节作用,如图 0-1 所示。与基础底面接触的土层直接承受建筑物传来的荷载,称为持力层。持力层以下的各土层称为下卧层。下卧层中的软弱土层称为软弱下卧层。软弱土层一般不宜直接作为持力层。

在平原地区,房屋、堤坝、水闸、渡槽、码头、桥梁等建筑物都是建造在土基上,土就被作为建筑物的地基;在山区及丘陵地带,由于基岩埋深较浅甚至裸露于地表,则岩石也可作为建筑物的地基。

1.2　作为建筑材料

土常常是最低廉的建筑材料。例如,采用土料填筑堤坝和路基等土工建筑物,如图 0-2 所示。

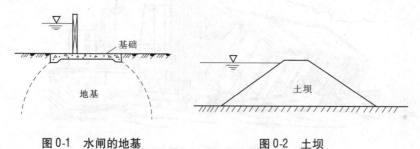

图 0-1　水闸的地基　　　　　图 0-2　土坝

1.3　作为建筑物周围介质

在土层中开挖修建涵洞、隧洞、渠道等各种地下硐室所形成的周围土体,称为建筑物的周围介质。图 0-3(a)、(b)分别为隧洞和渠道的示意图。

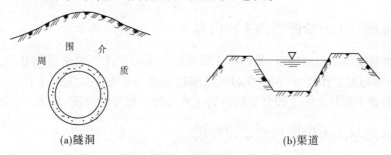

(a)隧洞　　　　　　　　　　　　(b)渠道

图 0-3　隧洞和渠道

2　土力学在工程建设中的重要性

由于土具有多孔性和散体性,所以特别容易透水、变形,并且强度比较低。因此,在工程建设中,存在许多与土有关的问题。如地基承载力问题、挡土墙土压力问题、土坡的边坡稳定问题、土的渗透稳定性问题等。如果我们忽视这些问题,轻的造成浪费,严重的还会导致工程事故。如建于加拿大的特朗斯康谷仓,由于未勘察到基础下的软黏土层,造成初次储存谷物时,基底压力超过了地基极限承载力,致使谷仓一侧陷入土中 8.8 m,另一侧提高 1.5 m,倾斜 27°,如图 0-4 所示。由于该谷仓基础和上部结构刚度较好,所以筒仓完好无损。后经过在筒仓下增设 70 个支承于基岩上的钢筋混凝土墩,用 388 个 500 kN 的千斤顶,才将仓体纠正,但其标高比原来降低了 4 m。又如我国连云港钢板桩码头的抛石棱体,1974 年发生多次滑坡,其主要原因是地基中有一层 5～6 m 厚的淤泥层,且带有倾向外部的坡度,促成了滑坡产生。因此,对土的研究直接关系到工程的经济合理和安全使用问题。

滑动面

图 0-4　加拿大特朗斯康谷仓的地基事故

■ 任务 4　工程地质与土力学课程的内容与学习要求

1　工程地质与土力学课程的主要内容

根据水利水电工程的特点,我们将工程地质与土力学课程的学习内容分为 8 个学习项目,18 个学习型工作任务,一个学习项目阐述解决一个方面的实际工程问题,8 个学习项目基本涵盖了水利水电工程常见的与岩土有关的工程实际问题,具体内容见表 0-1。

2　工程地质与土力学课程的学习要求

工程地质与土力学是一门理论性、实践性强,涉及内容广泛,专业面广且综合性强的学科,加上我国幅员辽阔,工程地质情况、水文地质情况、工程结构特点、使用要求等千差万别,使得在工程设计与施工中,没有一例工程是完全相同的,故需要运用本课程的基本原理,深入调查研究,针对不同情况进行具体分析。因此,在学习本课程时,要求大家注意理论联系实际、掌握基本原理、基本方法,搞清概念,提高分析问题、解决问题的能力。

 绪　论

表 0-1　工程地质与土力学的教学组织

项目编号	项目名称	学习型工作任务		建议学时	
	第一次课		课程介绍	2	2
项目1	水利工程中常见的工程地质问题与处理方法	任务1	工程地质基础知识	14	22
		任务2	大坝的工程地质问题与处理方法	2	
		任务3	库区的工程地质问题与处理方法	2	
		任务4	渠道的工程地质问题与处理方法	2	
		任务5	地下硐室围岩的工程地质问题与处理方法	2	
项目2	土的基本指标检测及土的工程分类	任务1	土的基本物理性质指标检测	6	14
		任务2	土的物理状态的判定	4	
		任务3	土的工程分类	4	
项目3	土方压实	任务1	确定土的最大干密度,选择工程土料	4	8
		任务2	现场质量检测及评定	4	
项目4	土的渗透性及渗透变形防治	任务1	确定土的渗透性	4	8
		任务2	判断土的渗透变形及渗透变形的防治措施	4	
项目5	地基变形验算	任务1	土中应力计算	6	12
		任务2	确定土的压缩性	3	
		任务3	验算地基的变形	3	
项目6	地基强度验算	任务1	确定土的抗剪强度指标	5	9
		任务2	确定地基承载力	4	
项目7	挡土墙的稳定性验算	任务1	土压力计算	5	6
		任务2	验算挡土墙的稳定性	1	
项目8	水利工程地质勘察报告阅读与分析	任务1	水利工程地质勘察	1	3
		任务2	阅读与分析水利工程地质勘察报告	2	
		总计		84	

项目 1　水利工程中常见的工程地质问题与处理方法

本项目的主要任务是学习工程地质基础知识及水利工程中常见的工程地质问题与处理方法。知识目标是掌握常见地质构造的主要特征,河流地质作用及河流冲积物特征,地下水的物理性质和主要化学性质,坝、库区、渠道和地下硐室围岩的工程地质问题及其处理方法,理解矿物的物理性质和外表特征,三大类岩石的成因、矿物成分、结构、构造及其分类定名,熟悉潜水与承压水的主要特征;技能目标是能肉眼鉴定常见矿物、岩石,识读应用地质资料,判断自然界中常见的地质构造现象,能分析工程地质对水利工程的影响。

随着工程建设的需要和科学技术的发展,工程地质作为地质学的一个分支,主要研究与工程设计、施工和正常运行有关的工程地质问题。本项目包括矿物与岩石、地质构造与地质图阅读、物理地质作用和地下水等工程地质基础知识,以及水工建筑物如水库、坝、渠道、隧洞在兴建和使用过程中常见的地质问题与处理方法。

任务 1　工程地质基础知识

1　矿物与岩石

地球是一个具有圈层构造的旋转椭球体。它的外部被大气圈、水圈、生物圈所包围,地球内部由地壳、地幔和地核组成(见图 1-1)。

地球的表层——地壳,是由各种岩石组成的。其密度为 $2.7 \sim 2.9 \ \text{g/cm}^3$。地壳的厚度很不均匀,各地有很大差异,位于大陆的地壳厚度大,平均约 33 km,高山区可达 $70 \sim 80$ km。位于大洋底部的大洋地壳厚度小,平均 6 km。组成地壳的基本物质是各种化学元素,其中以 O、Si、Al、Fe、Ca、Na、K、Mg、Ti 为主,这 9 种元素占地壳总质量的 99.96%。其中硅、氧、铝三种元素就占了地壳元素质量的 82.96%。元素在一定的地质条件下聚集形成矿物。各种矿物在一定的环境条件下自然集合形成岩石。不同成因岩石的形成条件、矿物成分、结构和构造各不相同,故它们的物理力学性质也不一样。因此,在各种工程建筑中,必须对组成地壳的主要矿物和常见岩石以及它们的工程地质性质进行研究。

图 1-1　地球内部层圈

1.1　矿物

1.1.1　矿物与造岩矿物

矿物是指地壳中具有一定化学成分和物理性质的自然元素或化合物。矿物都具有一定的化学成分,可用化学式表达。如金刚石、石盐和石膏,它们的化学式分别为 C、$NaCl$、$CaSO_4 \cdot 2H_2O$。

矿物在地壳中绝大多数呈固体状态,如石英、正长石等,但也有少数液态矿物,如水银、石油等,以及气态矿物,如天然气。

自然界已发现的矿物有 3 800 多种,而组成岩石的主要矿物仅 30 多种。

最常见的矿物有石英、斜长石、正长石、白云母、黑云母、角闪石、辉石、方解石、白云石、高岭石、绿泥石、石膏、赤铁矿、黄铁矿等。它们占岩石中所有矿物的 90% 以上,这些组成岩石主要成分的矿物称为造岩矿物。

1.1.2　矿物的形态

矿物的形态是指矿物的外形特征,一般包括单体形态和集合体形态。组成矿物的元素质点(离子、原子或分子)在矿物内部按一定的规律重复排列,形成稳定的结晶格子构造。具有结晶格子构造的矿物叫做结晶质。结晶质在生长过程中,若无外界条件限制、干扰,则可生成被若干天然平面所包围的固定几何形态。这种有固定几何形态的结晶质称为晶体,如石盐呈正立方晶体(见图 1-2)。

图 1-2　石盐的内部构造和晶体

但是,岩石中大多数矿物结晶时,受到许多条件和因素的控制,晶体常呈不规则的几何形态,但其内部构造仍不失其结晶的实质。有少部分矿物为非结晶质,即内部的原子或离子无规则排列,因此外表就不具有固定的几何外形,例如蛋白石($SiO_2 \cdot nH_2O$)等。它可以是单体,也可以是很多单体组成的集合体,如柱状(正长石)、板状(斜长石)、片状(云母)、菱面体(方解石)、纤维状(石膏)等。由于生长空间的局限,矿物晶体往往不能发育成完美形态,它们常常挤在一起呈集合体产出。如粒状(橄榄石)、土状(高岭石)、鳞片状(绿泥石)、晶簇状(石英)、钟乳状(方解石)等。常见造岩矿物的形态如图 1-3 所示。

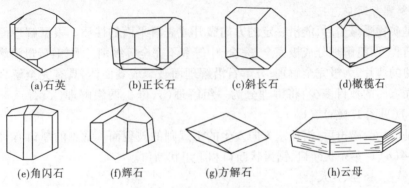

(a)石英　　　　(b)正长石　　　　(c)斜长石　　　　(d)橄榄石

(e)角闪石　　　　(f)辉石　　　　(g)方解石　　　　(h)云母

图 1-3　常见造岩矿物的形态

1.1.3　矿物的物理性质

1.1.3.1　颜色

颜色是矿物对不同波长可见光吸收程度不同的反映。它是矿物最明显的物理性质。颜色可分为自色、他色和假色。

自色是矿物本身固有的颜色,如黄铜矿具铜黄色,孔雀石具翠绿色,赤铁矿具樱红色。他色是矿物含杂质后呈现的颜色,如纯净石英为无色透明,含锰后呈紫色,含碳后呈黑色。假色是由某些物理化学因素引起的呈色现象,如方解石解理面上常出现的虹彩,黄铁矿表面因氧化引起的锖色。

1.1.3.2　条痕

条痕是矿物粉末的颜色,通常将矿物在无釉瓷板上刻画后进行观察。它能脱去假色而显本色,因而具有重要的鉴定意义。如赤铁矿可呈赤红色、铁黑色或钢灰色等,但条痕均为樱红色;金的条痕为金黄色;而黄铜矿的条痕为绿黑色。

1.1.3.3　光泽

光泽是矿物反光的能力。根据反光程度分为:①金属光泽,如黄铁矿、黄铜矿;②半金属光泽,如赤铁矿、磁铁矿等;③非金属光泽,又分为玻璃光泽(长石、方解石),油脂光泽(石英),珍珠光泽(云母),丝绢光泽(石棉),金刚光泽(金刚石)。

1.1.3.4　硬度

硬度是指矿物抵抗外力摩擦和刻划的能力。通常采用摩氏硬度计作标准(见表1-1)。它是以10种矿物的硬度表示10个相对硬度等级,测定某矿物的硬度,只需将待定矿物同硬度计中的标准矿物相互刻划,进行比较,若需要鉴定的矿物被磷灰石所刻伤而自己又能刻伤萤石,说明它的硬度大于萤石小于磷灰石,在4~5度之间,即可定为4.5度。

表1-1　摩氏硬度计

硬度等级	1	2	3	4	5	6	7	8	9	10
标准矿物	滑石	石膏	方解石	萤石	磷灰石	正长石	石英	黄玉	刚玉	金刚石

注:为记忆这10种矿物,可用顺口溜,即只记矿物的第一个汉字:"滑石方萤磷,长石黄刚金"。

野外工作中,常用指甲(2~2.5度)、铜钥匙(3度)、铁钉(3~4度)、玻璃(5~5.5度)、钢刀刃(6~7度)鉴别矿物的硬度。

1.1.3.5　解理与断口

解理是矿物受敲击后,能沿一定的方向裂开成光滑平面的性质。根据解理面的大小和平整光滑程度,将解理分成极完全、完全、中等和不完全等级别。例如:云母沿解理面可剥离成极薄的薄片,为极完全解理;方解石沿解理面破裂成菱面体,具有完全解理。还可根据解理面方向的数目多少,将解理分为一组解理(云母)、两组解理(长石)、三组解理(方解石等)(见图1-4(a)、(b))。

断口是矿物受敲击后,沿任意方向发生的不规则的破裂面。常见的断口有贝壳状断口(见图1-4(c))、参差状断口、锯齿状断口和平坦状断口。

1.1.3.6　弹性、挠性、延展性

某些片状或纤维状矿物,在外力作用下发生弯曲,当去掉外力后能恢复原状者具弹性

（如云母），不能恢复原状者具挠性（如绿泥石、滑石）。矿物能被锤击成薄片状或拉成细丝的性质称为延展性，如自然金、银、铜等。

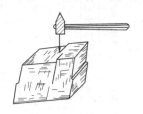

（a）方解石的三组解理　　　　（b）云母的解理　　　　（c）石英的贝壳状断口

图1-4　矿物的解理与断口

1.1.4　矿物的肉眼鉴定

矿物的鉴定方法很多，工程地质工作中大量采用的是肉眼鉴定，还配合一些简单的工具，如铁锤、小刀、放大镜、毛瓷板、稀盐酸等。矿物的鉴定主要是运用矿物的形态以及矿物的物理力学性质等特征来鉴定的。

最有用的矿物鉴定特征有形状、颜色、硬度、解理。

矿物的肉眼鉴定法，通常情况下，可参照下列步骤进行：

（1）观察矿物的光泽。确定它是金属光泽还是非金属光泽，借以确定是金属矿物还是非金属矿物（岩石中经常见的大都是非金属光泽的矿物）。

（2）试验矿物的硬度。在颜色相同的矿物中，硬度相同或相近的只有少数几种。

（3）观察矿物的颜色。如已确定被鉴定的矿物硬度大于小刀，为金属光泽，而且呈黄铜色，那么就容易确定它是黄铁矿而非黄铜矿，然后检查一下其他特征就可以确定下来。

（4）观察矿物的形态和其他物理性质。针对有限的几种可能性，逐步缩小范围，认真观察，仔细分析最终鉴定出矿物，定出矿物名称。

常见造岩矿物的肉眼鉴定特征如表1-2所示。

1.2　岩石

岩石是由一种或多种矿物组成的矿物集合体。它是建造各种工程结构物的地基、环境和天然建筑材料，因此了解岩石的工程地质性质对工程设计、施工等都十分重要。

自然界有各种各样的岩石，岩石按其形成方式分为岩浆岩（火成岩）、沉积岩（水成岩）和变质岩三大类。

1.2.1　岩浆岩

岩浆岩是岩浆沿着地壳薄弱带向上侵入地壳或喷出地表逐渐冷凝最后形成的岩石。它占地壳岩石体积的64.7%，广泛分布在地表或地下、大陆或海洋。

1.2.1.1　岩浆岩的成因与产状

岩浆岩是由岩浆冷凝固结而形成的岩石。岩浆侵入地壳深处，在高温高压下缓慢冷却结晶而成的岩浆岩称为深成侵入岩。如果是在接近地表不远的地段，但未上升至地表面而凝结的岩浆岩称为浅成侵入岩；喷出地表在常压下迅速冷凝而成的岩石称为喷出岩。

岩浆岩体是以一定形态产出的。其产状是指岩体的大小、形状，及其与周围岩石的接触关系和分布特点。岩浆岩体产状的确定主要在野外进行，但也可以在地质图上分析出

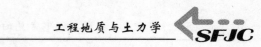

表 1-2 常见造岩矿物的主要特征

矿物名称	化学成分	形状	颜色	条痕	光泽	硬度（度）	解理与断口	相对密度	其他
黄铁矿	FeS_2	立方体或粒状等	铜黄	黑绿	金属	6~6.5	参差状断口	4.9~5.2	晶面有横条纹
褐铁矿	$Fe_2O_3 \cdot nH_2O$	块状、土状、钟乳状等	黄褐、深褐	铁锈	半金属	4~5.5	两组解理	2.7~4.3	可染手
赤铁矿	Fe_2O_3	块状、鲕状、肾状	赤红、钢灰	樱红	金属至半金属	5.5~6	无组解理	4.9~5.3	—
石英	SiO_2	粒状、六方棱柱状或呈晶簇	乳白、无及其他颜色	无	玻璃或油脂	7	贝壳状断口	2.6	晶体柱面有横条纹
方解石	$CaCO_3$	菱面体、粒状	无	无	玻璃	3	三组完全解理	2.7	滴盐酸起泡
白云石	$CaCO_3 \cdot MgCO_3$	粒状、块状	白带灰	白	玻璃	3~4	三组完全解理	2.8~2.9	滴热盐酸起泡
石膏	$CaSO_4 \cdot 2H_2O$	纤维状、板状	白	白	丝绢	2	三组解理，一组完全解理	2.3	具挠性
橄榄石	$(Mg \cdot Fe)_2 SiO_4$	粒状	橄榄绿	无	玻璃	6~7	贝壳状断口	3.3~3.5	不与石英共生
辉石	$(Ca,Mg,Fe,Al)[(Si,Al)_2 O_6]$	短柱状	黑绿	灰绿	玻璃	5~6	两组中等解理(86°) 平坦状断口	3.3~3.6	晶体横断面近八边形
角闪石	$(Ca,Na)_{2\sim3}(Mg,Fe,Al)_5 [Si_6(Si,Al)_2 O_{22}](OH)_2$	长柱状	绿黑	浅绿	玻璃	6	两组中等解理(86°) 锯齿状断口	3.1~3.6	晶体横断面近八边形
正长石	$KAlSi_3O_8$	板状、短柱状	肉红	无	玻璃	6	两组中等解理正交	2.6	有时可见卡氏双晶
斜长石	$(Na,Ca)[AlSi_3O_8]$	板状、柱状	（灰）白	白	玻璃	6	两组中等解理(86°)	2.7~3.1	有聚片双晶
白云母	$KAl_2[AlSiO_{10}](OH)_2$	片状、鳞片状	无	无	玻璃、珍珠	2~3	一组完全解理	3.0~3.2	其薄片有弹性
黑云母	$K(Mg,Fe)_3(AlSi_3O_{10})(OH)_2$	片状、鳞片状	黑或棕黑	无	玻璃、珍珠	2~3	一组完全解理	2.7~3.1	其薄片有弹性
萤石	CaF_2	立方体、八面体、粒状	黄、绿、蓝、紫等	白	玻璃	4	四组完全解理	2.3	受热发蓝、紫色荧光
石榴子石	$(Ca,Mg)(Al,Fe)[SiO_4]_3$	菱形十二面体、二十四面体、粒状	褐、棕红、绿黑	无	玻璃、油脂	6.5~7.5	无解理	3.1~3.2	—
绿泥石	$(Mg,Al,Fe)_{12}[(Si,Al)_8 O_{20}](OH)_{16}$	板状、鳞片状	绿	浅绿至深绿	玻璃、丝绢	2~3	一组完全解理	2.8	其薄片有挠性
蛇纹石	$Mg_6[Si_4O_{10}](OH)_8$	板状、纤维状	白、黄、绿	白或绿	油脂	3~4	一组中等解理	2.5~2.7	具滑感
滑石	$Mg_3[Si_4O_{10}](OH)_2$	块状、叶片状	白、黄	白	油脂	1	一组完全解理	2.7~2.8	具滑感
高岭石	$Al_4[Si_4O_{10}](OH)_8$	土状、块状	白、黄	白	土状	1	一组解理，土状断口	2.5~2.6	有吸水性，可塑性等

来。岩浆岩的产状大致有以下几种(见图1-5):

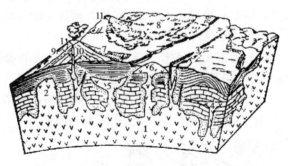

1—岩基;2—岩株;3—岩脉;4—岩床;5—岩盆;6—岩盖;
7—熔岩流;8—熔岩被;9—火山锥;10—火山颈;11—火山口

图1-5 喷出岩与侵入岩产状综合示意图

(1)岩基。岩基是指规模巨大、面积大于 $60~km^2$ 的侵入体,与围岩接触面不规则。构成岩基的岩石大多是花岗岩或花岗闪长岩等,岩性均匀稳定,是良好的建筑物地基。

(2)岩株。岩株是一种形状较岩基小的岩体,常常是岩基边缘的分支或是独立的侵入体,平面上呈圆形或不规则状,面积小于 $60~km^2$,是良好的建筑物地基。

(3)岩盖和岩盆。岩盖是一种中心较大、底部较平、顶部呈穹隆状的层间侵入体。分布范围可达数平方千米,多由酸性、中性岩石组成。中心下凹形如碟或浅盆的层间侵入体叫岩盆。

(4)岩床。岩床是一种沿原有岩层层面侵入、延伸分布且厚度稳定的层状侵入体。常见的厚度多为几十厘米至几米,延伸长度多为几百米至几千米。岩石以基性岩为主。

(5)岩脉。岩脉是沿岩层裂隙侵入形成的狭长形的岩体,与围岩层理或片理斜交。

(6)火山锥。火山锥是熔岩和火山碎屑围绕火山通道堆积形成的锥状体。

1.2.1.2 岩浆岩的物质成分

岩浆岩的物质成分包括化学成分和矿物成分。

化学成分:O、Si、Al、Fe、Ca、Na、K、Mg、Ti 等9种元素(占岩石总质量的99% 以上),其中O、Si 占岩石总质量的75%、体积的93%,其次是 Al 和 Fe。

矿物成分:在常见的岩浆岩中,分布最广泛的矿物只有 6~7 种,它们是石英、正长石(钾长石)、斜长石、角闪石、辉石、橄榄石、黑云母等。前三种矿物中 SiO_2 和 Al_2O_3 含量高,颜色较浅,也称为浅色矿物,后几种矿物中 FeO、MgO 含量高,硅、铝含量少,颜色较深,也称为深色矿物。

1.2.1.3 岩浆岩的结构

岩浆岩的结构是指组成岩浆岩中矿物结晶程度、颗粒大小以及颗粒之间的结合关系。最常见的有显晶质结构、隐晶质结构、斑状结构和玻璃质结构。

(1)显晶质结构。岩石中的矿物全部为肉眼或放大镜能分辨的晶体颗粒(见图1-6)。这种结构是在温度和压力较高、岩浆温度缓慢下降的条件下形成的,主要是深成侵入岩所具有的结构。按矿物颗粒粗细分为粗粒(粒径大于 5 mm)、中粒(粒径 5~1 mm)和细粒

(粒径小于 1 mm)三种结构。

(2)隐晶质结构。矿物颗粒非常细小,肉眼或放大镜都不能分辨,只能在显微镜下才能分辨。常为喷出岩及浅成岩所具有的结构。

(3)斑状结构。岩石中较粗大的晶体(称斑晶)散布在较细的隐晶质和玻璃质(称基质)之间的结构(见图1-7)。斑状结构是浅成岩及部分喷出岩所具有的结构。

(4)玻璃质结构。岩石由没有结晶的玻璃质组成,岩石断口光滑,具玻璃光泽。这是喷出岩具有的结构。反映当时岩浆的急剧冷凝,来不及结晶。

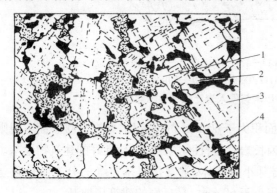

1—石英;2—斜长石;3—钾长石;4—黑云母

图1-6　具等粒结构的花岗岩

(据 W. K. Hamblin,1992)

1—斑晶;2—基质

图1-7　斑状结构

(据 W. K. Hamblin,1992)

1.2.1.4　岩浆岩的构造

岩浆岩的构造是指岩石中不同矿物颗粒集合体分布与排列的特征。岩浆岩的常见构造有块状构造、流纹状构造、气孔状构造和杏仁状构造。

(1)块状构造。块状构造是指岩石中矿物均匀分布,无定向排列现象,岩石呈均匀致密的块体。全部侵入岩都是块状构造,部分喷出岩也是块状构造。

(2)流纹状构造。流纹状构造是指岩石中不同颜色的条纹、拉长的气孔和长条形矿物,按一定方向排列形成的流动状构造。它反映岩浆喷出地表后流动的痕迹,多见于喷出岩中,如流纹岩。

(3)气孔状构造。岩浆喷出地面迅速冷凝过程中,岩浆中所含气体或挥发性物质从岩浆中逸出后,在岩石中形成的大小不一的气孔,称气孔状构造,它是喷出岩所特有的构造。

(4)杏仁状构造。杏仁状构造是指具有气孔状构造的岩石,气孔被后来的物质(如方解石、石英等)所充填形成的一种形似杏仁的构造,多见于喷出岩中,如安山岩。

1.2.1.5　岩浆岩的分类

岩浆岩的种类很多,其间既存在差别又有内在的联系。现行岩浆岩分类方案通常从岩浆岩的化学成分和成岩环境两方面考虑。首先根据岩浆岩的化学成分(主要是 SiO_2 的含量),分成超基性岩、基性岩、中性岩及酸性岩。其次根据岩浆岩的成岩环境分为喷出岩与侵入岩,侵入岩又分为深成岩和浅成岩(见表1-3)。

表1-3 岩浆岩的分类

岩石类型	酸性岩	中性岩	基性岩	超基性岩
SiO$_2$含量(%)	>65	65~52	52~45	<45
化学成分	含Si、Al为主		含Fe、Mg为主	
颜色	浅色的(浅灰色、浅红色、红色、黄色)		深色的(深灰、黑绿、黑等色)	

矿物成分	含正长石		含斜长石	不含长石	
	石英 云母 角闪石	黑云母 角闪石 辉石	角闪石 辉石 黑云母	辉石 角闪石 橄榄石	辉石 橄榄石 角闪石

侵入岩	深成岩	等粒状,有时为斑状,所有矿物皆能用肉眼鉴别	花岗岩	正长岩	闪长岩	辉长岩	橄榄岩 辉岩
	浅成岩	斑状(斑晶较大,可分辨出矿物名称)	花岗斑岩	正长斑岩	玢岩	辉绿岩	少见
喷出岩		玻璃状,有时为细粒斑状,矿物难以用肉眼鉴别	流纹岩	粗面岩	安山岩	玄武岩	少见
		玻璃状或碎屑状	黑曜岩、浮岩、火山凝灰岩、火山碎屑岩、火山玻璃岩				

1.2.1.6 常见的岩浆岩

(1)花岗岩。全晶质等粒结构,块状构造,多呈肉红色、浅灰色、灰白色。主要矿物成分有石英、正长石、斜长石,次要矿物有黑云母和角闪石。花岗岩质地坚硬,强度高,在我国分布广泛,是工程上广泛采用的一种良好的建筑材料和地基。

(2)闪长岩。全晶质等粒结构,块状构造,灰白色、深灰色至黑灰色。主要矿物为斜长石和角闪石,次要矿物为辉石和黑云母。闪长岩质地坚硬,强度高,分布较广,为良好的地基和建筑材料。

(3)正长岩。常呈浅灰、浅肉红、浅灰红等色,其主要矿物成分为正长石,次要矿物有角闪石、黑云母等,不含石英或石英含量极少。呈等粒状结构,块状构造。其物理力学性质与花岗岩类似,但不如花岗岩坚硬,且易风化,常呈岩株产出。

(4)辉长岩。全晶质等粒结构,块状构造,灰黑色至黑色。主要矿物为斜长石和辉石,次要矿物为橄榄石、角闪石和黑云母。辉长岩分布不广,仅在山东、河北等地有少量出露,岩石质地坚硬,强度高,是良好的地基和建筑材料。

(5)辉绿岩。灰绿色或黑绿色,具有特殊的辉绿结构(辉石充填于斜长石晶体格架的空隙中),强度高,是良好的天然建筑材料。主要矿物为斜长石和辉石,其次为橄榄石、角闪石和黑云母,常含有方解石、绿泥石等次生矿物。

以上介绍的是几种重要的侵入岩,下面介绍常见的喷出岩。

（6）流纹岩。常呈灰白色、灰红色、浅黄褐色，矿物成分与花岗岩相同，隐晶质斑状结构，典型的流纹状构造。斑晶主要为石英和正长石，基质通常是玻璃质。流纹岩的物理力学性质比花岗岩差，强度较高，主要分布在我国河北、浙江、福建等地，可作建筑材料。

（7）安山岩。灰色或紫色，斑状结构，斑晶常为斜长石，气孔状或杏仁状构造。新鲜安山岩可作建筑材料和良好地基，强度略低于闪长岩。

（8）玄武岩。呈隐晶质细粒或斑状结构，气孔状或杏仁状构造，灰黑色至黑色。主要矿物与辉长岩相同。玄武岩是我国分布最广的喷出岩，在云南、贵州和四川三省交界处最多。岩石十分致密坚硬，强度很高，但具气孔状构造时易风化。

1.2.2　沉积岩

沉积岩是在地壳表层常温常压条件下，由风化产物、有机质和某些火山作用产生的物质，经搬运、沉积和成岩等一系列地质作用而形成的层状岩石。沉积岩广泛分布于地表，占地壳表面积的75%。因此，研究沉积岩特征对工程建筑具有实际意义。

1.2.2.1　沉积岩的形成

沉积岩是在地表或接近地表的条件下，由母岩破坏而成的疏松积物，经搬运作用、沉积作用及成岩作用而形成的岩石。未经成岩作用胶结的松散沉积物质叫沉积物。沉积岩的物质来源很多：一是地表条件下由原岩经风化后的产物，主要有碎屑物质、新生成的矿物；二是火山喷出的碎屑物质，如火山弹、火山灰、熔岩等；三是在地表常温、常压条件下由水溶液沉淀的化学物质及生物遗体物质，如化学矿物、煤、石油等。

在地壳中，沉积岩呈层状产出，称层理，层理是沉积岩的重要特征之一（见图1-8）。

图1-8　沉积岩呈层状产出

1.2.2.2　沉积岩的矿物组成

（1）碎屑矿物。碎屑矿物主要是来自原岩的原生矿物碎屑，如石英、长石、白云母等一些耐磨损而抗风化较强和稳定的矿物。

（2）黏土矿物。黏土矿物是原岩经风化分解后而生成的次生矿物，如高岭石、蒙脱石、水云母等。

（3）化学及生物成因的矿物。化学及生物成因的矿物是经化学沉积或生物化学沉积作用而形成的矿物，如方解石、白云石、石膏、石盐、铁和锰的氧化物或氢氧化物等。

（4）有机质及生物残骸。有机质及生物残骸是由生物残骸或经有机化学变化而形成的矿物,如贝壳、泥炭及其他有机质等。

1.2.2.3　沉积岩的结构

沉积岩的结构是指沉积岩颗粒的性质、大小、形态及相互关系。常见的沉积岩结构有碎屑结构、泥质结构、结晶粒状结构和生物结构。

(1)碎屑结构。碎屑结构是指碎屑物被胶结物胶结形成的一种结构。碎屑物包括岩石碎屑、矿物碎屑、石化的生物遗体及碎片和火山碎屑物等。按碎屑粒经大小分为砾状结构(粒径大于 2 mm)、砂状结构(粒径 2~0.05 mm)和粉砂状结构(粒径 0.05~0.005 mm)。其中,粉砂状结构岩石可用放大镜观察;砾状、砂状结构岩石用肉眼能分辨其中的碎屑、基质和胶结物(见图 1-9)。组成岩石中的碎屑颗粒粗细大致均匀者称分选性好,大小悬殊者称分选性差。碎屑颗粒棱角分明者称磨圆度差,反之称磨圆度好。

(2)泥质结构。泥质结构是由粒径小于 0.005 mm 的黏土等胶结组成的结构。

(3)结晶粒状结构。结晶粒状结构是由化学沉淀或胶体结晶形成的结构,是一些化学岩或生物化学岩所特有的结构。

(4)生物结构。生物结构是指主要由生物遗体组成的结构,如贝壳结构、珊瑚结构等。

1.2.2.4　沉积岩的构造

(1)层理构造。层理构造是沉积岩在形成过程中,由于沉积环境的改变,使先后沉积的物质在颗粒大小、形状、颜色和成分上发生变化而显示出来的成层现象。层理构造是沉积岩最基本、最特别的构造,是区别岩浆岩和变质岩的主要标志。

沉积物连续不断沉积,在成分上基本均匀一致的沉积组合称为层,相邻两个层之间的界面叫层面。一个单元岩层上、下层面之间的垂直距离称为岩层的厚度;层的厚度分为块状层(厚度 1 m)、厚层(1~0.5 m)、中厚层(0.5~0.1 m)、薄层(0.1~0.01 m)等。岩层的厚度可在一定范围内保持不变,也可在横向或纵向上变厚或变薄、尖灭或呈透镜状(见图 1-10)。

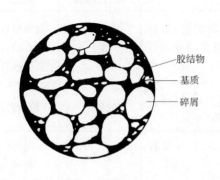

图 1-9　碎屑、基质和胶结物

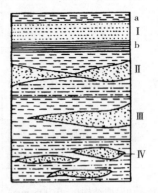

a—顶面;b—底面;Ⅰ—板状岩层;Ⅱ—岩层变厚变薄;
Ⅲ—岩层尖灭;Ⅳ—岩层呈透镜状

图 1-10　岩层的形态

根据层理的形态和成因,层理可分为平行层理、斜层理和交错层理三种基本类型(见图 1-11)。它反映了当时的沉积环境和介质运动强度及特征。平行层理一般是在平静的湖海中和同一环境下形成的。斜层理和交错层理是由于沉积物介质作单向运动及运动介质的强度或方向发生变化而形成的。

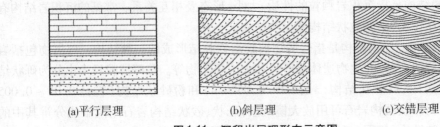

(a)平行层理　　　　　　　(b)斜层理　　　　　　　(c)交错层理

图 1-11　沉积岩层理形态示意图

(2)层面构造。沉积岩的层面上常保留有形成时外力(风、流水等)作用的痕迹,如波痕、雨痕、泥裂等。

(3)结核。在沉积岩中,含有一些在成分上与围岩有明显差别的物质团块,称为结核,如石灰岩中的燧石结核、黏土中的石膏结核等。

(4)化石。经石化交代作用保留下来的生物的遗体和遗迹称为化石。沉积岩中常保存有各种生物的化石,这是沉积岩的重要特征。根据化石的种类可以确定沉积岩的形成环境和地质时代。

1.2.2.5　沉积岩的分类

根据沉积岩的成因、组成物质及结构,它分为碎屑岩、黏土岩、化学岩及生物化学岩,见表 1-4。

表 1-4　沉积岩的分类

岩类	结构	主要矿物成分	主要岩石	
			松散的	胶结的
碎屑岩	砾状结构(>2 mm)	岩石碎屑或岩块	角砾、碎石、块石	角砾岩
			卵石、砾石	砾岩
	砂质结构(2~0.05 mm)	多为耐风化的矿物,如石英、长石、白云母及部分岩石碎屑	砂土	石英砂岩 长石砂岩 岩屑砂岩
	粉质结构 (0.05~0.005 mm)	多为石英,次为长石、白云母,很少岩石碎屑	粉砂土	粉砂岩
黏土岩	泥质结构(<0.005 mm)	黏土矿物为主,含少量石英、云母等	黏土	泥岩 页岩
化学岩及生物化学岩	结晶结构及生物结构	方解石为主,白云石次之		泥灰岩 石灰岩
		白云石、方解石		白云质灰岩 白云岩

1.2.2.6 常见的沉积岩

（1）砾岩。砾岩是由大小不等，性质不同，并且磨圆度较好的卵石堆积胶结而形成的岩石。胶结物通常有硅质、铁质、钙质及砂和黏土。砾石呈圆形，是长距离流水搬运或海浪冲击的结果。砾石未被磨圆且棱角明显者称为角砾岩。胶结物成分与胶结类型对砾岩的物理力学性质有很大影响，如硅质基底胶结的石英砾岩非常坚硬，难以风化，而泥质胶结的砾岩则相反。

（2）砂岩。砂岩是由各种成分的砂粒（直径为 2 ~ 0.05 mm）被胶结而形成的岩石。按颗粒大小砂岩可分为粗粒砂岩、中粒砂岩、细粒砂岩及粉粒砂岩。砂岩的颜色与胶结物成分有关，通常硅质与钙质胶结者颜色较浅，铁质胶结常呈黄色、红色或棕色。硅质胶结者最为坚硬。砂岩按成分又可分为：石英砂岩（石英含量在 90% 以上，其余为少量长石及岩屑等）；长石砂岩（石英占 30% ~ 60%、长石 > 25%，其余为岩屑）；岩屑砂岩（岩屑含量 > 25%、石英占 40% ~ 60%，其余为长石等）。砂岩的强度较高，但遇水浸泡后强度则会大大降低，尤其黏土胶结的砂岩，性能较差。钙质胶结的砂岩易被酸性水溶蚀。

（3）粉砂岩。粉砂岩由直径为 0.05 ~ 0.005 mm 的砂粒经胶结而生成。粉砂岩成分以石英为主，其次是长石、云母和岩石碎屑等。

（4）火山碎屑岩。火山碎屑岩是由火山喷发的碎屑物质在地表经短距离搬运或就地沉积而形成的。按碎屑物的大小分成如下类型：

①火山集块岩：主要由粒径大于 50 mm 的火山弹、火山块等组成。

②火山角砾岩：主要由粒径小于 50 mm、大于 2 mm 的火山碎屑物组成。

③火山凝灰岩：主要由粒径小于 2 mm 的火山灰组成。

（5）黏土岩。黏土岩是沉积岩中分布最广的一类岩石，主要由直径小于 0.005 mm 的黏土矿物（高岭石、蒙脱石、水云母等）及少量极细小的石英、长石、云母和碳酸盐（方解石、白云石等），有机质（煤、石油等）等组成。大多数黏土岩属于母岩风化产物（细碎屑）经机械搬运沉积而生成。常见的黏土岩有页岩和泥岩两类，页岩和泥岩都是已固结成岩的岩石。两者的区别是页岩具有很发育的薄片状层理（又称页理），沿此面易裂开，而泥岩层理较厚，呈块状。常按胶结物成分称为钙质页岩或钙质泥岩、硅质页岩或硅质泥岩等。一般由硅质和钙质胶结者比较坚硬，而其他胶结，特别是泥质胶结者在遇到水后强度会明显降低，一旦受压便会发生塑性变形。

（6）化学岩和生物化学岩。这类岩石是沉积盆地中化学作用或生物化学作用的产物。主要有石灰岩、白云岩、泥灰岩等。以石灰岩分布最广，其次为白云岩。

①石灰岩：主要由方解石组成，质纯者呈灰白色，含杂质者呈灰色或灰黑色，具有结晶结构、生物碎屑结构，遇稀盐酸剧烈起泡等重要鉴别标志，常含有大量生物介壳、骨骼的碎片。石灰岩极易被富含 CO_2 的水所溶解，尤其在温暖湿润地区常沿岩石中的裂隙发生溶解侵蚀，形成岩溶洞穴。

②白云岩：主要由白云石组成，含方解石。与石灰岩的区别是遇加热的稀盐酸起泡，通常为浅灰色、灰白色。断口呈粒状，硬度稍大于石灰岩等。

③泥灰岩：石灰岩中泥质成分增加到 25% ~ 50% 的称泥灰岩。它是黏土岩和石灰岩之间的过渡类型。颜色有浅灰色、灰色、淡黄色、紫红色等。

1.2.3　变质岩

地壳中已存在的岩石,由于地壳运动和岩浆活动等造成物理化学环境的改变,处在高温、高压及其他化学因素作用下,使原来岩石的成分、结构和构造发生一系列变化,所形成的新的岩石称为变质岩。这种促使岩石发生变化的作用,称为变质作用。

1.2.3.1　变质岩的形成

变质岩是原先生成的岩浆岩、沉积岩经变质作用后形成的新岩石。

地壳中的原岩受构造运动、岩浆活动、高温、高压及化学活动性很强的气体和液体影响,其矿物成分、结构、构造等发生一系列的变化,这些变化称为变质作用。根据引起岩石变质的地质条件和主导原因,变质作用可分为接触变质作用、区域变质作用和动力变质作用(见图1-12)。

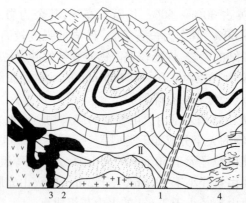

Ⅰ—岩浆岩;Ⅱ—沉积岩;1—动力变质岩;2—热接触变质岩;3—接触交代变质岩;4—区域变质岩

图 1-12　变质作用及变质岩类型示意图

在自然界中,原岩变质很少只受单一变质因素的作用,多受两种以上变质因素综合作用,但在某个局部地区内,以某一种变质因素起主要作用,其他变质因素起辅助作用。根据起主要作用的变质因素不同,可将变质作用划分为下述三种类型:

(1)接触变质作用。接触变质作用是由岩浆作用引起的、发生在侵入体与围岩的接触带内的一种变质作用。当地壳深处的岩浆上升侵入围岩时,围岩受岩浆高温的影响,或受岩浆中分异出来的挥发成分及热液的影响而发生变质,所以它仅局限在侵入体与围岩的接触带内。距侵入体越远,围岩变质程度越浅。根据变质过程中侵入体与围岩间有无化学成分的相互交代,接触变质作用又可分为接触热力变质作用和接触交代变质作用两种类型。

(2)动力变质作用。动力变质作用指主要受动压力因素影响而变质的作用,使原岩结构和构造特征发生改变,特别是产生了变质岩特有的片理构造。

(3)区域变质作用。在一个范围较大的区域内,例如数百或数千平方千米范围内,高温、高压和化学活动性流体三因素综合作用,作用规模和范围都较大,称区域变质作用。一般该区域内地壳运动和岩浆活动都较强烈。

1.2.3.2　变质岩的矿物成分

(1)继承矿物:变质岩的矿物种类很多,有些是从原岩中继承下来的,在岩浆岩和沉积岩中都存在的矿物,如长石、石英、云母、方解石、黏土矿物等。

（2）变质矿物:在变质作用过程中新产生的矿物,常见的变质矿物有红柱石、蓝晶石、硅线石、硅灰石、滑石、石榴子石、绿泥石、绿帘石、绢云母、蛇纹石、石墨等。变质矿物是在特定环境下产生的,可作为鉴别变质岩的重要标志。

1.2.3.3　变质岩的结构与构造

原岩的结构在变质过程中有的全部改变,矿物重新结晶,形成变晶结构,有的部分残留,变质不彻底,形成变余结构,有的岩石被挤压破碎,形成碎裂结构。

除某些岩石中的矿物成分均匀分布,无明显定向排列,呈块状构造外,大部分岩石中的矿物皆呈定向排列,形成片理构造。片理构造是岩石中片状、柱状或长条状矿物（如云母、角闪石、长石等）,在定向压力作用下相互平行排列形成的,岩石易沿此方向劈开,劈开面称片理面。片理面平滑光亮,延伸不远,据此可与沉积岩的层面相区别。根据片理面特征、变质程度等特点,片理又可分为片麻状构造、片状构造、千枚状构造、板状构造和块状构造。

（1）片麻状构造:是岩石中的矿物以粒状浅色长石为主并伴随有平行排列的深色片状、柱状矿物相间排列。具片麻状构造的岩石,其矿物颗粒比较粗大,肉眼易于观察。

（2）片状构造:由片状（如云母、滑石等）或柱状矿物定向排列,呈薄片状。

（3）千枚状构造:由细小的片状矿物平行排列,片理面上具有丝绢光泽和皱纹。

（4）板状构造:由极细小的片状矿物平行排列形成密集而平坦的板面。沿此面易劈开成板状,它是泥质岩石受轻微变质作用而成的。

（5）块状构造:岩石中的矿物均匀分布,结构均一,无定向排列,岩石呈致密坚硬的块状体。这是大理岩和石英岩等常有的构造。

1.2.3.4　变质岩的分类

大多数变质岩与其他类型岩石最明显的区别是具有特殊的片理构造和变质矿物。因此,变质岩的分类首先是考虑岩石的构造特征,再按其矿物组成进行分类和命名。主要变质岩分类及肉眼鉴定特征见表 1-5。

1.2.3.5　常见的变质岩

变质岩的种类很多,常见的变质岩及其主要特征简述如下:

（1）片麻岩。片麻岩具典型的片麻状构造、变晶结构,由各种沉积岩、岩浆岩及变质岩经变质作用而形成。矿物成分以长石和石英为主,其次为云母、角闪石;结晶颗粒粗大,可加工劈成石板作建筑材料。它在垂直片麻理方向上的强度要比其他方向上大得多。

（2）片岩。片岩具典型的片状构造,主要由云母和石英矿物组成,其次为绿泥石、滑石、角闪石、石墨、石榴子石等。片岩以不含长石区别于片麻岩。片岩的强度较低,且易风化,由于片理发育,易沿片理裂开。

（3）千枚岩。千枚岩的变质程度较低,多由黏土质岩石变质而成,原岩的泥状结构一般不易观察到,矿物基本上已全部重结晶。千枚岩主要由细小的绢云母、绿泥石和石英等矿物组成。岩石具显微鳞片变晶结构、千枚状构造。由于含有较多的绢云母矿物,使片理面上常具有微弱的丝绢光泽,构成特有的千枚状构造,可作为鉴定标志。千枚岩性质软弱且易风化破碎。

表1-5　主要变质岩的分类及肉眼鉴定特征

岩石类别	岩石名称	主要矿物成分	鉴定特征
具片理构造岩石类	片麻岩	石英、长石、云母	片麻状构造,浅色长石带和深色云母带互相交错,结晶粒状结构或斑状结构
	云母片岩	云母、石英	具有薄片理,片理面上有强的丝绢光泽,石英凭肉眼常看不到
	绿泥石片岩	绿泥石	常为淡绿色或暗绿色,呈块状或鳞片状,片理明显,常具有小褶皱,片理面触之有滑腻感,绿泥石一般很细,肉眼不易辨识,质地很软,用指甲便可刮伤,有时可见斑状变晶的石榴子石与磁铁矿
	滑石片岩	滑石	鳞片状或叶片状的滑石块,用指甲可刻划,有高度的滑感
	角闪石片岩	普通角闪石、石英	片理常常表现不明显,坚硬
	千枚岩、板岩	云母、石英等	具有片理,肉眼不易识别矿物,锤击有清脆声,并具有丝绢光泽,千枚岩表现得很明显
具块状构造岩石类	大理岩	方解石、少量白云石	结晶粒状结构,遇盐酸起泡
	石英岩	白云石、方解石	致密的、细粒的块体,坚硬,硬度接近7,玻璃光泽,断口呈贝壳状或次贝壳状

(4)板岩。板岩是由泥质岩石经较浅的区域变质作用而形成的,多为深灰色至黑灰色,也有绿色及紫色。主要成分为硅质和泥质矿物,肉眼一般无法分辨,致密均匀,具有板状构造,沿板状构造易于裂开成薄板状。击之发出清脆声。广泛用做建筑石材。

(5)石英岩。石英岩是一种极致密坚硬的岩石,由较纯的石英砂岩和硅质岩变质而生成。主要矿物成分是石英,少量长石、云母、绿泥石等。质纯的石英岩为白色,因含有杂质而呈黄色、灰色和红色等。岩石具变余粒状结构、块状构造。石英岩是一种极坚硬、抗风化能力很强的岩石,可作为良好工程建筑地基及建筑石材。

(6)大理岩。大理岩是由石灰岩或白云岩经区域变质或接触热力变质作用而生成的。主要矿物成分是方解石、白云石;具粒状变晶结构、块状构造。纯大理岩是白色的,又称汉白玉。因含杂质而显示出不同颜色的条带呈美丽花纹,是贵重的雕刻和建筑材料。

1.3　岩石的工程地质性质评述

岩石的工程地质性质是指岩石与工程建筑有关的性质,主要有岩石的物理性质、水理性质和力学性质。岩石的这些性质是通过一系列的定量指标参数来表达的,它直接关系到建筑物是否经济合理与安全可靠。因此,对岩石的工程性质进行研究时,既要从岩石的属性特征进行定性分析,同时也要考虑岩石的各种试验指标,进行定量分析,最后对岩石的工程性质作出评价。

1.3.1 岩浆岩的工程地质性质评述

岩浆岩的工程地质性质主要与岩浆凝固时的环境条件有关,不同成因条件,其矿物成分、结构、构造和产状差别很大,岩石颗粒间的联结力也有很大差异。

侵入岩是岩浆在地下缓慢冷凝结晶生成的,矿物结晶良好,颗粒之间联结牢固,多呈块状构造。因此,侵入岩孔隙度低、抗水性强、力学强度及弹性模量高,具有较好的工程性质。常见的侵入岩有花岗岩、闪长岩及辉长岩等。从矿物成分上看,石英、长石、角闪石及辉石的含量越多,岩石强度越高;云母含量增加使岩石强度降低。从结构上看,晶粒均匀细小的岩石强度高,粗粒结构及斑状结构岩石强度相对较低。

喷出岩是岩浆喷出地表后迅速冷凝生成的,由于地表条件复杂,使喷出岩具有很不相同的地质特征。具有隐晶质结构、致密块状构造的粗面岩、安山岩、玄武岩等,工程性质良好,其强度甚至可大于花岗岩。但当这类岩石具有明显的流纹状构造、气孔状构造或含有原生节理时,工程性质变差,孔隙度增加,抗水性降低,力学强度及弹性模量减小。

在具体评述岩浆岩的工程性质时,还必须充分考虑它的节理发育程度及风化程度。

1.3.2 沉积岩的工程性质评述

沉积岩具有层理构造,层状及层理对沉积岩工程性质的影响主要表现为各向异性。因此,沉积岩的产状及其与工程建筑物位置的相互关系对建筑物的稳定性影响很大。同时,由于组成岩石的物质成分不同,也具有不同的工程地质特征。

1.3.2.1 碎屑岩

碎屑岩是碎屑颗粒被胶结物胶结在一起而形成的岩石。它的工程性质主要取决于胶结物成分、胶结方式。从胶结物成分看,按硅质、钙质、铁质、石膏质、泥质的顺序,强度依次降低。从胶结方式看,基底式胶结的岩石胶结紧密,强度较高,受胶结物成分控制,如图1-13(a)所示;孔隙式胶结岩石的工程性质与碎屑颗粒成分、形状及胶结物成分有关,变化很大,如图1-13(b)所示;接触式胶结岩石的孔隙度大,透水性强,强度低,如图1-13(c)所示。

 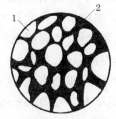 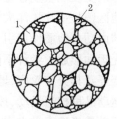

(a)基底式胶结　　　　　(b)孔隙式胶结　　　　　(c)接触式胶结

1—碎屑颗粒;2—胶结物质

图1-13　碎屑岩的胶结类型

1.3.2.2 黏土岩

黏土岩是工程性质最差的岩石之一。黏土岩强度低、抗水性差、亲水性强。当黏土岩有较多节理、裂隙时,一旦遇水浸泡,工程性质迅速恶化,常产生膨胀、软化或崩解。在常见的三类黏土矿物中,富含蒙脱石的黏土岩工程性质最差,含高岭石的相对较好,而含伊利石的介于中间。此外,若黏土岩节理、裂隙很少,它是很好的隔水层。

1.3.2.3　化学岩和生物化学岩

化学岩中最常见的是石灰岩和白云岩类岩石,这类岩石一般情况下工程性质良好。它们具有足够高的强度和弹性模量,有一定的韧性,是较好的建筑材料。但要特别注意它们是否被溶蚀,形成了对工程建筑不利的溶隙和空洞。此外,化学岩中的石膏岩或碳酸盐类岩石中的石膏夹层、石膏成分,工程性质都是很差的。它们强度较低,吸水膨胀,可溶性较大,溶于水后生成有害的硫酸,必须给予足够重视。生物化学岩中常见的煤层及常与之共生的煤系地层,工程性质较差,要注意地下工程中常常遇到的瓦斯问题。

1.3.3　变质岩的工程性质评述

1.3.3.1　具有片理构造的变质岩

片岩、千枚岩及板岩的片理构造发育,工程性质具有各向异性。千枚岩、滑石片岩、绿泥石片岩、石墨片岩等岩石强度低,抗水性很差,特别是沿这些岩石的片理或节理面,抗剪、抗拉强度很低,遇水容易滑动,沿片理、节理容易剥落。

片麻岩片理构造不太发育,当石英、正长石含量较多时,工程性质比较好。但是,由于片麻岩多为年代久远的岩石,要注意它受构造运动影响而破碎和风化的程度。

1.3.3.2　具有块状构造的变质岩

常见的具有块状构造的变质岩是石英岩和大理岩,除大理岩微溶于水外,它们都是结晶连接、矿物成分稳定或比较稳定的单矿物岩石。它们强度高,抗风化能力强,有良好的工程性质。

1.3.3.3　由动力地质作用形成的岩石

由动力地质作用形成的岩石一般较破碎,强度差,裂隙发育,常形成渗水通道和滑动面。

2　地质构造与地质图阅读

在地球历史发展演变过程中,地壳不断运动、发展和变化。例如,约250万年以前,喜马拉雅山地区曾是一片汪洋大海,后来由于地壳上升才隆起成今日的“世界屋脊”。这种主要由地球内动力地质作用引起地壳变化,使岩层或岩体发生变形和变位的运动称地壳运动。地壳运动形成了各种不同的构造形迹,如褶皱、断裂等,称地质构造。构造运动控制着海陆变迁及其分布轮廓,地壳的隆起和拗陷,以及山脉、海沟的形成等。

地壳运动又称构造运动,按其运动方向分为水平运动和垂直运动两种形式。

水平运动是指地壳沿水平方向移动,主要表现为岩层受水平挤压或引张作用,使岩层产生褶皱和断裂,甚至形成巨大的褶皱山系或裂谷系。

垂直运动是指地壳沿垂直地面方向进行的升降运动,表现为地壳大面积的上升和下降,形成大规模的隆起和拗陷。所谓沧海桑田,即是古人对地壳垂直运动的直观表述。

构造运动使地壳中的岩层发生变形、变位,形成褶皱构造、断裂构造和倾斜构造。这些构造形迹统称为地质构造。地质构造改变了岩层的原始产状,破坏了岩层或岩体的连续性和完整性,使工程建筑的地质环境复杂化,因此研究地质构造对工程建设有着重要意义。

2.1　地质年代

2.1.1　相对年代与绝对年代

地球形成至今已有46亿年,对整个地质历史时期,地球的发展演化及地质事件记述需要一套相应的时间概念,即地质年代。地质年代有绝对年代和相对年代之分。表示地质事件发生的先后顺序称为相对年代,表示地质事件发生距今年龄称为绝对年代。

2.1.1.1　相对年代的确定

相对年代的确定就是要判断一些地质事件发生的先后关系。这些地质事件保留或记录在地质历史时期留下的物质中。相对年代可根据几个基本原则来判断,即地层层序律、生物层序律及切割穿插律。

(1)地层层序律。

地层是指在一定地质时期内所形成的层状岩石(岩层)。未经构造运动改变的层状岩层大多是水平岩层。先形成的位于下部,后形成的覆盖其上部,即下老上新的层序规律(见图1-14(a))。

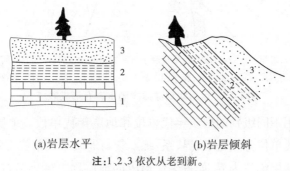

(a)岩层水平　　　　　　　　　(b)岩层倾斜

注:1、2、3依次从老到新。

图1-14　地层层序律(岩层层序正常时)

(2)生物层序律。

沉积岩中保存着地质历史时期生物遗体和遗迹——化石。在漫长的地质历史时期内,生物从无到有,从简单到复杂,从低级到高级,发生不可逆转的演化。不同时期地层中含有不同类型的化石及其组合,而相同时期且在相同地理环境下所形成的地层都含有相同的化石及其组合。根据地层中所含生物化石的特征来推断地层的相对年代或先后顺序,称为生物层序律。

(3)切割穿插律。

不同时代的岩层或岩体常被侵入穿插,侵入者年代新,被侵入者年代老,切割者年代新,被切割者年代老(见图1-15)。

2.1.1.2　绝对年代(同位素年龄)的确定

绝对年代是根据保存在岩石中的放射性元素及蜕变产物测定的。通常用来测定地质年代的放射性同位素有K、Ar、Rb、Sr、U、Pb和^{14}C等。其中,^{14}C专用于测定最新地质事件和考古资料的年代,其他几种主要用来测定较古老岩石的地质年代。

2.1.2　地质年代表

通过对全球各个地区地层划分和对比及对各种岩石进行同位素年龄测定等,按年代先后顺序进行系统性的编年,便建立起目前国际上通用的地质年代表(见表1-6)。

1—石灰岩,最早形成;2—花岗岩,形成晚于石灰岩;3—硅卡岩,形成时间同花岗岩;

4—闪长岩,晚于花岗岩形成;5—辉绿岩,晚于闪长岩形成;6—砾石,早于砾岩形成;7—砾岩,最晚形成

图 1-15　运用切割穿插律确定岩石形成顺序

　　地质年代表使用不同级别的地质年代单位和地层年代单位。地质年代单位包括宙、代、纪、世。地层年代单位分别是宇、界、系、统。它与地质年代单位相对应。例如,与代相应时段形成的岩石地层单位为界,如古生代形成的地层称古生界。与纪相应时段形成的岩石地层单位称为系,如寒武纪时期形成的地层称为寒武系。

2.2　岩层产状

2.2.1　水平构造

　　在地壳运动影响轻微或仅仅受大范围垂直运动影响,大面积均匀隆起或拗陷的地区,地层保持近于成岩时水平状态的地质构造称为水平构造。

2.2.2　倾斜构造

　　岩层层面与水平面间呈现出一定夹角的岩层称为倾斜构造。岩层呈倾斜构造,说明该地区地壳不均匀抬升或受岩浆作用的影响。

2.2.3　岩层的产状三要素

　　岩层在空间的位置,称为岩层产状。倾斜岩层的产状是用岩层层面的走向、倾向和倾角三个要素来表示的(见图 1-16)。

　　(1)走向。岩层面与水平面的交线叫走向线(见图 1-16 中的 *AOB* 线),走向线两端所指的方向即为岩层的走向。所以,岩层走向有两个方位角数值,如 NE30°和 SW210°。岩层的走向表示岩层在空间的水平延伸方向。

表1-6　地质年代表

代	纪		世	距今时间(百万年)	主要地壳运动	主要现象
新生代(Kz)		第四纪(Q)	全新世(Q₄) 上更新世(Q₃) 中更新世(Q₂) 下更新世(Q₁)	2~3	喜马拉雅运动	冰川广布，黄土形成，地壳发育成现代形势，人类出现、发展
	第三纪R	晚第三纪(N)	上新世(N₂) 中新世(N₁)	25		地壳初具现代轮廓，哺乳类动物、鸟类急速发展，并开始分化
		早第三纪(E)	渐新世(E₃) 始新世(E₂) 古新世(E₁)	70	燕山运动	
中生代(Mz)		白垩纪(K)	上白垩世(K₂) 下白垩世(K₁)	135		地壳运动强烈，岩浆活动
		侏罗纪(J)	上侏罗世(J₃) 中侏罗世(J₂) 下侏罗世(J₁)	180	印支运动	除西藏等地区外，中国广大地区已上升为陆地，恐龙极盛，出现鸟类
		三叠纪(T)	上三叠世(T₃) 中三叠世(T₂) 下三叠世(T₁)	225	海西运动(华力西运动)	华北为陆地，华南为浅海，恐龙、哺乳类动物发育
古生代Pz	上古生代(Pz₂)	二叠纪(P)	上二叠世(P₂) 下二叠世(P₁)	270		华北为陆地，华南为浅海。冰川广布，地壳运动强烈，间有火山爆发
		石炭纪(C)	上石炭世(C₃) 中石炭世(C₂) 下石炭世(C₁)	350		华北时陆时海，华南为浅海。陆生植物繁盛，珊瑚、腕足类、两栖类动物繁盛
		泥盆纪(D)	上泥盆世(D₃) 中泥盆世(D₂) 下泥盆世(D₁)	400	加里东运动	华北为陆地，华南为浅海，火山活动，陆生植物发育，两栖类动物发育，鱼类极盛
	下古生代(Pz₁)	志留纪(S)	上志留世(S₃) 中志留世(S₂) 下志留世(S₁)	440		华北为陆地，华南为浅海，局部地区火山爆发，珊瑚、笔石发育
		奥陶纪(O)	上奥陶世(O₃) 中奥陶世(O₂) 下奥陶世(O₁)	500		海水广布，三叶虫、腕足类、笔石极盛
		寒武纪(∈)	上寒武世(∈₃) 中寒武世(∈₂) 下寒武世(∈₁)	600	蓟县运动	浅海广布，生物开始大量发育，三叶虫极盛
元古代Pt	晚元古代(Pt₂)(Z)	震旦亚代	震旦纪(Zz)	700		浅海与陆地相间出露，有沉积岩形成，藻类繁盛
			青白口纪(Zq)	1 000		
			蓟县纪(Zj)	1 400±50		
			长城纪(Zc)	1 700	吕梁运动	
	早元古代(Pt₁)			2 500	五台运动	海水广布，构造运动及岩浆活动强烈，开始出现原始生命现象
太古代(Ar)				3 650	鞍山运动	
	地球初期发展阶段			4 600		

（2）倾向。层面上与走向线相垂直并沿倾斜面向下所引的直线叫倾斜线（见图 1-16 中的 *OD* 线）。倾斜线在水平面上的投影线所指的方向，就是岩层的倾向。

（3）倾角。岩层的倾斜线与它在水平面上的投影线之间的夹角就是岩层的倾角（见图 1-16 中的 α）。

2.2.4　岩层产状要素的测定和表示方法

2.2.4.1　岩层产状要素的测定

（1）测走向。先将罗盘上平行于刻度盘南北方向的长边贴于层面，然后放平，使圆水准泡居中，这时指北针（或指南针）所指刻度盘的读数，就是岩层走向的方位。走向线两端的延伸方向均是岩层的走向，所以同一岩层的走向有两个数值，相差 180°。

（2）测倾向。将罗盘上平行于刻度盘东西方向的短边与走向线平行，同时将罗盘的北端指向岩层的倾斜方向，调整水平，使圆水准泡居中后，这时指北针所指的度数就是岩层倾向的方位。倾向只有一个方向。同一岩层面的倾向与走向相差 90°。

（3）测倾角。将罗盘上平行刻度盘南北方向的长边竖直贴在倾斜线上，紧贴层面，使长边与岩层走向垂直，转动罗盘背面的倾斜器，使长管水准泡居中后，倾角指示针所指刻度盘读数就是岩层的倾角（见图 1-17）。

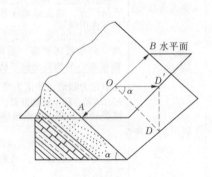

图 1-16　岩层产状要素

图 1-17　岩层的产状要素及其测量方法

2.2.4.2　岩层的产状要素表示方法

方位角表示法：一般记倾向和倾角。如 SW 205°∠25°（即倾向为南西 205°，倾角为 25°）。

象限角表示法：以北和南的方向作为 0°，一般记走向、倾角和倾向象限。如 N65°W∠25°SW（走向为北偏西 65°，倾角为 25°，向南西倾斜）。

符号表示法：在地质图上，岩层产状要素用符号表示。如├30°：长线表示走向，短线表示倾向，数字表示倾角。长短线必须按实际方位画在图上。

2.3　褶皱构造

岩层受力作用后产生的连续弯曲变形称为褶皱构造。褶皱构造是岩层在地壳中广泛发育的地质构造形态之一，它在层状岩石中表现得最明显。褶皱形态多样，规模大小不一，大者延续几十至几百千米，小者在显微镜下可观察。

2.3.1　褶皱要素

为了研究和描述褶皱形态及空间展布特征，首先要弄清楚褶皱的各个组成部分（褶皱要素)及其相互关系(见图1-18)。

(1)核部:褶皱中心部位的地层。当剥蚀后,常把出露在地面的褶皱中心部位的地层称为核。

(2)翼部:褶皱两侧的地层。一个褶皱有两个翼。

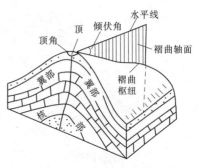

图1-18 褶皱要素示意图

(3)枢纽:同一褶皱层面的最大弯曲点的连线叫枢纽。枢纽可以是直线,也可以是曲线;可以是水平线,也可以是倾斜线。

(4)轴面:轴面是假想平分褶皱两翼的平分面,一个褶皱内各个相邻褶皱面上的枢纽连线的面称为轴面。它可以是平面,也可以是曲面。轴面产状和任何构造面产状一样,是用其走向、倾向和倾角来确定的。

(5)转折端:是从一翼转到另一翼过渡的弯曲部分,即两翼的会合部分。它的形态常为圆滑的弧形,也可以是尖棱或一段直线。

2.3.2 褶皱的基本形态

褶皱的基本形态有背斜和向斜两种。

(1)背斜褶皱岩层向上弯曲,两侧岩层倾向相背。核部的岩层时代老,两翼岩层依次变新并呈对称分布(见图1-19)。

(2)向斜褶皱岩层向下弯曲,两侧岩层倾向相向。核部的岩层时代新,两翼岩层依次变老并呈对称分布(见图1-19)。

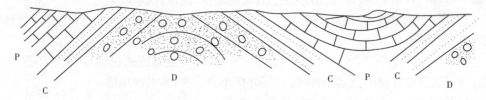

图1-19 遭受剥蚀的背斜与向斜

2.3.3 褶皱的形态分类

根据轴面和两翼产状,褶皱可分为:

(1)直立褶皱。轴面近于直立,两翼岩层倾向相反,倾角大致相等(见图1-20(a))。

(2)倾斜褶皱。轴面倾斜,两翼岩层倾斜方向相反,倾角不相等(见图1-20(b))。

(3)倒转褶皱。轴面倾斜,两翼岩层倾向相同,倾角不相等。其中,一翼岩层为正常层序,另一翼岩层层序倒转(见图1-20(c))。

(4)平卧褶皱。轴面近于水平,一翼岩层层序正常,另一翼岩层层序倒转(见图1-20(d))。

(5)翻卷褶皱。轴面为一曲面(见图1-20(e))。

2.3.4 褶皱构造的野外识别

褶皱构造,不论其规模大小,形态特征如何,当无其他构造干扰时,识别褶皱的基本方法主要从以下两方面考虑:

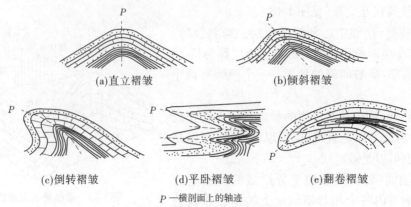

(a)直立褶皱　　　　　　(b)倾斜褶皱

(c)倒转褶皱　　　　　(d)平卧褶皱　　　　　(e)翻卷褶皱

P—横剖面上的轴迹

图 1-20　根据轴面产状褶皱分类

（1）地层分布规律:褶皱两翼地层对称重复出现。

（2）岩层产状分布规律:对直立褶皱和倾斜褶皱而言,背斜构造两翼岩层倾向相反,而且都向外部倾斜;向斜构造两翼岩层倾向也相反,但向核部中心倾斜。倒转褶皱和平卧褶皱则不存在这种产状特征。

2.3.5　褶皱构造的工程评价

褶皱构造在地壳中广泛分布,在强烈褶皱区对工程建设影响较大,容易遇到工程地质问题。

（1）褶皱核部或转折端岩层由于受水平张拉应力作用,产生许多张节理,直接影响到岸体完整性和强度,在石灰岩地区还往往是岩溶较为发育,所以在该部位布置各种建筑工程,如厂房、路桥、坝址、隧道等,必须注意岩层的塌落、漏水、涌水问题。

（2）在褶皱翼部布置建筑工程,重点注意岩层的倾向及倾角的大小,因为它对岩体的滑动有一定影响。

（3）对于深埋地下工程,一般宜设计在褶皱翼部:一是隧道通过性质均一岩层,有利于稳定;二是褶皱岩层中,背斜的顶部岩层处在张力带中,易引起塌陷。

（4）构造盆地向斜核部是储水较为丰富地段。

2.4　断裂构造

岩石受力后发生变形,当作用力超过岩石的强度时,岩石的连续性和完整性遭到破坏而发生破裂,形成断裂构造,它在地壳的各个地区和各类岩石中均有广泛的分布。断裂构造包括节理和断层。

2.4.1　节理

节理是岩石破裂后,破裂面无明显位移的裂隙(缝)。它较断层更为普遍。节理规模大小不一,常见的为几十厘米至几米,长的可延伸几百米,甚至上千米。

节理的成因是多种多样的,由构造运动产生的节理叫构造节理,它们往往与褶皱、断层有着密切的成因联系。有的节理是在成岩过程中形成的,如玄武岩的柱状节理,这种节理称为原生节理。有的节理是岩石形成后,由风化作用,崩塌、滑坡、冰川及人工爆破等外动力作用产生的裂隙,称次生节理。

2.4.1.1　节理的分类

节理的分类主要从两个方面考虑:一是几何关系,指节理与所在岩层或其他构造的关系;二是力学成因,即形成节理的应力性质(见图1-21)。

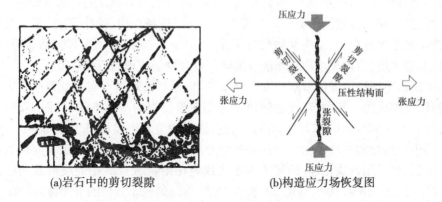

(a)岩石中的剪切裂隙 　　　　　　　　(b)构造应力场恢复图

图1-21 岩石中的构造裂隙

按节理形成的力学性质,节理可分为张节理和剪节理。

(1)张节理是在张应力作用下形成的破裂面,多发育于褶皱轴部等张应力集中部位。张节理往往弯弯曲曲,走向变化不定,多呈锯齿状。它具有张开裂口,裂口上宽下窄并往下尖灭,节理面粗糙不平,延伸不远,相邻两节理间距较大等特点。平面上呈现中间宽、向两端逐渐变窄的透镜状。

(2)剪节理是由剪应力作用形成的破裂面。节理两壁闭合紧密,两侧岩块有微小位移。节理面平直光滑,常具擦痕;剪节理沿走向和倾向延伸较远,一般发育密集,间距较小,在岩石中往往成对出现,形成"X"节理或共轭节理。它发生的位置一般是在与主应力方向呈 $45° - \varphi/2$ 的平面上。

按节理与所在岩层产状之间的关系,节理可分为走向节理、倾向节理、斜向节理和顺层节理。

(1)走向节理:节理走向与岩层走向平行;

(2)倾向节理:节理走向与岩层走向垂直;

(3)斜向节理:节理走向与岩层走向斜交;

(4)顺层节理:节理面大致平行于岩层层面。

以上四类节理见图1-22。

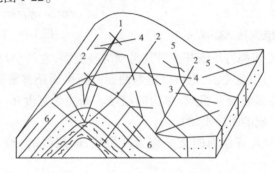

1、2—走向节理或纵节理;3—倾向节理或横节理;4、5—斜向节理;6—顺层节理

图1-22 节理形态分类示意图

2.4.1.2　节理的观测与统计

对节理性质、分布规律、形态发育程度及产状进行观测与统计的目的是研究和评价岩体稳定性,判断对工程建设的影响。节理观测点一般选择在构造特征清楚、发育良好的露头上,为了便于大量观测,露头面积最好不小于 10 m²。观测记录内容包括节理的产状、粗糙度、节理密度、节理充填物和测量节理间距以及测量节理的持续性等。

为了反映不同构造部位节理的发育分布规律,通常将观测点实测节理产状资料分组整理统计,绘制成图。其中,节理走向玫瑰花图是最简明的一种方法(见图 1-23)。在一半圆上分画 0°~90°和 0°~270°的方位。把所测得的节理走向按每 5°或每 10°分组并统计每一组内节理数和平均走向。按各组平均走向,自圆心沿半径以一定长度代表每一组节理的个数,然后用折线相连,即得节理走向玫瑰花图。图 1-23 中表明所观测区段内走向 NE10°~NE20°、NW310°~NW320°和 NE70°~NE80°三个方位的节理最为发育。

2.4.1.3　节理对工程的影响

节理是一种发育广泛的裂隙。节理将岩层切割成块体,这对岩体强度和稳定性有很大影响。节理间距越小,岩石破碎程度越高,岩体承载力将明显降低。岩层中发育的节理裂隙是地下水的通道,同时也会对风化作用起着加速进行的效应。随着岩石风化程度增强和水对岩石的浸泡软化,岩块质地变软、强度降低。

2.4.2　断层

岩层受力发生破裂,破裂面两侧岩块发生明显的位移,这种断裂构造称断层。

2.4.2.1　断层要素

断层的各个组成部分称为断层要素。断层要素包括断层面、断层线、断盘及断距等(见图 1-24)。

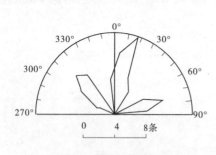

图 1-23　节理走向玫瑰花图

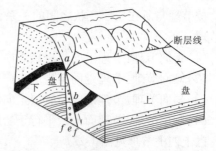

ab—断距;e—断层破碎带;f—断层影响带

图 1-24　断层要素

(1)断层面是指相邻两岩块断开或沿其滑动的破裂面,它的空间位置由其走向、倾向和倾角决定。断层面可以是平面,也可以是弯曲面。断层面还常常表现为具有一定宽度的破裂带,并可以由许多破裂面组成,称为断层带。断层带宽度不一,自几米至数百米。一般断层规模越大,形成的断层带越宽。

(2)断层面与地面或其他面的交线称为断层线,断层线的分布规律与地层露头线相同。

(3)断盘是指断层面两侧相对移动的岩块(见图 1-24)。

断盘有上盘和下盘之分,也有上升盘与下降盘之分。当断层面直立或断层性质不明时,以方位表示断盘。例如,断层走向为东西方向,则可分出北盘与南盘。

(4)断层两盘岩块沿断层面相对移动的距离,称为断距,即岩层原来相连的两点沿断层面错开、位移的距离。

2.4.2.2　断层的基本类型

按断层两盘相对位移的方式,可把断层分为正断层、逆断层和平移断层三种类型,如图1-25所示。

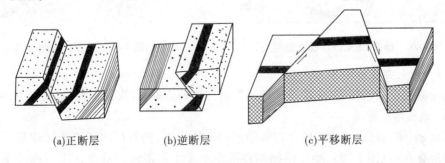

(a)正断层　　　　　(b)逆断层　　　　　(c)平移断层

图1-25　断层类型示意图

(1)正断层是沿断层面倾斜线方向,上盘相对下降,下盘相对上升的断层(见图1-25(a)),这种断层一般是由岩层受到张应力和重力作用引起的。

(2)逆断层是沿断层面倾斜线方向,上盘相对上升,下盘相对下降的断层(见图1-25(b))。逆断层一般是在两侧受到近于水平的挤压力作用下形成的。由于逆断层形成的力学条件与褶皱近似,所以多与褶皱伴生。倾角大于45°的称为冲断层,倾角小于45°的称为逆掩断层。

(3)平移断层是断层两盘沿断层走向发生位移的断层(见图1-25(c))。断层面倾角通常很陡,近于直立。

大型平移断层称走向滑动断层或简称走滑断层。它们规模巨大,延伸长达数百千米甚至数千千米。例如,北美西部圣安德列斯走滑断层,其走向北北西,延伸约2 000 km,右行平移距离达500 km,从白垩纪至今仍在活动,形成世界著名的地震活动带。

2.4.2.3　断层的组合形式

同一地区在同一应力的作用下,断层往往形成有规则的排列组合,尽管产状不尽相同,皆可组成一个断层系。常见的断层的组合形式有阶梯状断层、地堑与地垒、叠瓦式构造。

(1)阶梯状断层是由若干条产状大致相同的正断层平行排列而成的(见图1-26)。阶梯状断层一般发育在上升地块的边缘。

(2)地堑与地垒是由走向大致相同、倾向相反、性质相同的两条或数条断层组成的(见图1-26)。断层中间有一个共同的下降盘,称为地堑;断层中间有一个共同的上升盘,称为地垒。两侧断层一般是正断层,但也可以是逆断层。地垒常呈断块隆起的山地,如江西的庐山。地堑在地貌上呈狭长的谷地、盆地与湖泊,如我国的汾、渭地堑,世界上著名的莱茵地堑,贝加尔湖地堑等。

(3)叠瓦式构造是一系列产状大致相同平行排列的逆断层的组合形式(见图1-27)。

各断层的上盘依次逆冲形成像瓦片般的叠覆。叠瓦式构造中各断层面的倾角向下变缓，在深处有时收敛成一条主干大断层。

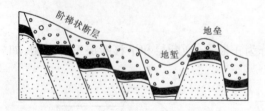

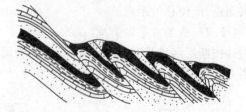

图1-26　地垒、地堑及阶梯状断层　　　　　图1-27　叠瓦式构造

2.4.2.4　断层存在的标志

判断断层存在的标志，主要是地层和构造方面的依据，其次是地貌、水文等方面。

（1）地质体不连续。

岩层、岩体、岩脉、变质岩的片理等沿走向突然中断、错开而出现不连续现象，说明可能有断层存在（见图1-28），地层沿倾向在层序上发生不正常的缺失或不对称的重复，也是断层存在的证据（见图1-29）。

 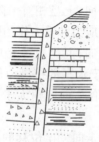 

图1-28　断层标志

（2）断层面（带）的构造特征。

①镜面、擦痕与阶步：断层面表现为平滑而光亮的表面称为镜面。断层面上出现平行且均匀细密排列的沟纹称为擦痕。镜面和擦痕是断层两盘岩块相对错动时在断层面上因摩擦和碎屑刻画而留下的痕迹。阶步是指断层面上与擦痕垂直的微小陡坎，是顺擦痕方向由于局部阻力的差异或因断层间歇性运动的顿挫而形成的。

②牵引构造：指断层两盘相对运动时，断层附近岩层因受断层面摩擦力拖曳发生弧形弯曲的现象（见图1-30）。牵引褶皱弧形弯曲突出的方向一般指示本盘的相对运动方向。

（3）断层岩。

断层岩是断层带中因断层动力作用被破碎、研磨，有时甚至发生重结晶作用而形成的岩石，主要有断层角砾岩、碎裂岩及糜棱岩等。

（4）地貌和水文等标志。

断层两盘差异性升降运动，常形成陡立的峭壁，称断层崖。若断层崖后来受到流水切割、侵蚀，往往形成沿断层走向分布的一系列三角形陡崖，称为三角面（见图1-31）。

串珠状分布的湖泊、洼地和带状分布的泉水等都是可能有断层存在的标志。

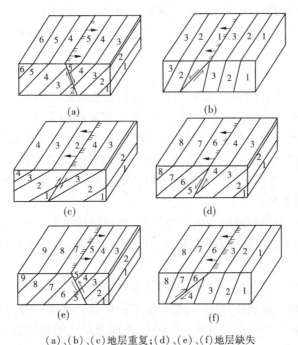

(a)、(b)、(c)地层重复;(d)、(e)、(f)地层缺失

图1-29　断层造成的地层重复和缺失立体图

图1-30　岩层的牵引弯曲现象　　　　图1-31　断层崖侵蚀形成断层三角面

2.4.3　断裂构造的工程地质评价

由于一方面断层带岩层破碎强度低、透水性增强,另一方面它对地下水、风化作用等外力地质作用往往起控制作用。因此,断裂构造对工程建设十分不利。

(1)在水利工程建设中,选择坝址,确定渠道及隧洞线路时应考虑调整轴线位置,以减轻断层对工程的不利影响。水库区如有大的断层切穿分水岭并延伸到较低邻谷,则有沿断层产生渗漏的可能。

(2)道路工程建设中,选择线路、桥址和隧洞位置时,应尽可能避开断层破碎带。

(3)断层发育地区对修建隧洞的影响。

当隧洞轴线与断层走向平行时,应尽量避开断层破碎带,而当隧洞轴线与断层走向垂直时,为避免和减少危害,应预先考虑支护和加固措施。由于开挖隧洞代价较高,为缩短其长度,往往将隧洞选择在山体比较狭窄的鞍部通过。从地质角度考虑,这种部位往往是断层破碎带或软弱岩层发育部位,岩体稳定性差,属地质条件不利地段。

2.5　阅读地质图

2.5.1　地质图

地质图是反映一个地区各种地质条件的图件,是将自然界的地质情况,用规定的符号按一定的比例缩小投影绘制在平面上的图件,是工程实践中需要收集和研究的一项重要地质资料。要清楚地了解一个地区的地质情况,需要花费不少的时间和精力,通过对已有地质图的分析和阅读,就可帮助我们具体了解一个地区的地质情况。这对我们研究路线的布局,确定野外工程地质工作的重点等,都可以提供很好的帮助。因此,学会分析和阅读地质图,是十分必要的。

工程地质图为各种工程建筑专用的地质图,如房屋建筑工程地质图、水库坝址工程地质图、矿山工程地质图、铁路工程地质图、公路工程地质图、港口工程地质图、机场工程地质图等。

一幅完整的地质图应包括平面图、剖面图和柱状图。

平面图是反映地表地质条件的图,是最基本的图件。剖面图是反映地表以下某一断面地质条件的图。柱状图是综合反映一个地区各地质年代的地层特征、厚度和接触关系的图件。

2.5.2　地质图的规格和符号

2.5.2.1　地质图的规格

地质平面图应有图名、图例、比例尺、编制单位和编制日期等。

图例是用各种颜色和符号,说明地质图上所有出露地层的新老顺序、岩石成因和产状及其构造形态。图例通常放在图幅右侧,一般自上而下或自左而右按地层(上新下老或左新右老)、岩石、构造顺序排列,所用的岩性符号、地质构造符号、地层代号及颜色都有统一规定。

比例尺的大小反映地质图的精度高低(见表1-7),比例尺越大,图的精度越高,对地质条件的反映越详细。比例尺的大小取决于地质条件的复杂程度和建筑工程的类型、规模及设计阶段。

表1-7　几种常用地形图的比例尺精度

比例尺	1:5 000	1:2 000	1:1 000	1:500
比例尺精度(m)	0.50	0.20	0.10	0.05

2.5.2.2　地质图的符号

地质图是根据野外地质勘测资料在地形图上填绘编制而成的。它除应用地形图的轮廓和等高线外,还需要用各种地质符号来表明地层的岩性、地质年代和地质构造情况。所以,要分析和阅读地质图,了解地质图所表达的具体内容,就需要了解和认识常用的各种地质符号。

(1)地层年代符号。在小于1:10 000的地质图上,沉积地层的年代是采用国际通用的标准色来表示的,在彩色的底子上,再加注地层年代和岩性符号。在每一系中,又用淡色表示新地层,深色表示老地层。岩浆岩的分布一般用不同的颜色加注岩性符号表示。在大比例尺的地质图上,多用单色线条或岩石花纹符号再加注地质年代符号的方法表示。当基岩被第四纪松散沉积层覆盖时,在大比例尺的地质图上,一般根据沉积层的成因类型,用第四纪沉积成因分类符号表示。

(2)岩石符号。岩石符号是用来表示岩浆岩、沉积岩和变质岩的符号,由反映岩石成因特征的花纹及点线组成。在地质图上,这些符号画在什么地方,表示这些岩石分布到什么地方。

(3)地质构造符号。地质构造符号是用来说明地质构造的。组成地壳的岩层,经构造变动形成各种地质构造,这就不仅要用岩层产状符号表明岩层变动后的空间形态,而且要用褶曲轴、断层线、不整合面等符号说明这些构造的具体位置和空间分布情况。

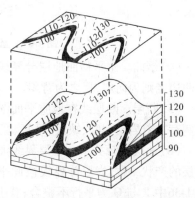

图1-32 水平岩层的立体图及平面投影图

2.5.3 地质情况在地质图上的表现

(1)水平构造。在地质平面图上水平构造的地层分界线与地形等高线一致或平行,并随地形等高线的弯曲而弯曲(见图1-32)。

(2)单斜构造。当岩层的倾向与地形倾斜的方向相反时,岩层界线的弯曲方向与等高线的弯曲方向相同,只是曲率要小(见图1-33(a));当岩层的倾向与地形倾斜的方向一致,而倾角大于地形坡度时,岩层界线的弯曲方向与等高线的弯曲方向相反(见图1-33(b));当岩层的倾向与地形倾斜的方向一致而倾角小于地形坡度时,岩层界线的弯曲方向与等高线的弯曲方向相同,但其曲率要比等高线的大(见图1-33(c))。

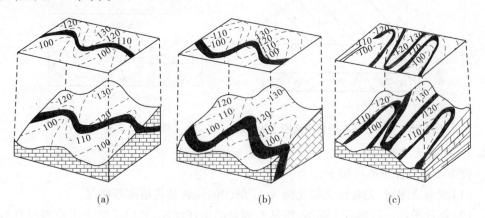

| (a) | (b) | (c) |

图1-33 倾斜岩层的立体图及平面投影图

(3)直立岩层。除岩层走向有变化外,直立岩层的界线在地质图上为一条与地形等高线相交的直线(见图1-34)。

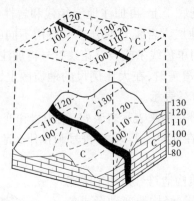

图 1-34　直立岩层的立体图及平面投影图

（4）褶曲。水平褶曲地层分界线在地质平面图上呈带状对称分布（见图 1-35），中间新两边老则为向斜，反之为背斜。

（5）断层。断层线在地质平面图上通常是一段直线或近于直线的曲线。在断层线的两侧存在着岩层中断、缺失、重复、宽窄变化及前后错动等现象。

（6）地层接触关系。地层界线大致平行，没有缺层现象，则属整合关系；若上、下两套岩层的产状一致，岩层分界线彼此平行，但地质年代不连续，此关系属于平行不整合，如图 1-36 中 E 与 Q 为平行不整合；若上、下两套岩层之间的地质年代不连续，而且产状也不相同，属于角度不整合，如图 1-36 中 T 与 E 为角度不整合。

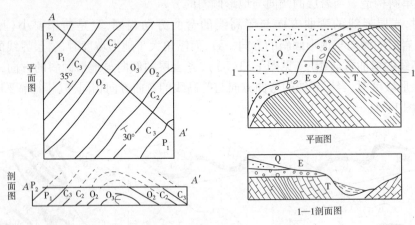

图 1-35　褶曲形态在地质平面图上的表现　　　图 1-36　不整合

2.5.4　阅读地质图

读图步骤及注意事项如下：

（1）读地质图时，先看图名和比例尺，了解图的位置及其精度等情况。

（2）阅读图例。图例自上而下，按从新到老的年代顺序，列出了图中出露的所有地层符号和地质构造符号，通过图例，可以概括了解图中出现的地质情况。在看图例时，要注意地层之间的地质年代是否连续，中间是否存在地层缺失现象。

（3）正式读图时先分析地形，通过地形等高线或河流水系的分布特点，了解地区的山川形势和地形高低起伏情况。

这样,在具体分析地质图所反映的地质条件之前,能使我们对地质图所反映的地区,有一个比较完整的概括了解。

(4)阅读岩层的分布、新老关系、产状及其与地形的关系,分析地质构造。地质构造有两种不同的分析方法:一种是根据图例和各种地质构造所表现的形式,先了解地区总体构造的基本特点,明确局部构造相互间的关系,然后对单个构造进行具体分析;另一种是先研究单个构造,然后结合单个构造之间的相互关系,进行综合分析,最后得出整个地区地质构造的结论。

这样,我们就可以根据自然地质条件的客观情况,结合工程的具体要求,进行合理的工程布局和正确的工程设计。我们阅读地质图的目的,就在这里。

2.5.5　读图示例

现根据宁陆河地区地质图(见图1-37),对该区地质条件分析如下:

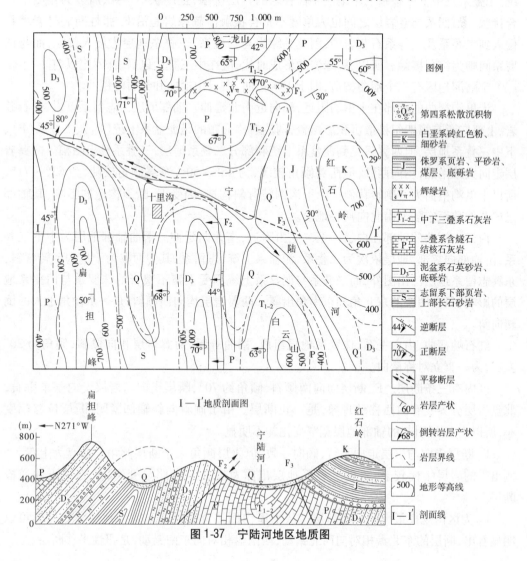

图 1-37　宁陆河地区地质图

本区最低处在东南部宁陆河谷，高程 300 多 m，最高点在二龙山顶，高程达 800 多 m，全区最大相对高差近 500 m。宁陆河在十里沟以北地区，从北向南流，至十里沟附近，折向东南。区内地貌特征主要受岩性及地质构造条件的控制。一般在页岩及断层带分布地带多形成河谷低地，而在石英砂岩、石灰岩及地质年代较新的粉细砂岩分布地带则形成高山。山脉多沿岩层走向大体南北向延伸。

本区出露地层有：志留系（S）、泥盆系上统（D_3）、二叠系（P）、中下三叠系（T_{1-2}）、辉绿岩墙（V_π）、侏罗系（J）、白垩系（K）及第四系（Q）。第四系主要沿宁陆河分布，侏罗系及白垩系主要分布于红石岭一带。

从图 1-37 中可以看出，本区泥盆系与志留系地层间虽然岩层产状一致，但缺失中下泥盆系地层，且上泥盆系底部有底砾岩存在，说明两者之间为平行不整合接触。二叠系与泥盆系地层之间缺失石炭系，所以也为平行不整合接触。图 1-37 中的侏罗系与泥盆系上统、二叠系及中下三叠系三个地质年代较老的岩层接触，且产状不一致，所以为角度不整合接触。第四系与老岩层之间也为角度不整合接触。辉绿岩是沿 F_1 张性断裂呈岩墙状侵入到二叠系及三叠系石灰岩中，因此辉绿岩与二叠系、三叠系地层为侵入接触，而与侏罗系间则为沉积接触。所以，辉绿岩的形成时代，应在中三叠世以后，侏罗纪以前。

宁陆河地区有三个褶曲构造，即十里沟褶曲、白云山褶曲和红石岭褶曲。

十里沟褶曲的轴部在十里沟附近，轴向近南北延伸。轴部地层为志留系页岩、长石砂岩，上部广泛有第四纪松散沉积层覆盖，两翼对称分布的是泥盆系上统（D_3）、二叠系（P）、下中三叠系地层，但西翼只见到泥盆系上统和部分二叠系地层，三叠系已出图幅。两翼岩层走向大致南北，均向西倾，但西翼倾角较缓，为 45°～50°，东翼倾角较陡，为 63°～71°，所以十里沟褶曲为一倒转背斜。十里沟倒转背斜构造，因受 F_3 断裂构造的影响，其轴部已向北偏移至宁陆河南北向河谷地段。

白云山褶曲的轴部在白云山至二龙山附近，南北向延伸。褶曲轴部地层为中下三叠系，由轴部向翼部，地层依次为二叠系、泥盆系上统、志留系，其中西翼为十里沟倒转背斜，东翼志留系地层已出图外，而二叠系与泥盆系上统因受上覆不整合的侏罗系与白垩系地层的影响，只在图幅的东北角和东南角出露。两翼岩层均向西倾斜，是一个倾角不大的倒转向斜。

红石岭褶曲，由白垩系、侏罗系地层组成，褶曲舒缓，两翼岩层相向倾斜，倾角为 30°左右，为一直立对称褶曲。

区内有三条断层。F_1 断层面向南倾斜，倾角约 70°，断层走向与岩层走向基本垂直，北盘岩层分界线有向西移动现象，是一正断层。由于倾斜向斜轴部紧闭，断层位移幅度小，所以 F_1 断层引起的轴部地层宽窄变化并不明显。

F_2 断层走向与岩层走向平行，倾向一致，但岩层倾角大于断层倾角。西盘为上盘，一侧出露的岩层年代较老，且使二叠系地层出露宽度在东盘明显变窄，故为一压性逆掩断层。

F_3 为区内规模最大的一条断层。从十里沟倒转背斜轴部志留系地层分布位置可以明显看出，断层的东北盘相对向西北错动，西南盘相对向东南错动，是扭性平移断层。

3　自然地质作用

3.1　风化作用

地表或接近地表的岩石在大气、水和生物活动等因素的影响下,使岩石遭受物理的和化学的变化,称为风化。引起岩石这种变化的作用,称为风化作用。风化作用能使岩石成分发生变化,能把坚硬的岩石变成松散的碎屑,降低了岩石的力学强度。风化作用又能使岩石产生裂隙,破坏了岩石的完整性,影响斜坡和地基的稳定。

3.1.1　风化作用的类型

3.1.1.1　物理风化作用

由于温度的变化,岩石孔隙、裂隙中水的冻融或盐类物质的结晶膨胀等作用,使岩石发生机械破碎的作用,称物理风化作用。

3.1.1.2　化学风化作用

化学风化作用是指岩石在水和各种水溶液的作用下所引起的破坏作用。这种作用不仅使岩石破碎,更重要的是,使岩石成分发生变化,形成新矿物。化学风化作用有水化作用、氧化作用、水解作用和溶解作用等。

(1)水化作用是水和某种矿物结合。这种作用可使岩石因体积膨胀而破坏。

$$CaSO_4 + 2H_2O \rightarrow CaSO_4 \cdot 2H_2O$$
$$（硬石膏）　　　　　（石膏）$$

(2)氧化作用是氧和水的联合作用,对氧化亚铁、硫化物、碳酸盐类矿物表现比较突出。例如,黄铁矿风化后生成的硫酸对混凝土会起破坏作用。

$$2FeS_2 + 7O_2 + 2H_2O \rightarrow 2FeSO_4 + 2H_2SO_4$$
$$（黄铁矿）　　　　　（硫酸亚铁）$$

(3)水解作用是指矿物与水的成分起化学作用形成新的化合物。例如,水解作用会使岩石成分发生改变,结构破坏,从而降低岩石的强度。

$$4K(AlSi_3O_8) + 6H_2O \rightarrow 4KOH + Al_4(Si_4O_{10})(OH)_8 + 8SiO_2$$
$$（正长石）　　　　　　　（高岭石）　　　（硅胶）$$

(4)溶解作用是指水直接溶解岩石矿物的作用。例如,溶解作用促使岩石孔隙率增加,裂隙加大,使岩石遭受破坏。

$$CaCO_3 + H_2O + CO_2 \rightarrow Ca(HCO_3)_2$$
$$（碳酸钙）　　　　　（重碳酸钙）$$

3.1.1.3　生物风化作用

生物风化作用是指岩石由生物活动所引起的破坏作用。这种破坏作用包括机械的(如植物根系在岩石裂隙中生长)和化学的(如生物的新陈代谢中析出的有机酸对岩石产生的腐蚀、溶解)。

此外,人类的工程活动也对岩石风化产生一定的影响。

3.1.2　岩石风化层的垂直分带

为了说明岩体的风化程度及其变化规律,正确评价风化岩石对水利工程建设的影响,就必须对岩体按风化程度进行分级。分级的依据主要是:新鲜岩石和风化岩石的相对比例、褪色度、分解和崩解的程度,矿物蚀变及其次生矿物,间接指标如锤击反应、波速变化等情况。《水利水电工程地质勘察规范》(GB 50487—2008)将岩石按风化程度分为全风化、强风化、弱风化(中等风化)、微风化和新鲜岩石五个等级(见表1-8)。

表1-8　岩体风化带划分

风化带		主要地质特征	风化岩纵波波速与新鲜岩纵波波速之比
全风化		全部变色,光泽消失; 岩石的组织结构完全破坏,已崩解和分解成松散的土状或砂状,有很大的体积变化,但未移动,仍残留有原始结构痕迹; 除石英颗粒外,其余矿物大部分风化蚀变为次生矿物; 锤击有松软感,出现凹坑,矿物手可捏碎,用锹可以挖动	<0.4
强风化		大部分变色,只有局部岩块保持原有颜色; 岩石的组织结构大部分已破坏,小部分岩石已分解或崩解成土,大部分岩石呈不连续的骨架或心石,风化裂隙发育,有时含大量次生夹泥; 除石英外,长石、云母和铁镁矿物已风化蚀变; 锤击哑声,岩石大部分变酥,易碎,用镐撬可以挖动,坚硬部分需用爆破	0.4 ~ 0.6
弱风化 (中等风化)	上带	岩石表面或裂隙面大部分变色,断口色泽较新鲜; 岩石原始组织结构清楚完整,但大多数裂隙已风化,裂隙壁风化剧烈,宽一般5 ~ 10 cm,大者可达数十厘米; 沿裂隙铁镁矿物氧化锈蚀,长石变得浑浊、模糊不清; 锤击哑声,用镐难挖,需用爆破	0.6 ~ 0.8
	下带	岩石表面或裂隙面大部分变色,断口色泽新鲜; 岩石原始组织结构清楚完整,但大多数裂隙已风化,裂隙壁风化较剧烈,宽一般1 ~ 3 cm; 沿裂隙铁镁矿物氧化锈蚀,长石变得浑浊、模糊不清; 锤击发音较清脆,开挖需用爆破	
微风化		岩石表面或裂隙面有轻微褪色; 岩石组织结构无变化,保持原始完整结构; 大部分裂隙闭合或为钙质薄膜充填,仅沿大裂隙有风化蚀变现象,或有锈膜浸染; 锤击发音清脆,开挖需用爆破	0.8 ~ 0.9
新鲜岩石		保持新鲜色泽,仅大的裂隙面偶见褪色; 裂隙面紧密,完整或焊接状充填,仅个别裂隙面有锈膜浸染或轻微蚀变; 锤击发音清脆,开挖需用爆破	0.9 ~ 1.0

3.1.3　岩石风化的防治方法

岩石风化的防治方法主要有挖除法、抹面法、胶结灌浆法和排水法。

（1）挖除法：适用于风化层较薄的情况，当厚度较大时通常只将严重影响建筑物稳定的部分剥除。

（2）抹面法：用水和空气不能透过的材料（如沥青、水泥、黏土层等）覆盖岩层。

（3）胶结灌浆法：用水泥、黏土等浆液灌入岩层或裂隙中，以加强岩层的强度，降低其透水性。

（4）排水法：为了减少具有侵蚀性的地表水和地下水对岩石中可溶性矿物的溶解，适当做一些排水工程。

只有在进行详细调查研究以后，才能提出切合实际的防止岩石风化的处理措施。

3.2　河流的地质作用

河流是在河谷中流动的地面经常性流水。河谷包括谷坡和谷底，谷坡上有河流阶地，谷底可分为河床和河漫滩（见图 1-38）。

河流的地质作用可分为侵蚀作用、搬运作用和沉积作用。

3.2.1　河流的侵蚀作用

图 1-38　河谷的组成

河流的侵蚀作用是指河水冲刷河床，使岩石发生破坏的作用。破坏的方式主要是机械破坏（冲蚀和磨蚀）和化学溶蚀，河流以这两种方式不断刷深河床和拓宽河谷。按河流侵蚀作用方向，河流的侵蚀作用又可分为垂直侵蚀作用和侧向侵蚀作用两种。

3.2.1.1　垂直侵蚀作用

河流的垂直侵蚀作用是指河水冲刷河底、加深河床的下切作用。其侵蚀强度取决于河水具有的能量和河底的地质条件。

3.2.1.2　侧向侵蚀作用

河流的侧向侵蚀作用是指河流冲刷两岸、加宽河床的作用。它主要发生在河流的中下游地区。侧向侵蚀作用结果是河谷愈来愈宽，河床愈来愈弯曲（见图 1-39），形成河曲。河曲发展到一定程度时，可使同一河床上、下游非常靠近，在洪水时易被冲开，河床便截弯取直。被废弃的弯曲河道便形成牛轭湖（见图 1-40）。

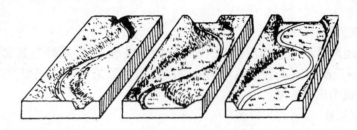

图 1-39　侧向侵蚀作用使河谷不断加宽

3.2.2　河流的搬运作用

河流将其携带的物质向下游方向搬运的过程，称为河流的搬运作用。河水搬运物质能力的大小，主要取决于河水的流量和流速。

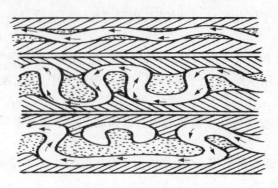

图 1-40　河曲发展形成牛轭湖

3.2.3　河流的沉积作用

河流在河床坡降平缓地带及河口附近,河水的流速变缓,水流所搬运的物质在重力作用下,逐渐沉积下来,这种沉积过程称河流的沉积作用。所沉积的物质称冲积物(层)。

河流搬运物质的颗粒大小和重量严格受流速控制。当流速逐渐减缓时,被搬运的物质就按颗粒大小和比重,依次从大到小、从重到轻沉积下来,因此冲积层的物质具明显的分选现象。上游及中游沉积物质多为大块石、卵石、砾石及粗砂等,下游沉积的物质多为中、细砂、黏土等。河流在搬运过程中,碎屑物质相互碰撞摩擦,棱角磨损,形状变圆,所以冲积层的颗粒磨圆度较好,多具层理,并时有尖灭、透镜体等产状。

3.2.4　河流阶地

河谷两岸由流水作用所形成的狭长而平坦的阶梯平台,称河流阶地。它是河流侵蚀、沉积和地壳升降等作用的共同产物。当地壳处于相对稳定的时期时,河流的侧向侵蚀和沉积作用显著,塑造了宽阔的河床和河漫滩,然后地壳上升,河流垂直侵蚀作用加强,使河床下切,将原先的河漫滩抬高,形成阶地。若上述作用反复交替进行,则老的河漫滩位置不断抬高,新的阶地和河漫滩相继形成。因此,多次地壳运动将出现多级阶地。

河流阶地主要可分为如下三种类型。

3.2.4.1　侵蚀阶地

侵蚀阶地的特点是阶地面由裸露基岩组成,有时阶地面上可见很薄的沉积物(见图 1-41(a))。侵蚀阶地只分布在山区河谷。它作为厂房地基或者桥梁和水坝接头是有利的。

3.2.4.2　基座阶地

基座阶地由两层不同的物质组成,由冲积物组成覆盖层,基岩为其底座(见图 1-41(b)),它的形成反映河流垂直侵蚀作用的深度已超过原来谷底冲积层厚度,切入基岩。基座阶地在河流中比较常见。

3.2.4.3　堆积阶地

堆积阶地的特点是沉积物很厚,基岩不出露,主要分布在河流的中下游地区。它的形成反映河流下蚀深度均未超过原来谷底的冲积层。根据下蚀深度不同,堆积阶地又可分为上迭阶地和内迭阶地(见图 1-41(c)、(d))。上迭阶地的形成是由于河流下蚀深度和侧蚀宽度逐次减小,堆积作用规模也逐次减小,说明每一次地壳运动规模在逐渐减小,河流下蚀均未到达基岩。内迭阶地的特点是每次下蚀深度与前次相同,将后期阶地套置在

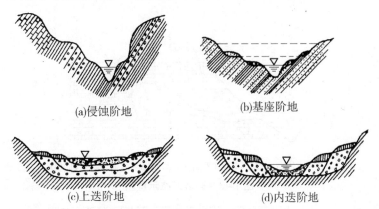

(a)侵蚀阶地   (b)基座阶地

(c)上迭阶地   (d)内迭阶地

图1-41　河流阶地类型示意图

先成阶地内,说明每次地壳运动规模大致相等。

3.2.5　河流侵蚀、淤积作用的防治

对于河流侧向侵蚀及因河道局部冲刷而造成的塌岸等灾害,一般采取护岸工程或使主流线偏离被冲刷地段等防治措施。

3.2.5.1　护岸工程

(1)直接加固岸坡:常在岸坡或浅滩地段植树、种草。

(2)护岸:有抛石护岸和砌石护岸两种。即在岸坡砌筑石块(或抛石),以消减水流能量,保护岸坡不受水流直接冲刷。石块的大小应以不致被河水冲走为原则。

抛石体的水下边坡一般不宜超过1:1,当流速较大时,可放缓至1:3。石块应选择未风化、耐磨、遇水不崩解的岩石。抛石层下应有垫层。

3.2.5.2　约束水流

(1)顺坝和丁坝:顺坝又称导流坝,丁坝又称半堤横坝。常将顺坝和丁坝布置在凹岸,以约束水流,使主流线偏离受冲刷的凹岸。丁坝常斜向下游,夹角为60°~70°,它可使水流冲刷强度降低10%~15%(见图1-42)。

图1-42　丁坝

(2)约束水流,防止淤积:束窄河道、封闭支流、截直河道、减小河道的输沙率等均可起到防止淤积的作用。也常采用顺坝、丁坝或二者组合使河道增加比降和冲刷力,达到防止淤积的目的。

3.3　岩溶

岩溶是指可溶性岩层(主要是石灰岩、白云岩及其他可溶性盐类岩石)分布地区,岩石长期受水的淋漓、冲刷、溶蚀等地质作用而形成的一些独特的地貌景观,如溶洞、落水洞、溶沟、石林、石笋、石钟乳、暗河等(见图1-43、图1-44)。岩溶现象主要发育在碳酸盐类岩石分布地区,尤以南斯拉夫北部的喀斯特高原为早期典型,因而国际上称喀斯特。

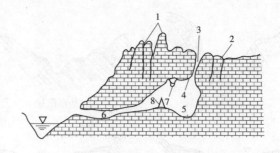

1—石林；2—溶沟；3—漏斗；4—落水洞；5—溶洞；6—暗河；7—石钟乳；8—石笋

图1-43　岩溶形态示意图

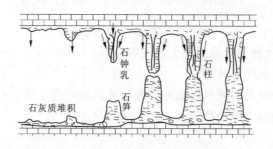

图1-44　石钟乳、石笋和石柱生成示意图

3.3.1　岩溶的形成条件

岩溶的发生与发展受多种因素的影响。总的来说，岩溶发育的基本条件有：岩石的可溶性和透水性，水的溶蚀性和流动性。前者是岩溶发生的内在因素，后者是岩溶发生的外部动力。

3.3.1.1　岩石的可溶性

岩溶的发育必须有可溶性岩石的存在。根据岩石的溶解度，能造成岩溶的岩石可分为三大组：①碳酸盐类岩石，如石灰岩、白云岩和泥灰岩；②硫酸岩类岩石，如石膏和硬石膏；③卤素岩石，如岩盐。这三组中以卤素岩石溶解度最大，碳酸盐类岩石溶解度最小，但碳酸盐类岩石分布最广，在漫长的地质年代中，所形成的溶蚀现象能够保存下来。因而，一般所谓岩溶，大都是指在碳酸盐类岩石中已形成的各种地质地貌现象。

3.3.1.2　岩石的透水性

岩溶要发展，岩石必须具有透水性。一般在断层破碎带、裂隙密集带和褶皱轴部附近，因为岩石裂隙发育且连通性好，有利于地下水的运动，从而促进了岩溶的发育，并且往往沿此方向发育着溶洞、地下河等。另外，在地表附近，由于风化裂隙增多，所以岩溶一般比深部发育。

3.3.1.3　水的溶蚀性

水对碳酸盐类岩石的溶解能力主要取决于水中侵蚀性CO_2的含量。水中侵蚀性CO_2的含量越多，水的溶蚀能力也越强。

3.3.1.4　水的流动性

水的流动性反映了水在可溶岩层中的循环交替程度。只有水循环交替条件好，水的流动速度快，才能将溶解物质带走，同时又促使含有大量CO_2的水源源不断地得到补充，则岩溶发育速度就快;反之,岩溶发育速度就慢,甚至处于停滞状态。

3.3.2　岩溶的分布规律

3.3.2.1　岩溶发育的垂直分带性

在岩溶地区地下水流动具有垂直分带现象,因而所形成的岩溶也具有垂直分带的特征(见图1-45)。

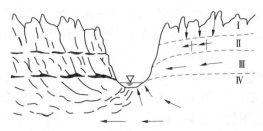

Ⅰ—垂直循环带;Ⅱ—季节循环带;Ⅲ—水平循环带;Ⅳ—深部循环带

图1-45　岩溶水的垂直分带

3.3.2.2　岩溶分布的成层性

在地壳运动相对稳定时期,岩溶地区在垂直剖面上形成了上述岩溶发育的4个带,之后若地壳上升,地表河流下切,地下水位随之下降,原来处于季节循环带的部位就变为了垂直循环带,原来的水平循环带相应变为季节循环带,并依此类推。当地壳再处于稳定时期时,原来的季节循环带所形成的岩溶洞层位置已抬高。在其下部,新的季节循环带将会形成新的岩溶洞层,因而使岩溶的发育出现成层性。

3.3.2.3　岩溶分布的不均匀性

一方面,岩溶发育受岩性控制,一般情况下,在质纯、层厚的石灰岩中,岩溶最为发育,形态齐全,规模较大,含泥质或其他杂质的岩层,岩溶发育较弱。

另一方面,岩溶发育受地质构造条件控制。岩溶常沿着区域构造线方向(如裂隙、断层走向及褶皱轴部)呈带状分布,多形成溶蚀洼地、落水洞、较大的溶洞及地下河等。

3.3.3　岩溶区的主要工程地质问题

碳酸盐类岩石在我国分布广泛,仅地表出露的面积就有120万 km^2,约占全国面积的12.5%,尤其广西、贵州、滇东、湘西、鄂西、川东等地较为集中。

由于岩溶的发育致使建筑物场地和地基的工程地质条件大为恶化,因此在岩溶地区修建各类建筑物时必须对岩溶进行工程地质研究,以预测和解决由岩溶引起的各种工程地质问题。归纳起来,岩溶区的工程地质问题主要有以下两类。

3.3.3.1　渗漏和突水问题

由于岩溶地区的岩体中有许多溶隙、溶洞、漏斗,若库、坝址选择不当或未能采取可靠的防渗措施,轻则降低水库效益,成为病险库,遗留后患;重则水库不能蓄水,或工程处理费用过高,在经济上造成不合理。在基坑开挖和隧洞施工中,岩溶水可能突然大量涌出,给施工带来困难。

3.3.3.2　地基稳定性及塌陷问题

坝基或其他建筑物地基中若有岩溶洞穴,将大大降低地基岩体的承载力,容易引起洞穴顶塌陷,使建筑物遭受破坏。同时,岩溶地区的土层特点是厚度变化大,孔隙比高,因此地基很容易产生不均匀沉降,从而导致建筑物倾斜甚至破坏。

在岩溶地区工程设计前,必须充分细致地进行工程地质勘察工作,搞清建筑地区岩溶的分布和发育规律,正确评价它对工程的影响和危害。

3.4　斜坡的地质作用

斜坡在一定的自然条件和重力作用下,常使在其上的部分岩体发生变形和破坏,给各种建筑物(如水坝、隧洞、渠道、铁路、公路等)的建造和使用带来极大的困难和危害,有时甚至造成巨大的灾难。如意大利的瓦依昂拱坝,在 1963 年 10 月 9 日晚,由于库区左岸突然整体下滑,形成体积达 2.4 亿 m^3、下滑速度高达 28 m/s 的滑坡体,将坝前 1.8 km 长的一段水库填满,掀起波浪高达 70 m,冲毁下游一个村庄,有 2 400 余人死亡。因此,边坡稳定性的研究在工程建设中是非常必要的。

3.4.1　斜坡的破坏类型

斜坡岩体失稳破坏的类型主要有蠕变、剥落、崩塌和滑坡。

3.4.1.1　蠕变

斜坡上挤压紧密的岩石,在重力作用下发生长期缓慢变形及松动的现象,称为蠕变。

3.4.1.2　剥落

斜坡上的表层岩石,由于长期的物理风化作用而破碎成细小的岩片、岩屑,在重力作用下向坡下坠落和滚动的现象,称为剥落。

3.4.1.3　崩塌

在斜坡的陡峻地段,大块岩体在重力作用下,突然迅速倾倒崩落,沿山坡翻滚撞击而坠落坡下的破坏现象,称为崩塌(见图 1-46)。

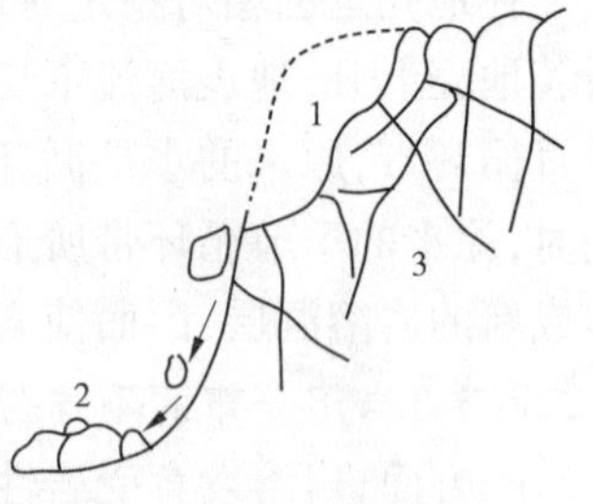

1—崩塌体;2—堆积块石;
3—被裂隙切割的斜坡基岩

图 1-46　崩塌示意图

3.4.1.4　滑坡

斜坡上的岩体,在重力作用下,沿斜坡内一个或几个滑动面整体向下滑动的现象,称为滑坡。大的滑坡规模可达几千立方米,甚至数亿立方米,常掩埋村镇、中断、堵塞交通,给工程带来重大危害。

(1)滑坡的组成及类型。

一般滑坡由以下几部分组成(见图 1-47)。

①滑坡体:是从斜坡上滑落的块体,它沿弧面滑动,呈旋转运动。滑坡体的平面呈舌状,它的体积不一,最大可达数立方千米。滑坡体上的树木,因滑坡体旋转滑动而歪斜,这种歪斜的树木称为醉汉树。如果滑坡形成已有相当长的一段时间,这种歪斜的树又会慢慢长成弯曲形,叫做马刀树。

②滑坡床:指在滑动面之下未滑动的稳定岩体。

③滑动面:指滑坡体与滑坡床之间的分界面,一个滑坡可有一个或数个滑动面,滑动面的形状有直线、折线或圆弧等。

④滑坡壁:是滑坡体向下滑动时,在斜坡顶部形成的陡壁。

⑤滑坡阶地:是滑坡体下滑后在斜坡上形成的阶梯状地形。如果有好几个滑动面,则

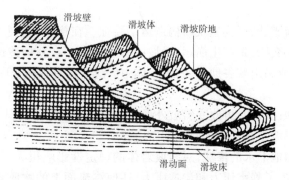

图1-47 滑坡结构剖面图

可形成多级滑坡阶地。滑坡阶地的阶地面经常是向内坡方向倾斜的,形成反坡地形。有些规模较大的滑坡,在向内坡方向倾斜的滑坡阶地面上常形成小湖。

(2)滑坡的类型。

滑坡按其物质组成可分为土层滑坡和岩层滑坡。按滑动面和层面的关系,滑坡可分为均质滑坡、顺层滑坡和切层滑坡(见图1-48)。

(a)均质滑坡   (b)顺层滑坡   (c)切层滑坡

图1-48 滑坡类型

①均质滑坡:发生于均质岩层,如黏土、黄土、强风化的岩浆岩中的滑坡(见图1-48(a))。

②顺层滑坡:滑动面为岩层层面或不整合面的滑坡(见图1-48(b))。

③切层滑坡:滑动面切割多层岩层层面的滑坡(见图1-48(c))。

3.4.2 影响斜坡稳定的主要因素

3.4.2.1 地形地貌

一般深切的峡谷、陡峭的岸坡地形容易发生边坡变形和破坏。例如,我国西南山区沿金沙江、雅砻江及其支流等河谷地区边坡岩体松动破裂、蠕动、崩塌、滑坡等现象十分普遍。通常,地形坡度越陡、坡高越大,对边坡稳定越不利。

3.4.2.2 岩性

岩性直接影响斜坡岩体的稳定性及其变形破坏形式。由坚硬块状及厚层状岩石(如花岗岩、石英岩、石灰岩等)构成的斜坡,一般稳定性程度较高,变形破坏形式以崩塌为主;由软弱岩石(如页岩、泥岩、片岩、千枚岩、板岩及火山凝灰岩等)构成的斜坡,岩层易风化且抗剪强度低,在产状较陡地段,易产生蠕动变形现象;当岩层层面(或片理面、裂隙面等)倾向与坡面坡向一致,岩层倾角小于坡角且在坡面出露时,极易形成顺层滑坡。

3.4.2.3　地质构造

地质构造包括褶皱、断裂构造及新构造运动特征。在褶皱、断裂发育地区,岩层倾角较陡,节理、断层纵横交错,是产生崩塌、滑坡的有利因素。在新构造运动强烈上升区,由于侵蚀切割,往往形成高山峡谷地形,斜坡岩体中广泛发育有各种变形和破坏现象。

3.4.2.4　水的作用

地面水的侵蚀冲刷作用,可改变斜坡外形,造成坡脚淘空,影响斜坡岩体的稳定性,如河岸发生的塌岸和滑坡多在受流水侵蚀的岸边。

地面水的入渗和地下水的渗流,对斜坡岩体的稳定性影响很大。地下水不仅增加了斜坡岩体的重量,产生了静水压力和渗透压力,还使渗流面上的物质软化或泥化,降低了其抗剪强度,导致岩体变形或滑动破坏。

3.4.2.5　岩石的风化作用

风化作用会对斜坡岩体稳定产生较大影响。如物理风化作用使边坡岩体产生裂隙,黏聚力遭到破坏,促使边坡变形破坏;生物风化作用使边坡岩体遭受机械破坏(如裂隙中树根生长促发边坡岩体崩塌),或岩体被分解腐蚀而破坏。岩体风化程度不同,边坡的稳定性差异也很大,如微风化岩石,常可保持较陡的自然边坡,而强风化及全风化岩石,难以保持较陡的边坡,常需处理。

3.4.2.6　地震

发生地震时,地震波引起的地震力是推动边坡滑移的重要因素。此外,地震的作用可使边坡岩体的结构发生破坏,出现新的结构面或使原有结构面张裂松弛,在地震力的反复作用下,边坡岩体易沿结构面发生位移变形,直至破坏。在砂土边坡中,易形成振动液化、边坡失稳。

3.4.2.7　人为因素

人类活动对边坡稳定性的影响越来越严重,主要表现在人类修建各种工程建筑使边坡岩体承受工程荷载作用,在这些荷载作用下边坡会变形破坏。例如,边坡坡肩附近修建大型工程建筑或废弃的土石堆积,使坡顶超载而导致边坡变形或破坏等。又如,人工开挖边坡,从底部向上开挖,会引起边坡失稳,造成人身事故。还有不合理的爆破工程,也会导致岩体松动、边坡失稳,这些在施工中应特别注意。

3.4.3　斜坡变形破坏的防治

3.4.3.1　防治原则

防治原则应以防为主,及时治理,并根据工程的重要性制订具体整治方案。

以防为主就是要尽量做到防患于未然。正确选择建筑物场地,合理制订人工边坡的布置和开挖方案,查清可能导致天然斜坡或人工边坡稳定性下降的因素,事前采取必要措施消除或改变这些因素,并力图变不利因素为有利因素,以保证斜坡的稳定性,甚至向提高稳定性的方向发展。

及时治理就是要针对斜坡已出现的变形破坏情况,及时采取必要的增强稳定性的措施。由于水是诱发滑坡或在滑坡发生后使其加剧的主要原因,因此在滑坡出现的初期阶段,常用的快速治理措施有:

(1)截断和排出所有流入滑坡范围内的地表水。

（2）抽出所有在滑坡范围内的井里的地下水和排去所有积水洼地里的水。

（3）填塞和夯实所有的裂缝，防止表面水渗入。

考虑工程的重要性是制订整治方案必须遵守的经济原则。对于那些威胁到重大永久性工程安全的斜坡变形和破坏，应采取较全面的整治措施，以保证斜坡具有较高的安全系数；对于一般性工程或临时工程，则可采取较简易的防治措施。

3.4.3.2　处理措施

（1）防渗与排水。

排水包括排除地表水和地下水。这种方法效果良好，因此它在目前整治不稳定边坡措施中普遍使用。首先要拦截流入不稳定边坡区的地表水（包括泉水、雨水），一般在不稳定边坡（如滑坡区）外围设置环形排水沟槽，将地表水排走（见图 1-49）。

疏导地下水，一般采用排水廊道和钻孔排水方法降低地下水位或排走已渗入坡体内的水（见图 1-50）。

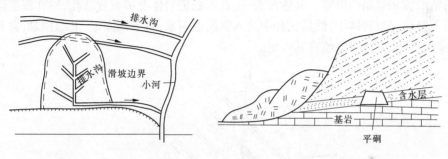

图 1-49　排水沟示意图　　　　　　　图 1-50　排水廊道示意图

（2）削坡、减重、反压。

这种方法主要是将较陡的边坡减缓或将其上部岩体削去一部分（见图 1-51），并把削减下来的土石堆于滑体前缘的阻滑部位，使它起到降低下滑力，增加抗滑力，增加边坡稳定性的作用。

（3）修建支挡建筑物。

这种方法主要是在不稳定边坡岩体下部修建挡墙或支撑墙，靠挡墙本身的重量支撑滑移体的剩余下滑力（见图 1-52、图 1-53）。挡墙的主要形式有浆砌石挡墙、混凝土或钢筋混凝土挡墙等。修建支挡建筑物时需要注意的是，其基础必须砌置在最低滑动面之下，一般插入完整基岩中不少于 0.5 m，完整土层中不少于 2 m。此外，还要考虑排水措施。

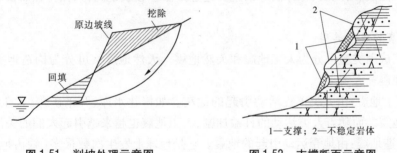

1—支撑；2—不稳定岩体

图 1-51　削坡处理示意图　　　　　　图 1-52　支撑断面示意图

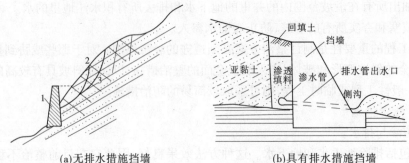

(a)无排水措施挡墙　　　　　　(b)具有排水措施挡墙

1—挡墙;2—不稳定体;3—滑动面

图 1-53　挡墙示意图

(4)锚固措施。

这种方法主要是利用预应力钢筋或钢索锚固不稳定边坡岩体(见图 1-54),是一种有效的防治滑坡和崩塌的措施。具体做法:先在不稳定岩体上部布置钻孔,钻孔深度达到滑动面以下坚硬完整岩体中,然后在孔中放入钢筋或钢索,将下端固定,上端拉紧,常和混凝土墩、梁配合,或配合以挡墙将其固定。

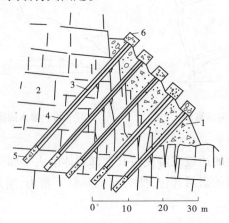

1—混凝土挡墙;2—裂隙灰岩;3—预应力 1 000 t 的锚索;4—锚固孔;5——锚索的锚固端;6—混凝土锚墩

图 1-54　法国某坝右岸岸坡锚固示意图

(5)其他措施。

除上述防治措施外,岩质边坡还可以采取水泥护面、抗滑桩、灌浆等措施,土质边坡可采取电化学固法、焙烧法、冷冻法等措施。这些方法一般成本高,只在特殊需要时使用。

3.5　地震

3.5.1　地震的成因类型

地震按成因类型可分为人工地震和天然地震。天然地震又可分为构造地震、火山地震和陷落地震三大类。

(1)人工地震:由人类工程活动引起的地震。如修建水库、开采矿藏、人工爆破等都可能引起地震。而随着人类活动的日益加剧,人工地震也越来越引起人们的关注。

(2)构造地震:由地壳运动引起的地震。它是地球上发生次数最多(约占地震总数的 90%)、破坏性最大的地震。

(3)火山地震:由火山喷发引起的地震。这类地震一般强度较大,但受震范围较小,约占地震总数的7%。

(4)陷落地震:由地层塌陷、山崩、巨型滑坡等引起的地震。它主要发生在石灰岩岩溶地区,约占地震总数的3%。

3.5.2 地震的震级与烈度

3.5.2.1 地震的震级

震级是地震大小的一种度量,根据地震释放能量的多少来划分,用"级"来表示。震级是通过地震仪器的记录计算出来的,从0到9划分成10个等级,地震释放出来的能量越多,震级就越大。震级相差一级,能量相差约30倍。目前记录到的最大地震还没有超出8.9级的。一般7级以上的浅源地震称为大地震;5级和6级的地震称为强震或中震;3级和4级的地震,一般不会造成灾害,称为弱震或小震;3级以下的地震称为微震。

3.5.2.2 地震烈度

地震烈度是地震时受震区地面和建筑物遭受破坏的强烈程度,用"度"来表示。它的大小取决于地震发生时释放的能量大小、震源深度、震中距(见图1-55)及地震波通过的介质条件(如岩石性质、地质构造、地下水位埋深)等多种因素的影响。地震工作部门根据地震发生时的现象和人的感觉、器物动态、建筑物损坏情况以及地表现象,如山崩、地裂、滑坡等,将我国地震烈度划分为12度。

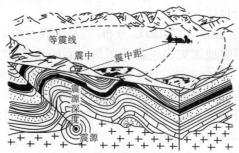

图 1-55 地震构造示意图

1~3度:震动微弱,很少有人感觉。

4~6度:震动显著,有轻微破坏,但不引起灾害。

7~9度:震动强烈,有破坏性,引起灾害。

10~12度:严重破坏性地震,引起巨大灾害。

显然,对于一次地震,只有一个震级,但地震烈度就不相同。一般距震中愈近,影响愈强烈,地震烈度愈高;反之,则影响就弱,烈度就低。

6度以下的地震一般对建筑物不会造成破坏,无须设防。10度以上的地震过于强烈,难以有效预防。因此,对建筑物设防的重点是7度、8度、9度地震。在进行工程设计时,经常用的地震烈度有基本烈度和设计烈度。

(1)基本烈度是指某个地区今后100年内,在一般场地条件下可能遭遇的最大地震烈度。基本烈度所指的地区,并不是一个具体的工程建筑物地区,而是指一个较大的范围。一般场地条件指上述地区普通分布的地层岩性、地形地貌、地质构造和地下水条件。

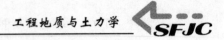

基本烈度由国家地震局编绘的《中国地震烈度区划图》及各省地震烈度区划图圈定。

（2）设计烈度是根据建筑物的重要性和等级，针对不同建筑物，将基本烈度加以调整，作为抗震设防的依据，也是建筑物设计的标准。水工建筑物已有专门的抗震设计规范《水工建筑物抗震设计规范》（SL 203—97），设计部门根据此规范确定设计烈度，如大型的永久性建筑物，一般设计烈度都比基本烈度有所提高；对于中小型建筑物，设计烈度通常可直接采用基本烈度；对于临时性建筑物或次要建筑物，设计烈度可比基本烈度有所降低。

在同一基本烈度地区，由于建筑物场地的岩性、地质构造、地下水等因素的影响，在同一次地震作用下，地震烈度亦不相同。因此，在确定地震对建筑物的影响时，应考虑场地因素对地震烈度的影响。

3.5.3　我国地震的分布及其特点

根据 1 000 多年的地震历史资料及近代地震学研究分析，全球的地震分布极不均匀，主要分布在 3 条地震带上（地震集中的地带称为地震带），即环太平洋地震带、地中海南亚地震带和大洋中脊地震带。

我国东临环太平洋地震带，西部和西南部为阿尔卑斯—喜马拉雅地震带（属地中海南亚地震带），因此是一个多地震国家，地震带主要分布在东南——台湾和福建沿海一带，华北——太行山沿线和京津唐渤海地区，西南——青藏高原、云南和四川西部，西北——新疆和陕甘宁部分地区。

我国地震活动频度高、强度大、震源浅、分布广，是世界上多地震的国家之一，地震灾害在世界上居于首位，同时地震灾害也是我国最主要的地质灾害，如 1920 年宁夏海原 8.5 级地震，1976 年唐山 7.8 级地震，2008 年汶川 8.0 级地震。1900 年以来，中国死于地震的人数达 65 万人之多，约占全球地震死亡人数的一半。

我国的地震绝大多数是构造地震，其次为水库诱发地震。地震的分布基本上是遵循活动性断裂带分布的，有一定的方向性。

3.5.4　地震对水利工程建设的影响及防震措施

3.5.4.1　地震对水利工程建设的影响

地震的危害早已为人们所了解。强烈的地震可以在瞬间使城市和乡村沦为废墟。对于水利工程建设来说，地震的破坏方式主要有以下两种：

（1）直接对工程的破坏。

地震可使建筑物受到一种惯性力的作用，这就是地震波对建筑物直接产生的惯性力，这种力称地震力。当建筑物经受不住这种地震力的作用时，建筑物将会发生变形、开裂，甚至倒塌。建筑物的破坏就是这个地震力过大的结果。此外，在一定条件下，建筑物震动的振幅越来越大（共振作用）亦是破坏原因之一。

（2）震坏地基和边坡等而导致工程的破坏。

当地基抗震性能不好，边坡过陡或岩性太弱，则可能失去稳定而导致工程破坏。此外，如地震引起的海啸、水灾、火灾等亦能引起工程破坏。

3.5.4.2　防震措施

（1）将水利水电工程避开大的断层破碎带，是对付地震的有效办法。特别是现在正在活动或最近地质时期(全新世)发生过活动的断裂或发震断裂,因为这些地方往往是震源所在处。在基本烈度为 7 度及更高度数地区更应注意。

(2)地基尽量选用完整基岩,土质地基中也以碎石类土、密实土较好。尽量避开饱水细砂、淤泥地基。同时,要尽量远离过陡、过高、不稳定斜坡。在避不开时,则应对斜坡采取有效加固措施。

(3)工程设计上采取措施,进行工程抗震设防。《水工建筑物抗震设计规范》(SL 203—97)中规定了有关抗震计算与抗震措施,其中的抗震措施主要是从建筑物结构与质量上考虑的。

4 地下水

地下水是指埋藏于地表以下的岩土空隙(孔隙、裂隙、溶隙等)中各种状态的水,它是地球上水体的重要组成部分,与大气水、地表水是相互联系的统一体。

(1)地下水是一种宝贵的水资源。

地下水常为农业灌溉、城市供水及工矿企业用水提供良好的水源,矿泉水和地下热水已广泛地被开采利用。

(2)地下水给工程建设带来一定的困难与危害。

就水利工程来说,通常存在以下几个方面问题:

①地下水可以改变岩石的性质,溶蚀岩石,导致岩体或建筑物失去稳定。

②在基坑开挖中,涌水和流砂现象是经常出现的。

③水库、水坝防止漏水(地下流失)是一个主要问题。

④水库蓄水后引起地下水位上升,会使附近的工矿城镇等受到浸没,或使农田产生盐渍化或沼泽化。

⑤地下硐室工程如遇大量的地下水,就会带来巨大的困难,招致严重的危害。

⑥砂卵石等天然建筑材料中地下水的存在,往往会恶化开采条件,降低开采价值。

⑦地下水如含有侵蚀性成分,则会对混凝土和其他建筑材料产生腐蚀破坏作用。

因此,如何利用地下水与防止其危害性,对我国的经济建设具有极其重大的意义。下面就地下水的基本概念、地下水的物理性质和化学成分、地下水的基本类型及主要特征等问题作简要介绍。

4.1 地下水的基本概念

4.1.1 岩石的空隙

根据岩石空隙的成因不同,可把空隙分为孔隙、裂隙和溶隙三大类(见图 1-56)。

(1)孔隙。

松散岩石(如黏土、砂土、砾石等)中颗粒或颗粒集合体之间存在的空隙,称为孔隙。孔隙发育的程度用孔隙率 n 表示。所谓孔隙率,是孔隙体积 V_n 与包括孔隙在内的岩石总体积 V 的比值,用百分数表示,即

$$n = \frac{V_n}{V} \times 100\% \tag{1-1}$$

孔隙率的大小主要取决于岩石的密实程度及分选性。岩石越疏松、分选性越好(见

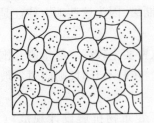

(a)分选良好排列疏松的砂

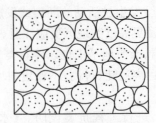

(b)分选良好排列紧密的砂

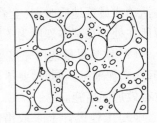

(c)分选不良含泥、砂的砾石

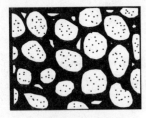

(d)部分胶结的砂岩

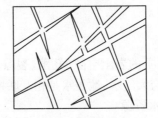

(e)具有裂隙的岩石

(f)具有溶隙的可溶岩

图 1-56　空隙

图 1-56(a)),孔隙率越大;反之,岩石越紧密(见图 1-56(b))或分选性越差(见图 1-56(c)),孔隙率越小;孔隙若被胶结物充填(见图 1-56(d)),则孔隙率变小。

几种典型松散岩石(未胶结成岩)的孔隙率的参考值列入表 1-9。

表 1-9　几种典型松散岩石(未胶结成岩)的孔隙率的参考值

名称	砾石	砂	粉砂	黏土
孔隙率	25～40	25～50	35～50	40～70

(2)裂隙。

坚硬岩石受地壳运动及其他内外地质作用的影响产生的空隙,称为裂隙(见图 1-56(e))。裂隙发育程度用裂隙率 K_t 表示。所谓裂隙率,是裂隙体积 V_t 与包括裂隙在内的岩石总体积 V 的比值,用百分数表示如下

$$K_t = \frac{V_t}{V} \times 100\% \tag{1-2}$$

(3)溶隙。

可溶岩(石灰岩、白云岩等)中的裂隙经地下水流长期溶蚀而形成的空隙称为溶隙(见图 1-56(f)),这种地质现象称为喀斯特。溶隙的发育程度用溶隙率 K_k 表示。所谓溶隙率,是溶隙的体积 V_k 与包括溶隙在内的岩石总体积 V 的比值,用百分数表示如下

$$K_k = \frac{V_k}{V} \times 100\% \tag{1-3}$$

根据水在空隙中的物理状态,水与岩石颗粒的相互作用等特征,一般将水在空隙中存在的形式分为气态水、液态水(结合水、重力水、毛细水)和固态水。

重力水存在于岩石颗粒之间、结合水层之外,它不受颗粒静电引力的影响,可在重力

作用下运动。一般所指的地下水如井水、泉水、基坑水等就是重力水,它具有液态水的一般特征,可传递静水压力,重力水是本章研究的主要对象。

4.1.2 含水层与隔水层

岩石中含有各种状态的地下水,由于各类岩石的水理性质不同,可将各类岩层划分为含水层与隔水层。

所谓含水层,是指能够给出并透过相当数量重力水的岩层。构成含水层的条件:一是岩石中要有空隙存在,并充满足够数量的重力水;二是这些重力水能够在岩石空隙中自由运动。

隔水层是指不能给出并透过水的岩层。隔水层还包括那些给出与透过水的数量是微不足道的岩层,也就是说,隔水层有的可以含水,但是不具有允许相当数量的水透过自己的性能,例如黏土就是这样的隔水层。根据《水利水电工程地质勘察规范》(GB 50487—2008),按岩土的透水程度将其分为6级,见表1-10。

表1-10 岩土渗透性分级

透水性等级	标准		岩体特征	土类
	渗透系数 k(cm/s)	透水率 q(Lu)		
极微透水	$k < 10^{-6}$	$q < 0.1$	完整岩石,含等价开度 < 0.025 mm 裂隙的岩体	黏土
微透水	$10^{-6} \leqslant k < 10^{-5}$	$0.1 \leqslant q < 1$	含等价开度 0.025~0.05 mm 裂隙的岩体	黏土—粉土
弱透水	$10^{-5} \leqslant k < 10^{-4}$	$1 \leqslant q < 10$	含等价开度 0.05~0.1 mm 裂隙的岩体	粉土—细粒土质砂
中等透水	$10^{-4} \leqslant k < 10^{-2}$	$10 \leqslant q < 100$	含等价开度 0.1~0.5 mm 裂隙的岩体	砂—砂砾
强透水	$10^{-2} \leqslant k < 10^{0}$	$q \geqslant 100$	含等价开度 0.5~2.5 mm 裂隙的岩体	砂砾—砾石、卵石
极强透水	$k \geqslant 10^{0}$		含连通孔洞或等价开度 > 2.5 mm 裂隙的岩体	粒径均匀的巨砾

注:Lu 为吕荣单位,是 1 MPa 压力下,每米试段的平均压入流量,以 L/min 计。

4.2 地下水的物理性质和化学成分

由于地下水在运动过程中与各种岩土介质的相互作用以及溶解岩土中可溶物质等原因,地下水不是化学意义上的纯水,而是一种复杂的溶液。因此,研究地下水的物理性质和化学成分,对于了解地下水的成因与动态,确定它对混凝土、钢筋等的侵蚀性,进行水质评价等,都有实际意义。

4.2.1 地下水的物理性质

地下水的物理性质包括温度、颜色、透明度、嗅(气味)、味(味道)和导电性等。

地下水的温度变化范围很大。地下水温度的差异,主要受各地区的地温条件所控制。

通常随埋藏深度不同而异,埋藏越深的,水温越高。

地下水一般是无色、透明的,但当水中含有某些有色离子或较多的悬浮物质时,便会带有各种颜色和显得浑浊。如含有高价铁离子的水为黄褐色,含腐殖质的水为浅黄色。

地下水一般是无嗅、无味的,但当水中含有硫化氢气体时,便有臭鸡蛋味,含氯化钠的水味咸,含氯化镁或硫化镁的水味苦。

地下水的导电性取决于所含电解质的数量与性质(即各种离子的含量与离子价),离子含量越多,离子价越高,则水的导电性越强。

4.2.2 地下水的化学成分

地下水的化学成分比较复杂,其中溶有各种离子、分子、化合物、各种气体及生物成因的物质。

4.2.2.1 地下水中常见的化学成分

地下水中含有多种元素,有的含量大,有的含量甚微。地壳中分布广、含量高的元素,如 O、Ca、Mg、Na、K 等在地下水中最常见。有的元素如 Si、Fe 等在地壳中分布很广,但在地下水中却不多;有的元素如 Cl 等在地壳中极少,但在地下水中却大量存在。这是因为各种元素的溶解度不同。所有这些元素以离子、化合物分子和气体状态存在于地下水中,而以离子状态为主。

地下水中含有数十种离子成分,常见的阳离子有 H^+、Na^+、K^+、Mg^{2+}、Ca^{2+}、Fe^{2+}、Fe^{3+}、Mn^{2+} 等,常见的阴离子有 OH^-、Cl^-、SO_4^{2-}、NO_3^-、HCO_3^-、CO_3^{2-}、SiO_3^{2-}、PO_4^{3-} 等。上述离子中的 Cl^-、SO_4^{2-}、HCO_3^-、Na^+、K^+、Mg^{2+}、Ca^{2+} 等 7 种是地下水的主要离子成分,它们分布最广,在地下水中占绝对优势,决定了地下水化学成分的基本类型和特点。

地下水中含有多种气体成分,常见的有 O_2、N_2、CO_2、H_2S。

地下水中呈分子状态的化合物(胶体)有 Fe_2O_3、Al_2O_3 和 H_2SiO_3 等。

4.2.2.2 地下水的主要化学性质

地下水的主要化学性质包括酸碱度、硬度、总矿化度和侵蚀性等。

(1)酸碱度。

水的酸碱度主要取决于水中氢离子的浓度。氢离子浓度用 pH 值表示,即 pH = lg[H^+]。根据pH 值可将水分为强酸水、弱酸水、中性水、弱碱水、强碱水 5 类。地下水的氢离子浓度主要取决于水中 HCO_3^-、CO_3^{2-} 等的数量。自然界中大多数地下水的 pH 值为 6.5 ~ 8.5。

(2)硬度。

水的硬度取决于水中 Ca^{2+}、Mg^{2+} 的含量。硬度分为总硬度、暂时硬度、永久硬度。水中 Ca^{2+}、Mg^{2+} 的含量称总硬度。将水煮沸后,水中一部分 Ca^{2+}、Mg^{2+} 的重碳酸盐因失去 CO_2 而生成碳酸盐沉淀,致使水中 Ca^{2+}、Mg^{2+} 含量减少,由煮沸而减少的这部分 Ca^{2+}、Mg^{2+} 含量称为暂时硬度。总硬度与暂时硬度之差,即水煮沸时未发生碳酸盐沉淀的那部分 Ca^{2+}、Mg^{2+} 的含量称为永久硬度。

我国采用的硬度表示有两种:一是德国度,即每一度相当于 1 L 水中含有 10 mg 的氧化钙(CaO)或 7.2 mg 的氧化镁(MgO);另一种是每升水中 Ca^{2+}、Mg^{2+} 的毫摩尔数,即毫摩尔硬度。1 毫摩尔硬度 = 2.8 德国度。根据硬度可将地下水分为 5 类(见表 1-11)。

表 1-11 地下水按硬度分类

水的类别		极软水	软水	微硬水	硬水	极硬水
硬度	Ca^{2+}、Mg^{2+}的毫摩尔硬度	<1.5	1.5~3.0	3.0~6.0	6.0~9.0	>9.0
	德国度	<4.2	4.2~8.4	8.4~16.8	16.8~25.2	>25.2

硬度对评价工业与生活用水均有很大意义,硬水易在锅炉和水管中产生水垢,容易使锅炉爆炸,故用做锅炉用水应作处理。

(3)总矿化度。

地下水中离子、分子和各种化合物的总量称总矿化度,简称矿化度,以 g/L 表示。通常以 105~110 ℃温度下将水蒸干后所得的干涸残余物总量来确定,也可将分析所得的阴、阳离子含量相加,求得理论干涸残余物值。

地下水根据矿化度可分为 5 类(见表 1-12)。

表 1-12 地下水按矿化度的分类

水的类别	淡水	微咸水 (低矿化水)	咸水 (中等矿化水)	盐水 (高矿化水)	卤水
矿化度(g/L)	<1	1~3	3~10	10~50	>50

水的矿化度与水的化学成分说明了量变到质变的关系,淡水和微咸水常以 HCO_3^- 为主要成分,称重碳酸盐型水;咸水常以 SO_4^{2-} 为主要成分,称硫酸盐型水;盐水和卤水则往往以 Cl^- 为主要成分,称氯化物型水。高矿化水能降低混凝土强度,腐蚀钢筋,并促使混凝土表面风化。搅拌混凝土用水一般不允许用高矿化水。

(4)侵蚀性。

侵蚀性是指地下水对混凝土及钢筋构件的侵蚀破坏能力,主要有两种形式:

①硫酸型侵蚀(结晶型侵蚀)。当水中 SO_4^{2-} 含量大时,与混凝土中的水泥作用,生成含水硫酸盐结晶(如生成 $CaSO_4 \cdot 2H_2O$),这时体积膨胀,使混凝土遭到破坏。

②碳酸盐侵蚀。主要指水中 H^+ 浓度(pH 值)、重碳酸离子(HCO_3^-)及游离 CO_2 等对混凝土的分解作用。

4.3 地下水的基本类型及主要特征

4.3.1 地下水按埋藏条件分类

地下水按埋藏条件可分为上层滞水、潜水和承压水三类。

4.3.1.1 上层滞水

上层滞水是存在于包气带中局部隔水层之上的重力水,也称包气带水(见图 1-57)。上层滞水一般分布不广,埋藏接近地表,接受大气降水的补给,补给区与分布区一致,以蒸发形式或向隔水底板边缘排泄。雨季时获得补给,赋存一定的水量,旱季时水量逐渐消失,其动态变化很不稳定。

4.3.1.2 潜水

(1)潜水的概念及特征。

潜水是指埋藏在地表以下、第一个稳定隔水层以上,具有自由水面的重力水(见图 1-57)。潜水的自由水面称为潜水面。潜水面用高程表示潜水位,自地面至潜水面的距离称潜水埋藏深度。由潜水面往下至隔水层顶板之间充满重力水的岩层称潜水含水层,两者之间的距离称含水层厚度。

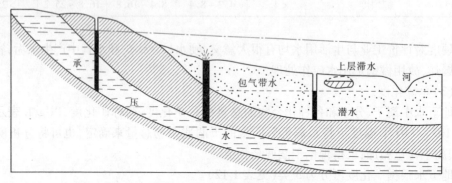

图 1-57　上层滞水、潜水和承压水示意图

潜水面是自由水面,无水压力,只能沿水平方向由高向低流动。潜水面以上无稳定的隔水层,存留于大气中的降水和地表水可通过包气带直接渗入补给而成为潜水的主要补给来源。潜水的水位、水量、水质随季节不同而有明显的变化。由于潜水面上无盖层(隔水层),故易受污染。

(2)等水位线图。

潜水面的形状可用等高线图表示,称潜水等水位线图。绘制时,按研究区内潜水的露头(钻孔、水井、泉、沼泽、河流等)的水位,在大致相同的时间内测定,点绘在地形图上,连接水位等高的各点,即为等水位线图(见图 1-58)。由于水位有季节性变化,图上必须注明测定水位的日期。

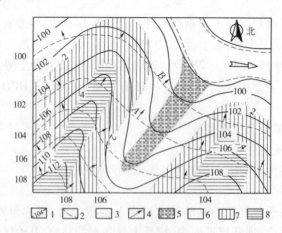

1—地形等高线;2—等水位线;3—等埋深线;4—潜水流向;5—埋深为 0 区(沼泽区);
6—埋深为 0~2 m 区;7—埋深为 2~4 m 区;8—埋深为大于 4 m 区

图 1-58　潜水等水位线图

根据潜水等水位线图,可以解决下列实际问题:

①确定潜水流向。潜水自水位高的地方向水位低的地方流动,形成潜水流。在等水位线图上,垂直于等水位线的方向,即为潜水的流向,如图 1-58 中箭头所示的方向。

②计算潜水的水力坡度。在潜水流向上取两点的水位差除以两点间的距离,即为该段潜水的水力坡度。

③确定潜水的埋藏深度。等水位线图应绘于附有地形等高线的图上。某一点的地形标高与潜水位之差即为该点潜水的埋藏深度。如图 1-58 所示,A 点潜水的埋藏深度等于 $104 - 102 = 2(\mathrm{m})$。

④确定潜水与地表水的补给关系(见图 1-59)。

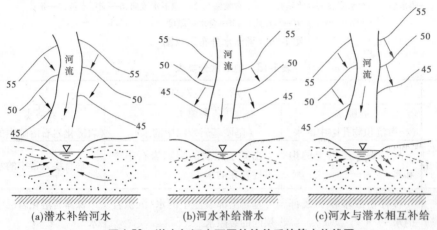

(a)潜水补给河水　　(b)河水补给潜水　　(c)河水与潜水相互补给

图 1-59　潜水与河水不同补给关系的等水位线图

4.3.1.3　承压水

(1)承压水的概念与特征。

承压水是指充满于两个隔水层之间的含水层中具有静水压力的地下水。承压水有上、下两个稳定的隔水层,上面的称为隔水顶板,下面的称隔水底板,两板之间的距离称为含水层厚度。

承压水的补给区与分布区不一致;水量、水位、水温都较稳定,受气候、水文因素的直接影响较小;不易受污染。

(2)等水压线图。

等水压线图反映了承压水面的起伏形状(见图 1-60)。它与潜水面不同,潜水面是一个实际存在的面,承压水面是一个势面。承压水面与承压水的埋藏深度不一致,与地形高低也不吻合,只有在钻孔揭露含水层时才能测到。因此,在等水压线图中还要附以含水层顶板的等高线。根据等水压线图可以确定含水层的许多数据,如承压水的水力梯度、埋藏深度和承压水头等。

4.3.2　地下水按贮存条件分类

地下水按含水层的空隙性质可分为孔隙水、裂隙水和岩溶水 3 类。将此 3 种类型水分别按前述地下水埋藏条件进行分类综合,可组成 9 种不同类型的地下水(见表 1-13)。

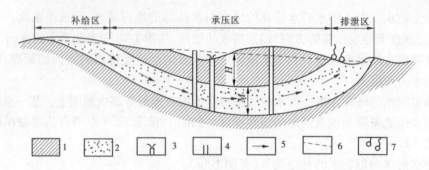

1—隔水层;2—含水层;3—喷水钻孔;4—不自喷钻孔;5—地下水流向;6—测压水位;7—泉;

H—承压水位;M—含水层厚度

图 1-60　承压水分布示意图

表 1-13　地下水分类表

埋藏条件	含水层空隙性质		
	孔隙水 （松散沉积物孔隙中的水）	裂隙水 （坚硬基岩裂隙中的水）	岩溶水 （岩溶化岩石溶隙中的水）
上层滞水	局部隔水层以上的饱和水	出露于地表的裂隙岩石中季节性存在的水	垂直渗入带中的水
潜水	各种松散堆积物浅部的水	基岩上部裂隙中的水、沉积岩层间的裂隙水	裸露岩溶化岩层中的水
承压水	松散堆积物构成的承压盆地和承压斜地中的水	构造盆地、向斜及单斜岩层中的层状裂隙水，断裂破碎带中深部水	构造盆地、向斜及单斜岩溶岩层中的水

5　工作任务

5.1　常见造岩矿物的肉眼鉴定

5.1.1　试验要求和目的

认识造岩矿物的目的在于认识水利工程建设中常见的各种岩石，并为分析这些岩石的工程性质打下基础。本试验要求如下：

（1）通过对造岩矿物标本的观察，认识常见造岩矿物的形态、光学性质、力学性质，碳酸盐矿物的"盐酸反应"等主要特征。

（2）学习根据造岩矿物的形态和物理特性，用肉眼鉴定常见造岩矿物的实际技能和描述矿物的基本方法。

5.1.2　试验内容

认识和熟悉常见的造岩矿物，如石英、长石、云母、辉石、角闪石、方解石、白云石、高岭石、滑石、黄铁矿等。

5.1.3　试验方法与步骤

无论是在实验室内,还是在野外地质工作中,我们都需要准确地认识矿物和鉴定矿物。目前,鉴定矿物的方法很多,但最基本的是肉眼鉴定。造岩矿物的肉眼鉴定法实质是凭借肉眼和一些简单的工具,如小刀、放大镜、条痕板、摩氏硬度计等,来分辨矿物的外表特征(有时也配合一些简易的化学方法),从而对矿物进行鉴定。这种方法虽然简便,但可借以正确地鉴别许多常见的矿物。

矿物的肉眼鉴定法通常可按下列步骤进行:

(1)观察矿物的光泽。确定它是金属光泽,还是非金属光泽,借以确定是金属矿物还是非金属矿物。

(2)确定矿物的硬度。确定它的硬度是大于还是小于指甲的硬度,是大于还是小于小刀的硬度。

(3)观察矿物的颜色。如已确定被鉴定的矿物硬度大于小刀的硬度,为金属光泽,而且呈黄铜色,那么就容易确定它是黄铁矿而非黄铜矿,然后检查一下其他特征就可以确定下来。如果被鉴定的矿物硬度小于小刀的硬度而大于指甲的硬度,并属于玻璃光泽,则绝不会是石英、长石(硬度都大于小刀),也不可能是辉石、角闪石(呈黑色)。

(4)进一步观察矿物的形态和其他物理性质。针对有限的几种可能性,逐步地缩小范围,认真观察,仔细分析,最终鉴定出矿物,定出矿物名称。

5.1.4　鉴定和描述

观察和描述造岩矿物标本,参照表1-2,结合标本,在教师指导下自行学习。在独立观察的基础上,总结出各种矿物的鉴定特征,填写试验报告表(见表1-14)。

表1-14　常见造岩矿物的肉眼鉴定报告表

编号	颜色	硬度	解理断口	其他性质	+HCl	鉴定特征	命名

班级:_____　姓名:_____　学号:_____　日期:_____

5.2　常见岩浆岩的肉眼鉴定

5.2.1　试验的目的与要求

(1)通过对岩浆岩标本的观察,熟悉其结构、构造特征。

(2)运用肉眼鉴定造岩矿物的方法,分析常见火成岩的矿物组成。

(3)学习岩浆岩的简易分类和肉眼鉴定方法。

5.2.2　试验内容

常见岩浆岩中的花岗岩、花岗斑岩、流纹岩、正长岩、正长斑岩、粗面岩、闪长岩、闪长玢岩、安山岩、辉长岩、辉绿岩、玄武岩、花岗细晶岩、伟晶岩、浮岩、黑曜岩。

5.2.3　试验方法和步骤

用肉眼鉴定火成岩的主要依据是岩石的产状(野外产出形态)、结构、构造、矿物组成

和颜色等,鉴定时可参考以下步骤:

(1)根据野外产状,岩石的结构和构造,区分出深成岩、浅成岩和喷出岩。其特征如表 1-3 所示。深成岩、浅成岩、喷出岩的产状结构、构造间的区别。

(2)观察岩石的颜色。火成岩的颜色在很大程度上反映了其化学和矿物组成。火成岩可根据化学成分中二氧化硅的含量分为超基性岩(<45%)、基性岩(52%~45%)、中性岩(65%~52%)、酸性岩(>65%),二氧化硅的含量肉眼是不可能分辨的,但其含量多少往往反映在矿物成分上。一般情况下,岩石中二氧化硅含量高,浅色矿物就多,暗色矿物则相对较少;反之,二氧化硅含量低,浅色矿物就少,暗色矿物则相对较多。矿物颜色是构成岩石颜色的主导因素。所以,颜色可作为肉眼鉴定火成岩的特征之一。通常由超基性岩到酸性岩,颜色由深变浅。如超基性岩呈黑色—绿黑色—暗黑色,基性岩呈灰黑色—灰绿色,中性岩呈灰色—灰白色,酸性岩呈肉红色—淡红色—白色。

(3)观察火成岩的矿物成分。首先观察岩石中有无石英(含有石英时,要观察其数量),其次观察有无长石(含有长石时,要尽量区分是正长石还是斜长石),继而观察有无橄榄石存在。这些矿物是判别不同岩石的指示性矿物。此外,尚要注意黑云母,它经常出现在酸性岩中。

(4)火成岩常以所含主要矿物成分命名,如辉长岩(主要含斜长石和辉石)、闪长岩(主要含斜长石和角闪石)、正长斑岩(具有以正长石为主的斑晶)、闪长玢岩(具有以斜长石、角闪石为主的斑晶)等。

5.2.4　鉴定和描述

观察和描述造岩矿物标本,参照表 1-3,结合标本,在教师指导下自行学习。在独立观察的基础上,总结出各种岩浆岩的鉴定特征,填写试验报告表(见表 1-15)。

表 1-15　常见岩浆岩的肉眼鉴定报告表

编号	颜色	主要矿物	结构	构造	化学分类	鉴定特征	命名

班级:＿＿＿＿　姓名:＿＿＿＿　学号:＿＿＿＿　日期:＿＿＿＿

5.3　常见沉积岩的肉眼鉴定

5.3.1　试验的目的和要求

(1)熟悉沉积岩的结构、构造及物质组成特征。

(2)掌握常见沉积岩的基本分类和肉眼鉴定方法。

5.3.2　试验内容

常见沉积岩中的砾岩、角砾岩、砂岩、粉砂岩、泥质岩石、石灰岩、白云岩及生物化学岩。

5.3.3　试验方法

由于沉积岩是经过沉积作用形成的,所以绝大多数沉积岩都具有明显的层状构造特征,在鉴定时(尤其是在野外现场)要予以充分注意。此外,通过对沉积岩自身特点的观察与分析,正确区分是碎屑岩、泥质岩,还是化学岩。凭肉眼或借助放大镜能分辨出碎屑颗粒占组成物质的50%以上者,属于碎屑岩类;只能分辨少量极为细小的矿物或碎屑颗粒,整体岩石具细腻感,质地均一,可塑性及吸水性很强,干燥时色浅、质较硬,潮湿时色深、质较软,吸水后体积增大者,为泥质岩类;完全分辨不出颗粒,整体岩不具致密感或组成物质具一定的结晶形态者,为化学岩类。在此基础上,再进一步区分和命名。

在鉴定碎屑岩时,除观察颜色、碎屑成分及含量外,尚需注意观察碎屑的形状、大小,胶结物的成分和胶结类型。

在鉴定泥质岩时,则应着重观察它们的构造特征。页岩具有沿层面分裂成薄片或页片的性质,常可见显微层理,称为页理(页岩因此而得名)。而黏土岩则往往层理不发育,具块状构造。有些沉积岩中常含有机质成分,如碳质页岩、油页岩等。

在鉴定化学岩时,除观察其颜色、物质成分外,还需判别其结构、构造特征,并辅以简单的化学试验,如用稀盐酸检验是否有起泡反应。填写常见沉积岩的肉眼鉴定报告表(见表1-16)。

表1-16　常见沉积岩的肉眼鉴定报告表

编号	颜色	主要成分	结构	+ HCl	胶结物	鉴定特征	命名

班级:_____　姓名:_____　学号:_____　日期:_____

5.4　常见变质岩的肉眼鉴定

5.4.1　试验的目的与要求

(1)通过对变质岩标本的观察,学习变质岩的结构、构造和矿物组成特征。

(2)学习常见变质岩的命名和肉眼鉴定方法。

5.4.2　试验内容

常见变质岩中的大理岩、石英岩、片麻岩、片岩、板岩、千枚岩。

5.4.3　试验方法和步骤

肉眼鉴定变质岩的主要依据是构造特征和矿物成分。在矿物成分中,应特别注意那些为变质岩所特有的变质矿物,如绢云母、石榴子石、红柱石、硅灰石等。

根据变质岩所具有的构造特征,可将其分为两大类:一类是具有片理构造的岩石,包括板岩、千枚岩,各种结晶片岩和片麻岩;另一类是不具片理构造的块状岩石,主要包括大理岩、石英岩等。

最常用的对具有片理构造变质岩的命名是"附加名称 + 基本名称"。其中"基本名称"可以其片理构造类型表示,如具板状构造者,可定名为板岩;具片状构造者,可定名为片岩。"附加名称"可以特征变质矿物表示。如对一块具明显片麻状构造的岩石,可初定为片麻岩(基本名称),若其矿物组成中含有特征变质矿物石榴子石,则在片麻岩前冠以石榴子石(附加名称),即将该标本定名为石榴子石片麻岩。同样,对含滑石和绿泥石较多的片岩,可分别命名为滑石片岩和绿泥石片岩。其他如眼球状片麻岩等的命名亦然。

对具有块状构造变质岩的命名,则应考虑其结构及成分特征,如粗粒大理岩、硅灰石大理岩等。填写常见变质岩的肉眼鉴定报告表(见表1-17)。

表1-17　常见变质岩的肉眼鉴定报告表

编号	颜色	主要矿物	结构	构造	原岩	鉴定特征	命名

班级:_____　姓名:_____　学号:_____　日期:_____

5.5　练习题

(1)什么是矿物?矿物有哪些鉴定特征?

(2)对比下列矿物,指出它们的异同点。

①正长石　　斜长石　　石英

②角闪石　　辉石　　黑云母

(3)什么是岩石?它同矿物有何关系?

(4)什么是岩浆岩的产状?侵入岩的产状都有哪些?

(5)岩浆岩有哪些结构类型?它们与成因有何联系?

(6)什么是碎屑?碎屑岩有哪几种常见岩石?

(7)沉积岩与岩浆岩在成因、产状、矿物成分、结构构造方面有哪些区别?

(8)变质岩的主要特征是什么?试述其主要构造特征。

(9)根据成因岩石可分为哪几类?试比较它们的特征。

(10)为什么要研究岩石的工程地质性质?表征岩石工程地质性质的指标有哪些?

(11)岩层产状的含义是什么?都包括哪些要素?

(12)如何测定岩层的产状?

(13)什么是褶皱?褶皱由哪几个主要部分组成?

(14)如何识别褶皱?

(15)研究褶皱构造的工程意义是什么?

(16)节理与断层有何异同?

(17)何谓断层面、断层线及断层破碎带?

(18)野外如何识别断层?

(19)研究断裂构造有何工程意义?

(20)什么是地质图?地质图的基本类型有哪些?

(21)风化作用是怎样形成的?为什么要将岩体按风化程度分级?岩体按风化程度分级的依据及各类等级的特点如何?

(22)河流的地质作用有哪些?各有何不同特点?

(23)河流阶地是怎样形成的?它有几种类型?研究它有什么意义?

(24)岩溶的形成条件有哪些?

(25)根据岩溶发育的特点,试述岩溶区的主要工程地质问题。

(26)斜坡稳定破坏有几种类型?

(27)结合影响斜坡岩体稳定的因素,试述不稳定斜坡的防治措施。

(28)什么是地震震级与地震烈度?有何区别?如何确定建筑场区的地震烈度?

(29)什么是设计烈度?如何确定设计烈度?

(30)什么叫地下水?研究地下水有何意义?

(31)地下水的物理性质主要有哪些?地下水含有哪些主要化学成分?

(32)什么叫总矿化度、硬度、酸碱度?

(33)试比较上层滞水、潜水、承压水的主要特征。

(34)地下水对钢筋混凝土的腐蚀分为哪几种类型?

■ 任务 2　大坝的工程地质问题与处理方法

1　坝基的稳定问题

坝基的稳定是指坝基岩体在水压力及上部荷载作用下,不产生过大的沉降或不均匀沉降(称沉降稳定),不产生滑动(称抗滑稳定)和在渗透水流作用下,不产生过大的渗透变形(称渗透稳定)。

1.1　坝基的沉降稳定问题

坝基在垂直压力作用下,产生的竖向压缩变形称为坝基沉降。显然,沉降量过大或产生不均匀沉降,将会导致坝体的破坏或影响正常使用。

由坚硬岩石构成的坝基强度高、压缩性低,不会产生过大的沉降。但当坝基岩体中存在软弱夹层、断层破碎带、节理密集带和较厚的强风化岩层时,则有可能产生较大的沉降或不均匀沉降,甚至导致破坏。

影响沉降的因素,除岩性和地质构造外,还要考虑软弱夹层的存在位置和产状。如图 1-61 所示,当软弱夹层在坝基中呈水平时,有可能产生沉降变形(见图 1-61(a));当软弱夹层位于下游坝趾处时,易使坝体向下游倾覆(见图 1-61(b));当软弱夹层位于坝的上游坝踵处时,沉降影响较小(见图 1-61(c))。

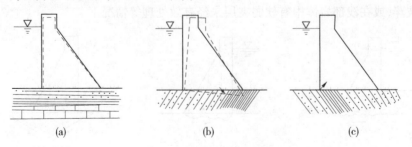

(a)　　　　　　　　　　　(b)　　　　　　　　　　　(c)

图 1-61　软弱夹层的产状和分布位置与地基沉降稳定示意图

选择坝址时应尽量避开软弱岩石分布地带,当不能避开时,应采取加固措施,如固结灌浆和开挖回填混凝土等。

　　为了保证建筑物的安全和正常运用,应将地基沉降变形量限制在一定容许范围内,工程中通常用地基容许承载力来表示。岩基容许承载力是指岩基在荷载作用下,不产生过大的变形、破裂所能承受的最大压强,一般用单块岩石的饱和极限抗压强度除以折减系数得出,即

$$[R] = \frac{R_c}{K} \tag{1-4}$$

式中　　$[R]$——岩基容许承载力,kPa;

　　　　R_c——岩石的饱和极限抗压强度,kPa;

　　　　K——折减系数。

　　折减系数 K 是因为单块岩石容许承载力要远高于岩体的抗压强度,而用 R_c 去评价被各种结构面切割的岩体时,必须除以折减系数,才能评价岩体的容许承载力。

　　一般对于特别坚硬的岩石,K 取 20~25;对于一般坚硬的岩石,K 取 10~20;对于软弱的岩石,K 取 5~10;对于风化的岩石,参照上述标准相应降低 25%~50%。

　　岩基的承载力一般较高,多数能满足筑坝要求。因此,$[R]$ 往往不是设计中的控制性指标。对于建筑在较软弱、破碎地基上的大型重要建筑物,为了正确确定地基的承载力,应在现场进行载荷试验。

1.2　坝基的抗滑稳定分析

　　坝基岩体在大坝重力及水压力的共同作用下产生的滑动,是重力坝破坏的主要形式。坝基的抗滑稳定分析是大坝设计中的一个重要因素。

1.2.1　坝基岩体滑动破坏的类型

　　按滑动面发生位置的不同,坝基岩体滑动破坏可分为如下几类:

　　(1)表层滑动。表层滑动是指坝体混凝土底面与基岩接触面之间的剪断破坏现象。一般发生在基岩比较完整、坚硬的坝基,上部坝体与下部基岩的抗剪强度都比较大,只有在二者的接触面,由于基础处理,特别是清基工作质量欠佳,致使浇筑的坝体混凝土与开挖的基岩面黏结不牢,抗剪强度未能达到设计要求而形成(见图 1-62(a))。

　　(2)浅层滑动。浅层滑动是指沿坝基深度较浅处岩体表层的软弱结构面而发生的滑动(见图 1-62(b))。浅层滑动往往发生在施工中对风化岩石的清除不彻底、基岩本身比较软弱破碎,或在浅部岩体中有软弱夹层未经有效处理等情况下。

(a)表层滑动　　　　　　　　(b)浅层滑动　　　　　　　　(c)深层滑动

图 1-62　坝基滑动破坏的形式

（3）深层滑动。当坝基岩体某一深度处存在一组软弱结构面或多组结构面的不利组合时，软弱结构面上覆岩体和坝体本身的抗剪强度都较高，而组成软弱结构面的物质的抗剪强度却相对较低，这时坝体和软弱结构面上覆岩体作为一个整体，在水平推力的作用下，就可能沿该软弱结构面（或结构面的不利组合）形成滑动。这种滑动称为深层滑动（见图1-62(c)）。

1.2.2　坝基滑动的边界条件

坝基岩体的深层滑动，是因为坝基下岩体四周为结构面所切割，形成可能滑动的滑动体，且该滑动体由可能成为滑动面的软弱结构面、与四周岩体分离的切割面，以及具有自由空间的临空面构成（见图1-63）。滑动面、切割面、临空面构成了坝基岩体滑动的边界条件，它们可以组成各种形状，构成可能产生滑动的结构体，一般常见的结构体形状有楔形体、棱形体、锥形体、板状体四类（见图1-64）。

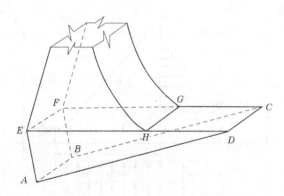

ABCD—滑动面；*ADE*、*BCF*、*ABEF*—切割面；*CDHG*—临空面

图1-63　坝基滑动边界条件

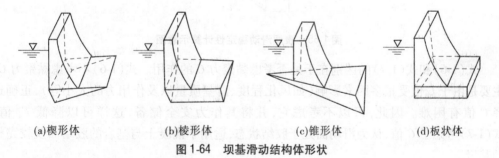

(a)楔形体　　　　(b)棱形体　　　　(c)锥形体　　　　(d)板状体

图1-64　坝基滑动结构体形状

1.2.3　坝基抗滑稳定计算公式

在坝基抗滑稳定验算中，通常采用静力极限平衡原理方法，将作用在坝基岩体上的各种力均投影到同一可能的滑动面上，并按其性质分滑动力与抗滑力两部分，抗滑力与滑动力的比值称为抗滑稳定性安全系数 F_s，即

$$F_s = \frac{抗滑力}{滑动力} \qquad (1-5)$$

下面就表层滑动介绍目前常用的两种类型的计算公式，参见图1-65。

$$F_s = \frac{f(\sum V - U)}{\sum H} \tag{1-6}$$

$$F'_s = \frac{f(\sum V - U) + CA}{\sum H} \tag{1-7}$$

式中　F_s、F'_s——抗滑稳定性安全系数,一般 F_s 取值为 1.0~1.1,F'_s 取值为 3.0~5.0;

　　　$\sum V$——作用在滑动面上的竖向力之和,kN;

　　　$\sum H$——作用在滑动面上的水平力之和,kN;

　　　U——作用在滑动面上的扬压力,kN;

　　　C——滑动面的黏聚力,kPa;

　　　A——滑动面的面积,m^2;

　　　f——摩擦系数。

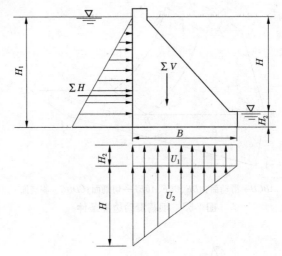

图 1-65　表层滑动稳定性计算示意图

　　式(1-6)和式(1-7)的区别在于是否考虑黏聚力 C 的作用。式(1-6)不考虑黏聚力 C,主要是由于 C 值受很多因素影响(如风化程度、清基质量以及作用力的大小等),正确选择 C 值有困难。因此,可以不考虑它,并将其作为安全储备,这样可以降低 F_s 值。式(1-7)考虑了 C 值,认为滑动面处于胶结状态,适用于混凝土与基岩的胶结面及较完整的基岩。

1.2.4　抗滑稳定计算中主要参数的确定

　　从式(1-6)、式(1-7)中可以看出,f、C 值的大小对岩体稳定性影响很大。如果选值偏大,则坝基稳定性没有保证;反之,则会造成工程上的浪费。

　　目前对抗剪强度指标的选定,一般采用三种方法。

　　(1)经验数据法。对无条件进行抗剪试验的中小型水利水电工程,可在充分研究坝基工程地质条件的基础上,参考经验数据确定 f、C 值。表 1-18 是根据我国经验得出的摩擦系数 f 值,可供参考。

表 1-18　坝基岩体摩擦系数 f 经验数据

岩体特征	摩擦系数 f
极坚硬、均质、新鲜岩石,裂隙不发育,地基经过良好处理,湿抗压强度 > 100 MPa,野外试验所得弹性模量 $E > 2 \times 10^4$ MPa	0.65 ~ 0.75
岩石坚硬、新鲜或微风化,弱裂隙性,不存在影响坝基稳定的软弱夹层,地基经处理后,岩石湿抗压强度 > 60 MPa,弹性模量 $E > 1 \times 10^4$ MPa	0.65 ~ 0.70
中等硬度的岩石,岩性新鲜或微风化,弱裂隙性或中等裂隙性,不存在影响坝基稳定的软弱夹层,地基经处理后,岩石湿抗压强度 > 20 MPa,弹性模量 $E > 0.5 \times 10^4$ MPa	0.50 ~ 0.60

(2)工程地质类比法。此法是参考工程地质条件相似且运转良好的已建工程所采用的 f、C 值,作为拟建工程的设计指标。这种方法实质上也是经验数据法,但由于条件相似,则更接近实际情况,适用于中小型工程采用。

(3)试验法。试验法是通过室内试验与现场试验求得抗剪强度指标 f、C 值。采用试验法确定抗剪强度指标时,通常分三步选定,即由试验人员通过试验、整理后提出试验指标;再由地质人员根据工程地质条件等因素予以调整后提出建议指标;最后设计人员根据工程特点对建议指标进行适当调整,提出设计时采用的计算指标。

1.3　坝基处理

经过以上分析和计算,认为坝基稳定存在问题时,应采取措施,以保证工程的安全。常用的处理措施如下:

(1)清基。清基是指将坝基岩体表层松散软弱、风化破碎的岩层以及浅部的软弱夹层等开挖清除,使基础位于较新鲜的岩体之上。清基时,应使基岩表面略有起伏,并使之倾向上游,以提高抗滑性能。

(2)岩体加固。坝基处理可通过固结灌浆,将破碎岩体用水泥胶结成整体,以增加其稳定性。对软弱夹层可采用锚固处理,即用钻孔穿过软弱结构面,进入完整岩体一定深度,插入预应力钢筋,用以加强岩体稳定。

2　坝区渗漏问题

水库蓄水后,在大坝上、下游水头差的作用下,库水将沿坝基岩体中存在的渗漏通道向下游渗漏。库水由坝基岩体渗向下游称坝基渗漏,由两岸坝肩岩体的渗漏称绕坝渗漏,两者统称坝区渗漏。坝区渗漏和水库渗漏一样,主要沿透水层(如砂、砾石)和透水带(断层、溶洞)渗漏。

2.1　基岩地区渗漏分析

岩浆岩(包括变质岩中的片麻岩、石英岩)区的坝基一般较为理想,对基岩来说,可能渗漏的通道主要是断层破碎带、岩脉裂隙发育带和裂隙密集带,以及表层风化裂隙组成的透水带。只要这些渗漏通道从库区穿过坝基,就有可能导致渗漏。

喷出岩区的渗漏主要是通过互相连通的裂隙、气孔以及多次喷发的间歇面渗漏,具有

层状性质。

　　沉积岩地区除上述断层破碎带和裂隙发育带构成的渗漏通道外,最常见的是透水层(胶结不良的砂砾岩和不整合面)漏水,只要它们穿过坝基,就可成为漏水通道。在岩溶地区应查明岩溶的分布规律和发育程度,岩溶区一旦发生渗漏,就会使水库严重漏水,甚至干涸。

2.2　松散沉积物地区的渗漏分析

　　松散沉积物地区坝基渗漏主要是通过古河道、河床和阶地内的砂卵砾石层。其颗粒粗细变化较大,出露条件也各异,这些均影响渗漏量的大小。如果砂卵石层上有足够厚度、分布稳定的黏土层,就等于是天然铺盖,可起防渗作用。因此,在研究松散层坝区渗漏问题时,应查清土层在垂直方向和水平方向的变化规律。

3　工作任务

练习题

　　(1)在中小型水利水电工程建设中,经常会遇到哪些主要工程地质问题?

　　(2)坝的工程地质问题有哪些?

　　(3)如何评价坝基的抗滑稳定?

　　(4)抗滑稳定性系数的定义是什么?

　　(5)坝基抗滑稳定计算中抗剪强度指标的选定方法有哪些?

　　(6)坝基抗滑稳定计算中主要参数对水利工程有什么影响?

■ 任务3　库区的工程地质问题与处理方法

　　库区的工程地质问题,可归纳为库区渗漏、水库浸没、水库塌岸、水库淤积等几方面。

1　库区渗漏问题

　　库区渗漏包括暂时性渗漏和永久性渗漏两类。

　　前者指在水库蓄水初期为使库水位以下岩土饱和而出现的库水损失,这部分的损失对水库影响不大。后者指库水通过分水岭向邻谷低地或经库底向远处洼地渗漏,这种长期的渗漏将影响水库效益,还可能造成邻谷和下游的浸没。

　　分析库区是否渗漏,可从以下几方面考虑。

1.1　库区地形地貌特征及水文地质条件

　　山区水库,地形分水岭(或称河间地块)单薄,邻谷谷底高程低于水库正常高水位(见图1-66(a)),则库水有可能向邻谷渗漏。相反,若河间地块分水岭宽厚,或邻谷谷底高程高于水库正常高水位,库水就不可能向邻谷渗漏(见图1-66(b))。

　　当山区水库位于河弯处时,若河道转弯处山脊较薄,且又位于垭口、冲沟地段,则库水可能外渗(见图1-67)。

　　平原区水库一般不易向邻谷河道渗漏,但在河曲地段有古河道沟通下游时,则有渗漏可能。

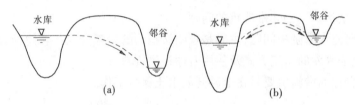

图1-66　邻谷高程与水库渗漏的关系

1.2　地层岩性和地质构造

当河间分水岭岩性由强透水岩层组成,如卵砾石层、岩溶通道或有断层沟通,且这些岩层及通道又低于库区的正常水位时,必将引起强烈漏水(见图1-68)。

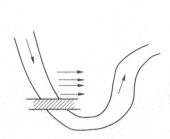

图1-67　河弯间渗漏途径示意图

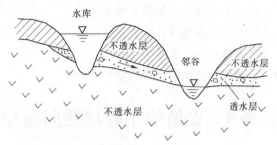

图1-68　易于向邻谷渗漏的岩性、构造条件

2　水库浸没问题

水库蓄水后,水位抬高,使水库周围地区的地下水位上升至地表或接近地表,引起水库周围地区的土壤盐渍化和沼泽化,以及使建筑物地基软化、矿坑充水等现象,称水库浸没。

水库浸没的可能性取决于水库岸边正常水位变化范围内的地貌、岩性及水文地质条件。对于山区水库,水库边岸地势陡峻或由不透水岩石组成,一般不存在浸没问题。但对于山间谷地和山前平原中的水库,周围地势平坦,易发生浸没,而且影响范围也较大。

3　水库塌岸问题

水库蓄水后,岸边的岩石、土体受库水饱和强度降低,加之库水波浪的冲击、淘刷,引起库岸坍塌后退的现象,称为塌岸。塌岸将使库岸扩展后退,对岸边的建筑物、道路、农田等造成威胁、破坏,且使塌落的土石又淤积库中,减小有效库容,还可能使分水岭变得单薄,导致库水外渗。

塌岸一般在平原水库比较严重,水库蓄水两三年内发展较快,以后渐趋稳定。

4　水库淤积问题

水库建成后,上游河水携带大量泥沙及塌岸物质和两岸山坡地的冲刷物质,堆积于库底的现象称水库淤积。水库淤积必将减小水库的有效库容,缩短水库寿命。尤其在多泥沙河流上,水库淤积是一个非常严重的问题。

工程地质研究水库淤积问题,主要是查明淤积物的来源、范围、岩性、风化程度及斜坡稳定性等,为论证水库的运用方式及使用寿命提供资料。

防治水库淤积的措施主要是在上游开展水土保持工作。

5　工作任务

练习题

(1)水库库区有哪些主要工程地质问题?

(2)如何分析水库的渗漏问题?

(3)水库渗漏的防止措施有哪些?

(4)什么是水库塌岸?

(5)水库塌岸的危害有哪些?

(6)防治水库淤积的措施主要有哪些?

任务4　渠道的工程地质问题与处理方法

渠道的工程地质问题主要有渠道渗漏、渠道边坡稳定和渠道两侧的自然地质现象,如冲沟、崩塌、滑坡、泥石流对渠道的威胁等。

渗漏问题是渠道设计的关键,因为渗漏问题处理不好,渠道就不能达到引水或输水的目的。我国的农灌区渠系水利用系数一般很低,北方较好的灌区渠系水利用系数为0.55~0.65,差的仅为0.24~0.32。例如,陕西渠系水利用系数一般为0.6左右,甘肃河西走廊一些渠道,渗漏损失占引水量的60%~70%;山西估算每年渗漏的灌溉水量20多亿 m^3,占全部灌溉用水量的40%。

1　渠道选线的工程地质问题

渠道的规划、设计工作,首先是线路选择问题。

渠道是线形建筑物,它要穿越不同的地形地貌单元,遇到不同的地层岩性,可能跨越不同的构造活动带和地震区。它与道路的营运条件不同,水流要自流,就不能有倒坡,但又不能使渠道的纵坡过陡或过缓,否则渠道将遭受冲刷和淤积。

在以引水为目的的线路方案选线工作中,沿线的工程地质条件占有重要地位,从工程地质角度研究渠道选线,应注意以下几点。

1.1　合理地利用地形地貌条件

一般来说,线路尽量绕避高山深谷,以及地形切割破碎的山区和丘陵地带,应充分利用较平坦的浅谷阶地、开阔的斜坡、宽缓的山梁、低平分水岭等地段。

1.1.1　岭脊线

岭脊线是沿山顶或分水岭选线。这种线路控制面积大,配水方便,交叉建筑物少,易看护,土石方最少,节省工料。这种线路适用于山脊地形起伏不大的丘陵区。

1.1.2　山腹线

山腹线是在半山坡且平行山坡的盘山渠道,这种线路可根据控制面积的大小,选择不同的高程布置。土石方的开挖量较大,且易产生塌方、漏水、暴雨冲刷、浇土淤塞等地质问题。为防止这些不良地质现象,常需修建挡土墙、高架渡槽、隧洞、过水涵洞等附属建筑物,因此费工费料,还要经常维修看护。

1.1.3　谷底线

谷底线是在山谷底部或山麓上开渠,这种线路因控制面积小,一般易施工,多为土方工程。土石方量开挖量较少,但过沟谷建筑物(渡槽、倒虹吸、涵洞)往往增多,故工程造价相应较高。

1.1.4　横切岭底线

横切岭底线是指为缩短线路,采取直接切穿山脊分水岭和沟底的布置形式。这种线路短,但往往要开凿较深的地堑或陡坡及隧洞,在岩石条件较好的条件下,这种方案比山腹线及谷底线省工省料。

1.1.5　平原线

此种布置适用于地势平坦的山前平原及平原区,这种线路多为土方工程,故易施工及便于机械化施工,选线尽量选在地势最高处,而且需要适当的纵坡降(5%左右),以控制自流灌溉面积。

1.2　岩土类型及其工程性质对选线的影响

在基岩区选线应注意岩石的类型、风化程度及水理性质。坚硬—半坚硬岩石一般适于建渠;但对裂隙发育的石英岩、玄武岩等,则施工困难且易漏水;岩溶发育地区及分化很深的花岗岩、片麻岩等也易形成渗漏段;软弱的黏土岩隔水好,但易软化崩解或膨胀,直接影响渠道边坡的稳定性。

松散沉积物地区的选线,应查明沉积物成因类型、埋藏深度和分布规律,对渗透性大的厚层砂砾石、卵石层等应尽量避开。某些特殊类型的土层(湿陷性黄土、沙漠中的中细砂等),可能导致渠道渗漏和边坡失稳,故应作特殊的地基处理。

1.3　地质构造条件

一般呈水平或近水平的岩层,且断裂较少的地区,渗漏性小,稳定性高,有利于选线;构造复杂、断裂发育地段,特别是规模大的断裂构造带、强烈褶皱带、地震带的活动断裂处,应尽量避开。

1.4　水文地质条件

对于灌溉渠道沿线,主要是查明地下水的埋藏深度及动态变化规律,地下水埋藏深,上部透水性强且又较厚,则可能导致渠道大量渗漏。反之,地下水埋藏较浅,高于渠底设计高程,则将形成水下开挖,造成施工困难,且建成后还有可能由于渗漏使地下水位更加抬升,当地下水位接近地面高程时,就可能形成土壤盐碱化,在低洼地区就会形成沼泽化。

1.5　不良物理地质现象

滑坡区、崩塌区、泥石流区、强风化带及喀斯特的地表出露现象(落水洞、溶洞、溶蚀性洼地等),对线路方案的确定有重要意义。一般来说应尽量避开,如不能避开,应采取工程措施防止,以保证渠系建筑物的畅通无阻、长久使用。

1.6　天然建筑材料

渠道选线应查明沿线天然建筑材料的分布、储量和质量以及开采运输条件,以便更大限度地充分利用当地材料修建渠系工程。如在山区,多是半挖半填的傍山渠,填方应采用浆砌石。

总之,渠系工程路线长、项目多,通过工程地质不同的区域。因此,在线路选择时,根据规划设计要求,对工程地质条件全面调查,综合分析,通过技术及经济比较才能找出最优的线路方案。

2　渠道渗漏的地质条件分析

山区傍山渠道多通过基岩地区,由于绝大多数岩石的透水性很弱,所以一般渗漏不严重。但要注意渠线是否穿越强透水层或强透水带(如断层破碎带、节理密集带、岩溶发育带、强烈风化带等),这些地段可产生大量渗漏。

平原线及谷底线的渠道,多通过第四系的松散沉积层,渠道渗漏主要取决于其透水性的强弱。如砂、砾石、碎石等,透水性强,因而渠道渗漏严重;黏性土透水性微弱,甚至不透水,很少渗漏。

3　渠道渗漏的防治措施

渠道渗漏的防治措施主要有三个方面:

(1)绕避。在渠道选线时尽可能避开强透水地段、断层破碎带和岩溶发育地段。

(2)防渗。采用不透水材料护面防渗,如黏土、三合土、浆砌石、混凝土、土工布等。

(3)灌浆、硅化加固等。灌浆、硅化加固等价格昂贵,较少采用。

渠道的渗漏量在没有防渗的条件下是很大的。

4　工作任务

练习题

(1)渠道的工程地质问题主要有哪些?

(2)渠道渗漏防治措施主要有哪些?

(3)渠道选线应注意哪些工程地质问题?

(4)渠道选线如何合理地利用地形地貌条件?

(5)岩土类型及其工程性质对渠道选线有何影响?

■ 任务5　地下硐室围岩的工程地质问题与处理方法

当渠道穿越山岭和谷地时,环山渠道往往由于线路太长,且要增加较多的附属建筑物(如渡槽、倒虹吸、挡土墙等),此时可经过经济方案比较而选用穿山隧洞的形式。其优点是线路短,水头损失小,便于管理养护,还可避开一些不良地质地段。

由于隧洞修建在地下岩体中,所以地质条件对隧洞影响很大,隧洞的主要工程地质问题是洞身围岩(即洞的周围岩体)的稳定性和围岩作用于支撑、衬砌上的山岩压力,以及地下水对围岩稳定的影响。

1　围岩工程地质分类

我国的《水利水电工程地质勘察规范》（GB 50487—2008）将围岩按围岩总评分、围岩强度应力比分为5类，见表1-19。

围岩强度应力比 S 可根据下式求得

$$S = \frac{R_b K_v}{\sigma_m} \tag{1-8}$$

式中　R_b——岩石饱和单轴抗压强度，MPa；

$\quad\quad K_v$——岩体完整性系数；

$\quad\quad \sigma_m$——围岩的最大主应力，MPa。

围岩总评分为：以控制围岩稳定的岩石强度、岩体完整程度、结构面状态、地下水和主要结构面产状五项因素之和，详见《水利水电工程地质勘察规范》（GB 50487—2008）。

表1-19　围岩工程地质分类

围岩类别	围岩稳定性	围岩总评分 T	围岩强度应力比 S	支护类型
Ⅰ	稳定，围岩可长期稳定，一般无不稳定块体	$T > 85$	$S > 4$	不支护或局部锚杆或喷薄层混凝土，大跨度时，喷混凝土，系统锚杆加钢筋网
Ⅱ	基本稳定，围岩整体稳定，不会产生塑性变形，局部可能产生掉块	$65 < T \leq 85$	$S > 4$	
Ⅲ	局部稳定性差，围岩强度不足，局部会产生塑性变形，不支护可能产生塌方或变形破坏，对于完整的较软岩，可能暂时稳定	$45 < T \leq 65$	$S > 2$	喷混凝土，系统锚杆加钢筋网，跨度为20～25 m时，并浇筑混凝土衬砌
Ⅳ	不稳定，围岩自稳时间很短，规模较大的各种变形和破坏都可能发生	$25 < T \leq 45$	$S > 2$	喷混凝土，系统锚杆加钢筋网，并浇筑混凝土衬砌
Ⅴ	极不稳定，围岩不能自稳，变形破坏严重	$T \leq 25$		

注：对于Ⅱ、Ⅲ、Ⅳ类围岩，当其强度应力比小于本表规定时，围岩类别宜相应降低一级。

2　隧洞的工程地质条件

2.1　洞口位置的选择

洞口位置应该考虑山坡坡度、岩层倾角、洞口顶板的稳定性和水流影响等几方面因素。许多工程实践证明：往往因洞口位置的地形地貌条件不利，导致迟迟不能清理出稳定的洞脸而无法进洞的局面。

山坡宜下陡上缓，无滑坡、崩塌等存在。山坡下部坡度最好大于60°，一般不宜小于40°。洞口处岩石应直接出露或坡积层较薄，岩石比较新鲜，尽量选在岩层倾角与坡向相反的山坡（反向坡），或选岩层倾角小于20°或大于75°的顺向坡。

选择完整、厚度大的岩层做顶板。洞口位置不应选在冲沟或溪流的源头、旁河山嘴和

谷地口部受水流冲蚀地段。在地貌上应避开滑坡、崩塌、冲沟、泥石流等不良自然地质现象。

2.2　隧洞选线的工程地质评价

（1）隧洞选线时应充分利用地形，方便施工。如利用深切的河谷，使隧洞出现明段，便于分段施工。有压隧洞上覆岩体应大于压力水头的 1/5 ~ 1/2，无压隧洞也不应小于 3 倍洞的跨度。

（2）选择洞线时，应充分分析沿线地层的分布和各种岩石的工程性质，尽量使洞身从完整坚硬的岩体中穿过。

（3）洞线在褶皱岩层和断裂地带穿过时，应尽量使其垂直于岩层和断层的走向，并应避开褶曲核部，以陡倾角的翼部为佳。

（4）对隧洞沿线的水文地质条件应进行预测性调查，对易透水的岩层和构造，特别是岩溶地区，要密切注意其分布规律和发育程度，并分析评价地下水涌水的可能性和涌水量。

（5）在隧洞位置选择时，岩体中的初始应力状态对围岩稳定性的影响不可忽视。当岩体中水平主应力较大时，洞线应平行于最大主应力方向布置。

3　山岩压力及弹性抗力

3.1　山岩压力

由于隧洞的开挖，破坏了围岩原有的应力平衡条件，引起围岩中一定范围内的岩体向洞内松动或坍塌。因此，就必须尽快支撑和衬砌，以抵抗围岩的松动或破坏。这时围岩作用于支撑和衬砌上的压力称为山岩压力（也称围岩压力）。显然，山岩压力是隧洞设计的主要荷载。若山岩压力很小或没有，可认为隧洞是稳定的，可以不支撑；若山岩压力很大，则必须考虑衬砌和支撑。所以，正确估计山岩压力的大小，将是直接影响隧洞安全和经济的问题。

工程上常用的两种确定山岩压力的方法：其一，用平衡拱理论，将围岩视为松散介质；其二，用岩体结构分析，将围岩视为各种结构面组合而成的塌落体，塌落体的滑动力减去抗滑力即为山岩压力。但由于确定山岩压力的大小和方向是一个极为复杂的问题，到目前为止，山岩压力的计算还没有得到圆满解决。

3.2　弹性抗力

岩体的弹性抗力是指在有压隧洞的内水压力作用下向外扩张，引起围岩发生压缩变形后产生的反力。围岩的弹性抗力与围岩的性质、隧洞的断面尺寸及形状等有关。若洞壁围岩在内水压力作用下向外扩张了 y（见图 1-69），则围岩产生的弹性抗力 p 为

$$p = Ky \tag{1-9}$$

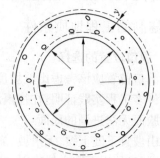

图 1-69　内水压力作用下的围岩变形

式中　p——岩体的弹性抗力，MPa；

　　　y——洞壁的径向变形，cm；

　　　K——围岩的弹性抗力系数，MPa/cm。

围岩的弹性抗力系数 K 的物理意义是迫使围岩产生一个单位的径向变形所需施加的压力值。

岩体的弹性抗力系数反映了岩体的抗力特征。K 值愈大,岩体承受的内水压力就愈大,相应的衬砌承担的内水压力就小些,衬砌可以做得薄一些。但 K 值选得过大,将使工程不安全。因此,正确选择岩体的弹性抗力系数具有很大意义。

弹性抗力系数 K 与隧洞的直径有关,以圆形隧洞为例,隧洞的半径愈大,K 值愈小,因此 K 值不为常数。为了便于对比使用,隧洞设计中常采用单位弹性抗力系数 K_0(即隧洞半径为 100 cm 时的岩体弹性抗力系数),即

$$K_0 = K \frac{R}{100} \tag{1-10}$$

式中　R——隧洞半径,cm。

常用的单位弹性抗力系数见表 1-20,以供参考。

表 1-20　常用的单位弹性抗力系数

岩石坚硬程度	代表的岩石名称	节理裂隙多少或风化程度	有压隧洞单位弹性抗力系数 K_0(MPa/cm)	无压隧洞单位弹性抗力系数 K_0(MPa/cm)
坚硬岩石	石英岩、花岗岩、流纹斑岩、安山岩、玄武岩、厚层硅质灰岩等	节理裂隙少、新鲜 节理裂隙不太发育、微风化 节理裂隙发育、弱风化	100 ~ 200 50 ~ 100 30 ~ 50	20 ~ 50 12 ~ 20 5 ~ 12
中等坚硬岩石	砂岩、石灰岩、白云岩、砾岩等	节理裂隙少、新鲜 节理裂隙不太发育、微风化 节理裂隙发育、弱风化	50 ~ 100 30 ~ 50 10 ~ 30	12 ~ 20 8 ~ 12 2 ~ 8
较软岩石	砂页岩互层、黏土质岩石、致密的泥灰岩	节理裂隙少、新鲜 节理裂隙不太发育、微风化 节理裂隙发育、弱风化	20 ~ 50 10 ~ 20 < 10	5 ~ 12 2 ~ 5 < 2
松散岩石	严重风化及十分破碎的岩石、断层破碎带等		< 5	< 1

4　提高围岩稳定的措施

4.1　支撑

支撑是在硐室开挖过程中,用以稳定围岩用的临时性措施。按照选用材料的不同,用木支撑、钢支撑及混凝土支撑等。在不太稳定的岩体中开挖时,需及时支撑,以防止围岩早期松动。

4.2　衬砌

衬砌是加固围岩的永久性工程结构。衬砌的作用主要是承受围岩压力及内水压力,在坚硬完整的岩体中,围岩的自稳能力高,也可以不衬砌。衬砌有单层混凝土衬砌及钢筋混凝土衬砌,也可以用浆砌条石衬砌。双层的联合衬砌,一般内环用钢筋混凝土或钢板,

外环用混凝土,多用于岩体破碎、水头高的隧道。

4.3　喷锚支护

　　近几十年来,喷锚支护在国内外的地下工程中获得了广泛的应用,它是稳定围岩的一种有效的工程措施。当地下硐室开挖后,围岩总是逐渐地向洞内变形。喷锚支护就是在硐室开挖后,及时地向围岩表面喷一薄层混凝土(一般厚度为 5~20 cm),有时再增加一些锚杆,从而部分地阻止围岩洞内变形,以达到支护的目的。

5　工作任务

练习题

　　(1)地形、岩性、地质构造、地下水及地应力等,对隧道和地下硐室选址有何影响?

　　(2)洞口位置应如何选择?

　　(3)岩体弹性抗力系数的定义是什么?

　　(4)为什么要确定岩体的山岩压力和弹性抗力系数?

　　(5)硐室围岩稳定性的影响因素有哪些?

　　(6)围岩变形破坏的类型及其特点是什么?

　　(7)《水利水电工程地质勘察规范》(GB 50487—2008)是如何对围岩进行分类的?

项目2　土的基本指标检测及土的工程分类

本项目的主要任务是土的基本指标的检测、土的物理状态的判定、土的工程分类。知识目标是理解土的三相组成的概念,掌握土的物理性质指标、物理状态指标的计算,理解土的粒组划分及颗粒分析的概念,掌握土的工程分类及鉴别方法。技能目标是能熟练掌握土的基本指标的测定,熟练掌握土的状态指标的测定,能根据土的状态性能指标判断土的状态,对土进行工程分类及鉴别。

任务1　土的基本物理性质指标检测

1　土的三相组成

在天然状态下,土一般是由固体、液体和气体三部分组成的,这三部分通常称为土的三相。其中,固相即为土颗粒,它构成土的骨架,土骨架之间存在许多孔隙,孔隙由水和气体所填充;水和溶解于水的物质构成土的液相;空气以及其他一些气体构成土的气相。当土中孔隙全部由气体所填充时,称为干土;当土中孔隙全部由水所填充时,称为饱和土;当土中孔隙中同时存在水和气体时,称为湿土。湿土为三相系,饱和土和干土都是二相系。

1.1　土的固相

土的固相是土中最主要的组成部分,它由各种矿物成分组成,有时还包括土中所含的有机质。土粒的矿物成分不同、粗细不同、形状不同,土的性质也不同。

土的矿物成分取决于成土母岩的成分以及所经受的风化作用。按所经受的风化作用不同,土的矿物成分可分为原生矿物和次生矿物两大类。

1.1.1　原生矿物

原生矿物是岩石经物理风化作用后破碎形成的矿物颗粒。原生矿物在风化过程中,其化学成分并没有发生变化,它与母岩的矿物成分是相同的。常见的原生矿物有石英、长石和云母等,无黏性土的主要成分是石英、长石等原生矿物。

1.1.2　次生矿物

次生矿物是岩石经化学风化(氧化、碳化和水化等作用)所形成的矿物颗粒。

次生矿物的颗粒较细,矿物成分与母岩不同。常见的次生矿物有高岭石、伊利石(水云母)和蒙脱石(微晶高岭石)等三大黏土矿物。另外,还有一类易溶于水的次生矿物,称水溶盐。黏性土中的水溶盐,通常是由土中的水溶液蒸发后沉淀充填在土孔隙中的,它构成了土粒间不稳定的胶结物质。如黏性土中含有水溶盐类矿物,遇水溶解后会被渗透水流带走,导致地基或土坝坝体产生集中渗流,引起不均匀沉降以及强度降低。因此,通常规定筑坝土料的水溶盐含量不得超过8%。

1.1.3　土中的有机质

　　土中的有机质是在土的形成过程中动、植物的残骸及其分解物质与土混掺沉积在一起经生物化学作用生成的物质,其成分比较复杂,主要是植物残骸、未完全分解的泥炭和完全分解的腐殖质。当有机质含量超过 10% 时,称为有机土。有机质亲水性很强,因此有机土压缩性大,强度低。有机土不能作为堤坝工程的填筑土料,否则会影响工程的质量。

1.2　土中的水

　　水在土中以固态、液态和气态三种形式存在,土中的水按存在方式不同,可分为如下类型(见图 2-1)。液态水对土的性能影响较大,可分为结合水和自由水。

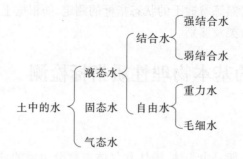

图 2-1　土中水的类型

1.2.1　结合水

　　大多数黏土颗粒表面带有负电荷,因而围绕土粒周围形成了一定强度的电场,使孔隙中的水分子极化,这些极化后的极性水分子和水溶液中所含的阳离子(如 K^+、Na^+、Ca^{2+}、Mg^{2+} 等),在电场力的作用下定向地吸附在土颗粒周围,形成一层不可自由移动的水膜,该水膜称为结合水。结合水又可根据受电场力作用的强弱分成强结合水和弱结合水,如图 2-2、图 2-3 所示。

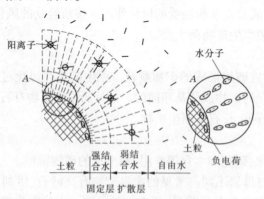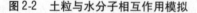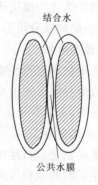

图 2-2　土粒与水分子相互作用模拟　　　　图 2-3　结合水膜

1.2.1.1　强结合水

　　强结合水是指被强电场力紧紧地吸附在土粒表面附近的结合水膜(又称吸着水)。其密度为 $1.2 \sim 2.4$ g/cm³,冰点很低,可达 -78 ℃,沸点较高,在 105 ℃ 以上才可以被释放,而且很难移动,没有溶解能力,不传递静水压力,失去了普通水的基本特性,其性质与固体相近,具有很大的黏滞性和一定的抗剪强度。

1.2.1.2　弱结合水

弱结合水是指分布在强结合水外围吸附力稍低的结合水(又称薄膜水)。这部分水膜由于距颗粒表面较远,受电场力作用较小,它与土粒表面的结合不如强结合水紧密。其密度为 $1.0 \sim 1.7 \ g/cm^3$,冰点低于 $0 ℃$,不传递静水压力,也不能在孔隙中自由流动,只能以水膜的形式由水膜较厚处缓慢移向水膜较薄的地方,这种移动不受重力影响。

1.2.2　自由水

土孔隙中位于结合水以外的水称自由水,自由水由于不受土粒表面静电场力的作用,且可在孔隙中自由移动,按其运动时所受的作用力不同,可分为重力水和毛细水。

1.2.2.1　重力水

受重力作用而运动的水称重力水。重力水位于地下水位以下,重力水与一般水一样,可以传递静水压力和动水压力,具有溶解能力,可溶解土中的水溶盐,使土的强度降低,压缩性增大;可以对土颗粒产生浮托力,使土的重力密度减小;还可以在水头差的作用下形成渗透水流,并对土粒产生渗透力,使土体发生渗透变形。

1.2.2.2　毛细水

土中存在着很多大小不同的孔隙,这些孔隙有的可以相互连通,形成弯曲的细小通道(毛细管),由于水分子与土粒表面之间的附着力和水表面张力的作用,地下水将沿着土中的细小通道逐渐上升,形成一定高度的毛细水带,地下水位以上的自由水称为毛细水。

毛细水上升的高度取决于土的粒径、矿物成分、孔隙的大小和形状等因素,一般黏性土上升的高度较大,而砂土上升的高度较小,在工程实践中毛细水的上升可能使地基浸湿,使地下室受潮或使地基、路基产生冻胀,造成土地盐渍化等问题,如图2-4所示。

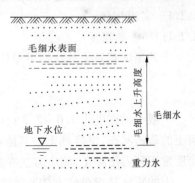

图2-4　毛细水上升示意图

1.3　土中的气体

土中的气体可分为自由气体和封闭气体两种基本类型。

自由气体一种是与大气连通的气体,受外荷作用时,易被排至土外,对土的工程力学性质影响不大;另一种是与大气不连通的、以气泡形式存在的封闭气体,封闭气体可以使土的弹性增大,使土层不易压实,延长土的压缩过程,而当压力减小时,气泡就会恢复原状或重新游离出来,所以封闭气体对土的工程性质有很大影响。此外,封闭气体还能阻塞土内的渗流通道,使土的渗透性减小。

2　土的物理性质指标

土中三相物质本身的特性以及它们之间的相互作用,对土的性质有着本质的影响,如对于无黏性土,密实状态时强度高,松散状态时强度低;而对于细粒土,含水少时硬,含水多时则软。所以,土的性质不仅只取决于三相组成中各相本身的特性,而且三相之间量的比例关系也是一个非常重要的影响因素。把土体三相间量的比例关系称为土的物理性质指标,工程中常用土的物理性质指标作为评价土的工程性质优劣的基本指标。

2.1 土的三相草图

为了便于研究土中三相含量之间的比例关系,常常理想地把土中实际交错混杂在一起的三相含量分别集中在一起,并以图的形式表示出来,该图称为土的三相草图,如图 2-5 所示。

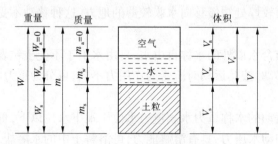

图 2-5 土的三相草图

图中各符号的意义如下:W 表示重量,m 表示质量,V 表示体积。下标 a 表示气体,下标 s 表示土粒,下标 w 表示水,下标 v 表示孔隙。如 W_s、m_s、V_s 分别表示土粒重量、土粒质量和土粒体积。

2.2 土的物理性质指标

土的物理性质指标包括实测指标和换算指标两大类。

2.2.1 实测指标

2.2.1.1 土的密度

土的密度是指天然状态下单位体积土的质量,常用 ρ 表示,其表达式为

$$\rho = \frac{m}{V} = \frac{m_s + m_w}{V} \tag{2-1}$$

一般土的密度为 $1.6 \sim 2.2$ g/cm³。密度是土的一个重要基本物理性质指标,可以了解土的疏密状态,供换算土的其他物理性质指标和工程设计及施工质量控制之用。土的密度常用环刀法测定,测定方法在相应的工作任务中。

土的重度是指单位土体所受的重力,常用 γ 表示,其表达式为

$$\gamma = \frac{W}{V} = \frac{W_s + W_w}{V} \tag{2-2}$$

$$\gamma = \rho g \tag{2-3}$$

式中 g——重力加速度,在国际单位制中常用 9.81 m/s²,为换算方便,也可近似用 $g = 10$ m/s² 进行计算。

2.2.1.2 土的比重

土的比重是指土在 $105 \sim 110$ ℃温度下烘至恒重时的质量与同体积 4 ℃时纯水的质量之比,简称比重,其表达式为

$$G_s = \frac{m_s}{V_s \rho_w} \tag{2-4}$$

式中　ρ_w——4 ℃时纯水的密度,取 $\rho_w = 1$ g/cm³。

土的比重常用比重瓶法测定,测定方法在相应的工作任务中。

比重是土的基本物理性质指标之一,也是评价土类的主要指标。土的比重主要取决于土的矿物成分和有机质含量,颗粒越细比重越大,有经验的地区可按经验值选用,砂土比重一般为 2.65 ~ 2.69,砂质粉土比重约为 2.70,黏质粉土比重约为 2.71,粉质黏土比重一般为 2.72 ~ 2.73,黏土比重一般为 2.74 ~ 2.76。当土中含有机质时,比重值减小。

2.2.1.3　含水率

土的含水率是指土中水的质量与土粒质量的比,以百分数表示,其表达式为

$$\omega = \frac{m_w}{m_s} \times 100\% \tag{2-5}$$

土的含水率是反映土干湿程度的指标,可以了解土的含水情况,供计算土的干密度、孔隙比、液性指数、饱和度等项指标之用。含水率是土的一个重要的基本物理性质指标。在天然状态下,土的含水率变化幅度很大,一般来说,砂土的含水率为 0 ~ 40%,黏性土的含水率为 15% ~ 60%,淤泥或泥炭的含水率可高达 100% ~ 300%。含水率常用烘干法测定,测定方法在相应的工作任务中。

2.2.2　换算指标

2.2.2.1　干密度 ρ_d

土的干密度是指单位土体中土粒的质量,即土体中土粒质量 m_s 与总体积 V 之比,其表达式为

$$\rho_d = \frac{m_s}{V} \tag{2-6}$$

单位体积的干土所受的重力称为干重度,可按下式计算

$$\gamma_d = \frac{W_s}{V} \tag{2-7}$$

土的干密度(或干重度)是评价土的密实程度的指标,干密度大表明土密实,干密度小表明土疏松。因此,在填筑堤坝、路基等填方工程中,常把干密度作为填土设计和施工质量控制的指标。

2.2.2.2　饱和密度 ρ_{sat}

土的饱和密度是指土在饱和状态时,单位体积土的密度。此时,土中的孔隙完全被水所充满,土体处于固相和液相的二相状态,其表达式为

$$\rho_{sat} = \frac{m_s + m_w'}{V} = \frac{m_s + V_v \rho_w}{V} \tag{2-8}$$

式中　m_w'——土中孔隙全部充满水时的水重;

　　　ρ_w——水的密度,$\rho_w = 1$ g/cm³。

饱和重度 $\gamma_{sat} = \rho_{sat} g$。

2.2.2.3　浮密度 ρ'

在地下水位以下,单位体积中土粒的质量扣除同体积水的质量后,即为单位体积中土粒的有效质量,称为土的浮密度,其表达式为

$$\rho' = \frac{m_s - V_s \rho_w}{V} \tag{2-9}$$

土在水下时,单位体积的有效重量称为土的浮重度,或称有效重度。地下水位以下的土,由于受到水的浮力的作用,土体的有效重量应扣除水的浮力的作用,浮重度的表达式为

$$\gamma' = \frac{W_s - V_s \gamma_w}{V} \tag{2-10}$$

同一种土四种重度数值上的关系是:$\gamma_{sat} > \gamma > \gamma_d > \gamma'$。

2.2.2.4　孔隙比 e

土的孔隙比是指土体孔隙体积与土颗粒体积之比,其表达式为

$$e = \frac{V_v}{V_s} \tag{2-11}$$

土的孔隙比主要与土粒的大小及其排列的松密程度有关。一般砂土的孔隙比为 0.4 ~ 0.8,黏土为 0.6 ~ 1.5,有机质含量高的土,孔隙比甚至可高达 2.0 以上。

2.2.2.5　孔隙率 n

土的孔隙率是指土体孔隙体积与总体积之比,常用百分数表示,其表达式为

$$n = \frac{V_v}{V} \times 100\% \tag{2-12}$$

孔隙率表示孔隙体积占土的总体积的百分数,所以其值恒小于 100%。

孔隙比和孔隙率都是反映土的密实程度的指标。对于同一种土,e 或 n 愈大,表明土愈疏松;反之,表明土愈密实。在计算地基沉降量和评价砂土的密实度时,常用孔隙比而不用孔隙率。

2.2.2.6　饱和度 S_r

饱和度反映土中孔隙被水充满的程度,是土中水的体积与孔隙体积之比,用百分数表示,其表达式为

$$S_r = \frac{V_w}{V_v} \times 100\% \tag{2-13}$$

理论上,当 $S_r = 100\%$ 时,表示土体孔隙中全部充满了水,土是完全饱和的;当 $S_r = 0$ 时,表明土是完全干燥的。实际上,土在天然状态下极少达到完全干燥或完全饱和状态。因为风干的土仍含有少量水分,即使完全浸没在水下,土中还可能会有一些封闭气体存在。

按饱和度的大小,砂土可分为以下几种不同的湿润状态:

$$S_r \leqslant 50\% \qquad 稍湿$$
$$50\% < S_r \leqslant 80\% \qquad 很湿$$
$$S_r > 80\% \qquad 饱和$$

2.2.3　土的物理性质指标间的换算

土的密度 ρ、土粒比重 G_s 和含水率 ω 三个指标是通过试验测定的。在测定这三个指标后,其他各指标可根据它们的定义并利用土中三相关系导出其换算公式,例如

$$\rho_{\mathrm{d}} = \frac{m_{\mathrm{s}}}{V} = \frac{m_{\mathrm{s}}}{m/\rho} = \frac{\rho m_{\mathrm{s}}}{m_{\mathrm{s}} + m_{\mathrm{w}}} = \frac{\rho}{1 + \omega} \qquad (2\text{-}14)$$

土的物理性质指标都是三相基本物理量间的相对比例关系,换算指标可假定 $V_{\mathrm{s}} = 1$ 或 $V = 1$,根据定义利用三相草图算出各相的数值,取三相图中任一个基本物理量等于任何数值进行计算都应得到相同的指标值。

实际工程中,为了减少计算工作量,可根据表2-1给出的土的物理性质指标的关系及其最常用的计算公式,直接计算。

表2-1 土的三相比例换算公式

指标	符号	表达式	换算公式
干重度	γ_{d}	$\gamma_{\mathrm{d}} = \dfrac{m_{\mathrm{s}}g}{V}$	$\gamma_{\mathrm{d}} = \dfrac{\gamma}{1+\omega}$
孔隙比	e	$e = \dfrac{V_{\mathrm{v}}}{V_{\mathrm{s}}}$	$e = \dfrac{G_{\mathrm{s}}\gamma_{\mathrm{w}}}{\gamma_{\mathrm{d}}} - 1$
孔隙率	n	$n = \dfrac{V_{\mathrm{v}}}{V} \times 100\%$	$n = \dfrac{e}{1+e} \times 100\%$
饱和重度	γ_{sat}	$\gamma_{\mathrm{sat}} = \dfrac{m_{\mathrm{s}}g + V_{\mathrm{v}}\gamma_{\mathrm{w}}}{V}$	$\gamma_{\mathrm{sat}} = \gamma_{\mathrm{d}} + n\gamma_{\mathrm{w}}$
浮重度	γ'	$\gamma' = \dfrac{m_{\mathrm{s}}g - V_{\mathrm{s}}\gamma_{\mathrm{w}}}{V}$	$\gamma' = \gamma_{\mathrm{sat}} - \gamma_{\mathrm{w}}$
饱和度	S_{r}	$S_{\mathrm{r}} = \dfrac{V_{\mathrm{w}}}{V_{\mathrm{v}}} \times 100\%$	$S_{\mathrm{r}} = \dfrac{\omega G_{\mathrm{s}}}{e}$

【例2-1】 用环刀测密度,已知环刀体积 $V = 60 \ \mathrm{cm}^3$,环刀质量为 53.5 g,环刀及土的总质量为 166.3 g,取质量为 94.00 g 的湿土,烘干后质量为 75.63 g,测得土样的比重 $G_{\mathrm{s}} = 2.68$。求该土的天然重度 γ、含水率 ω、干重度 γ_{d}、孔隙比 e 和饱和度 S_{r} 各为多少?

解:(1)天然重度。

$$\rho = \frac{m}{V} = \frac{166.3 - 53.5}{60} = 1.88(\mathrm{g/cm}^3)$$

$$\gamma = \rho g = 1.88 \times 9.81 = 18.44(\mathrm{kN/m}^3)$$

(2)含水率。

$$\omega = \frac{m_{\mathrm{w}}}{m_{\mathrm{s}}} \times 100\% = \frac{m - m_{\mathrm{s}}}{m_{\mathrm{s}}} \times 100\% = \frac{94.00 - 75.63}{75.63} \times 100\% = 24.29\%$$

(3)干重度。

$$\gamma_{\mathrm{d}} = \frac{\gamma}{1+\omega} = \frac{18.44}{1+0.2429} = 14.84(\mathrm{kN/m}^3)$$

(4)孔隙比。

$$e = \frac{G_{\mathrm{s}}\gamma_{\mathrm{w}}}{\gamma_{\mathrm{d}}} - 1 = \frac{2.68 \times 9.81}{14.84} - 1 = 0.772$$

(5)饱和度。

$$S_r = \frac{\omega G_s}{e} = \frac{24.29\% \times 2.68}{0.772} = 84.3\%$$

【例2-2】 某一干砂试样的密度为 1.66 g/cm³,土粒的比重为 2.7,将此干砂试样置于雨中,若砂样体积不变,饱和度增加到 60%,试计算此湿砂的含水率和密度。

解:

$$e = \frac{G_s \rho_w}{\rho_d} - 1 = \frac{2.7 \times 1}{1.66} - 1 = 0.627$$

由 $S_r = \dfrac{V_w}{V_v} = \dfrac{\omega G_s}{e}$ 得

$$\omega = \frac{S_r e}{G_s} = \frac{60\% \times 0.627}{2.7} = 13.9\%$$

$$\rho = \frac{m}{V} = \frac{G_s(1+\omega)\rho_w}{1+e} = \frac{2.7 \times (1+0.139) \times 1}{1+0.627} = 1.89(\text{g/cm}^3)$$

【例2-3】 某原状土样,经试验测得土的湿重度 $\gamma = 18.44$ kN/m³,天然含水率 $\omega = 24.3\%$,土粒的比重 $G_s = 2.68$。试利用三相草图求该土样的干重度 γ_d、饱和重度 γ_{sat}、孔隙比 e 和饱和度 S_r 等指标值。

解:1. 求基本物理量

设 $V = 1$ m³,求三相草图图 2-5 中各相的数值。

(1)求 W_s、W_w、W。

由 $\gamma = \dfrac{W}{V}$ 得

$$W = \gamma V = 18.44 \times 1 = 18.44(\text{kN})$$

又由 $\omega = \dfrac{W_w}{W_s}$ 得

$$W_w = \omega W_s = 0.243 W_s \qquad \text{①}$$
$$W = W_s + W_w \qquad \text{②}$$

将式①代入式②得

$$18.44 = W_s + 0.243 W_s$$

$$W_s = \frac{18.44}{1.243} = 14.84(\text{kN})$$

$$W_w = 0.243 W_s = 0.243 \times 14.84 = 3.61(\text{kN})$$

(2)求 V_s、V_w、V_v。

由 $G_s = \dfrac{W_s}{V_s \gamma_w}$ 得

$$V_s = \frac{W_s}{G_s \gamma_w} = \frac{14.84}{2.68 \times 9.81} = 0.564(\text{m}^3)$$

又由 $\gamma_w = \dfrac{W_w}{V_w}$ 得

$$V_w = \frac{W_w}{\gamma_w} = \frac{3.61}{9.81} = 0.368 (\text{m}^3)$$

$$V_v = V - V_s = 1 - 0.564 = 0.436 (\text{m}^3)$$

2. 求 γ_d、e、S_r

$$\gamma_d = \frac{W_s}{V} = \frac{14.84}{1} = 14.84 (\text{kN/m}^3)$$

$$e = \frac{V_v}{V_s} = \frac{0.436}{0.564} = 0.773$$

$$S_r = \frac{V_w}{V_v} \times 100\% = \frac{0.368}{0.436} \times 100\% = 84.4\%$$

3 工作任务

3.1 密度试验指导

3.1.1 试验目的

密度试验目的是测定土的密度,了解土的疏密状态。

3.1.2 试验方法

试验方法室内有环刀法、蜡封法,现场有灌砂法、灌水法、核子密度仪法等。

3.1.3 仪器设备(环刀法)

环刀:内径 6~48 cm,高度 2~3 cm(见图 2-6)。

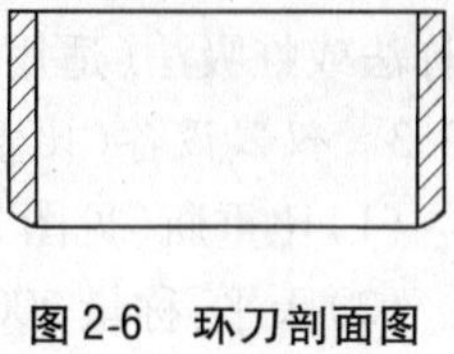

3.1.4 操作步骤

(1)测环刀质量。

(2)切取土样。取环刀并在环刀内壁涂一薄层凡士林,刃口

图 2-6 环刀剖面图

向下放在土样上,然后将环刀垂直下压,并用切土刀沿环刀外侧切削土样,边压边削至土样高出环刀,根据试样的软硬采用钢丝锯或削土刀整平环刀两端土样。

(3)试样称量。擦净环刀外壁,称环刀和土的总质量。

3.1.5 密度的计算

密度可用下式计算

$$\rho_0 = \frac{m_0}{V} \tag{2-15}$$

式中 V——环刀容积,cm^3;

ρ_0——试样的密度,g/cm^3;

m_0——湿土质量,g。

本试验需进行两次平行测定,平行差值不得大于 0.03 g/cm^3,取两次测值的算术平均值。

3.1.6 试验记录

密度试验(环刀法)记录见表 2-2。

表 2-2　密度试验(环刀法)记录

工程名称＿＿＿＿＿＿＿　　土样说明＿＿＿＿＿＿＿　　试验日期＿＿＿＿＿＿＿

试验者＿＿＿＿＿＿＿＿　　计算者＿＿＿＿＿＿＿　　校核者＿＿＿＿＿＿＿

土样编号	环刀号	环刀+土质量(g)	环刀质量(g)	土的质量(g)	环刀体积(cm³)	密度(g/cm³)	平均密度(g/cm³)
		(1)	(2)	(3) = (1) - (2)	(4)	(5) = (3)/(4)	(6)

说明:当土样坚硬、易碎或含有粗颗粒不易修成规则形状,采用环刀法有困难时,可采用蜡封法,即将需测定的试样称量后浸入融化的石蜡中,使试样表面包上一层严密的蜡膜(若试样蜡膜上有气泡,需用热针刺破气泡,再用石蜡填充针孔,涂平孔口),分别称蜡+土在空气中及水中的质量,已知蜡的密度,通过计算便可求得土的密度。

3.2　比重试验指导

3.2.1　试验目的

比重试验目的是测定土的比重,为计算其他物理力学性质指标提供必要的数据。

3.2.2　试验检测方法

试验检测方法按照土颗粒粒径不同,分别用比重瓶法(适用于粒径 $d < 5$ mm 的土)、浮称法或虹吸法(适用于粒径 $d \leqslant 5$ mm 的各类土)等。

3.2.3　仪器设备(比重瓶法)

(1)比重瓶(见图 2-7)。

(2)天平:称量 200 g,最小分度值 0.001 g。

(3)恒温水槽:灵敏度 ±1 ℃。

(4)其他:砂浴、烘箱、纯水或中性液体(如煤油等)、温度计、筛、漏斗、滴管等。

图 2-7　比重瓶

3.2.4　操作步骤

(1)取样称量:取通过 5 mm 筛的烘干土样约 15 g(若用 50 mL 的比重瓶,可取干土约 10 g),用玻璃漏斗装入洗净烘干的比重瓶内,称出瓶+干土的质量,精确至 0.001 g。

(2)煮沸排气:向已装有干土的比重瓶中注入半瓶纯水,轻轻摇动比重瓶,并将比重瓶放在砂浴上煮沸,煮沸时间自悬液沸腾时算起,砂及砂质粉土不少于 30 min,黏土及粉质黏土不少于 1 h,煮沸时应注意不使悬液溢出瓶外。

(3)注水称量:如是短颈比重瓶,将纯水注入瓶近满,塞好瓶塞,使多余水分从瓶塞的毛细管中溢出;如是长颈比重瓶,注水至略低于瓶的刻度处,可用滴管调整液面恰至刻度处(以弯液面下缘为准),待瓶内悬液温度稳定且上部悬液澄清,擦干瓶外壁的水,称出瓶+水+干土的总质量,称量后立即测出瓶内水的温度。

(4)查取质量:根据测的温度,从温度与瓶、水质量关系曲线中查取瓶、水的质量(实验室提供)。

3.2.5 计算

比重的计算公式如下

$$G_s = \frac{m_s}{m_1 + m_s - m_2} G_{wt}$$

式中　G_s——土粒的比重,精确至0.001;

　　　　m_s——干土质量,g;

　　　　m_1——瓶 + 水质量,g;

　　　　m_2——瓶 + 水 + 干土总质量,g;

　　　　G_{wt}——t ℃时纯水的比重,精确至0.001,不同温度时水的比重见表2-3。

表2-3　不同温度时水的比重(近似值)

水温(℃)	4.0 ~ 12.5	12.5 ~ 19.0	19.0 ~ 23.5	23.5 ~ 27.5	27.5 ~ 30.5	30.5 ~ 33.5
水的比重	1.000	0.999	0.998	0.997	0.996	0.995

本试验须同时进行二次平行测定,取其算术平均值,以两位小数表示,其平行差不得大于0.02 。

3.2.6 试验记录

比重试验(比重瓶法)记录见表2-4。

表2-4　比重试验(比重瓶法)记录

土样说明＿＿＿＿＿＿＿＿　　试验方法＿＿＿＿＿＿＿＿　　试验日期＿＿＿＿＿＿＿＿

试验者＿＿＿＿＿＿＿＿　　计算者＿＿＿＿＿＿＿＿　　校核者＿＿＿＿＿＿＿＿

比重瓶编号	温度(℃)	水的比重	瓶质量(g)	瓶 + 干土质量(g)	干土质量(g)	瓶 + 水质量(g)	瓶 + 水 + 干土总质量(g)	与干土同体积的水质量(g)	土粒比重	平均值
(1)	(2)	(3)	(4)	(5) = (4) - (3)	(6)	(7)	(8) = (5) + (6) - (7)	(9) = (5)/ (8) × (2)	(10)	

3.3　含水率试验指导

3.3.1 试验目的

含水率试验的目的是测定土的含水率,以了解土的干湿程度及含水情况。

3.3.2 试验方法

试验方法有烘干法(室内试验标准方法)、酒精燃烧法、比重法、核子测定含水率法(现场)等。

3.3.3 仪器设备(烘干法)

(1)烘箱:保持温度105 ~ 110 ℃的自动控制电热恒温烘箱或其他能源烘箱。

(2)分析天平:称量200 g,最小分度值0.01 g。

（3）其他：干燥器、称量盒等。

3.3.4　操作步骤

（1）称湿土：选取具有代表性的试样 15～30 g（砂土应多取些），放入称量盒内（查盒号），立即盖好盒盖，称出盒＋湿土的质量，精确到 0.01 g。

（2）烘土：打开盒盖，将盒盖扣在盒底，放入烘箱中，在温度 105～110 ℃下烘至恒重，烘土时间对细粒土不少于 8 h，对砂类土不少于 6 h，对有机质含量超过干土 5%的土，取试样 50 g，温度应控制在 65～70 ℃的恒温下干燥 12～15 h 为好，然后取出盖好盒盖，放在干燥器内冷却至室温。

（3）称干土：从干燥器内取出试样，称出盒＋干土的质量，精确至 0.01 g。

3.3.5　计算

含水率可按下式计算

$$\omega = \frac{m_0 - m_s}{m_s} \times 100\%\tag{2-16}$$

式中　ω——含水率，计算精确至 0.1%；

$\quad\quad m_0$——湿土质量，g；

$\quad\quad m_s$——干土质量，g。

本试验需要进行两次平行测定，取其算术平均值，允许平行差值见表 2-5。

表 2-5　含水率测定的允许平行差值

含水率（%）	允许平行差值（%）
<10	0.5
10～40	1.0
>40	2.0

3.3.6　试验记录

含水率试验记录见表 2-6。

表 2-6　含水率试验记录

工程名称＿＿＿＿＿＿　　土样说明＿＿＿＿＿＿　　试验日期＿＿＿＿＿＿

试验者＿＿＿＿＿＿　　计算者＿＿＿＿＿＿　　校核者＿＿＿＿＿＿

土样编号	盒号	平均含水率（%）	盒质量（g）	盒＋湿土质量（g）	盒＋干土质量（g）	水分质量（g）	干土质量（g）	含水率（%）
		(1)	(2)	(3)	(4)=(2)-(3)	(5)=(3)-(1)	(6)=$\frac{(4)}{(5)}$	(7)

说明：（1）在没有烘箱或土样较少的条件下，可用酒精燃烧法，即用纯度 >95% 的酒

精,将酒精注入有试样的称量盒内,直至盒内出现自由液面,点燃酒精到火焰熄灭再注酒精,反复点燃 3 次,利用酒精在土上燃烧,使土中水分蒸发,得干土质量,即可计算含水率。

(2)对于砂类土可用比重法测定土的含水率,即将土体放入一定容积的玻璃瓶中,用玻璃棒充分搅拌称重,算出土粒在水中的浮重,根据土粒经验比重值,换算出土的含水率。

(3)微波加热是近十几年来才发展的一门新技术,微波是一种超高频的电磁波,微波加热就是通过微波发生器产生微波能,然后用波导(传送线)将微波能输送到微波加热器中,加热器中的试样受到微波的照射后就发热,使水分蒸发,由于微波具有一定的穿透深度,使被加热的试样里外同时加热,因此具有均匀、快速的优点,但微波加热的温度及时间控制有待进一步研究。

(4)核子密度仪中子源用来测量含水率的原理是:由 241 - 铍中子源发出的高能中子射入被测材料中,被测材料水分中的氢原子与高能中子相碰撞使它减速,减速后的慢中子被仪器内的中子探测管接收到。被测材料含水量大,单位时间内所转化的慢中子数就多,探测管接收的慢中子数也就多,反之就少。然后,微处理器把接收的慢中子数(称为水分计数值)与仪器内的水分标准计数值进行比较,得到水分计数比,再把水分计数比送入水分计算程序,可算出被测材料的水分值。

3.4　练习题

(1)已知土的土粒比重 $G_s = 2.65$,饱和度 $S_r = 40\%$,孔隙比 $e = 0.95$。问:饱和度提高到 90% 时,每立方米的土应加多少水?

(参考答案:243.5 kg)

(2)试按三相草图推证下列两个关系式:

①$e = \dfrac{G_s \gamma_w}{\gamma_d} - 1$;②$S_r = \dfrac{\omega G_s}{e}$。

(3)某地基土试验中,测得土的干重度为 15.7 kN/m³,含水率为 19.3%,土粒比重为 2.71。求该土的孔隙比、孔隙率及饱和度。

(参考答案:$e = 0.73$,$n = 42.2\%$,$S_r = 71.5\%$)

(4)某试样在天然状态下体积为 210 cm³,质量为 350 g,烘干后质量为 310 g,土粒的比重为 2.67。试求该试样的密度、含水率、孔隙比、孔隙率和饱和度。

(参考答案:$\rho = 1.67$ g/cm³,$\omega = 12.9\%$,$e = 0.81$,$n = 44.8\%$,$S_r = 43\%$)

任务 2　土的物理状态的判定

土的三相比例反映着土的物理状态,如干燥或潮湿、疏松或紧密。土的物理状态对土的工程性质(如强度、压缩性)影响较大,类别不同的土所表现出的物理状态特征也不同。如无黏性土,其力学性质主要受密实程度的影响,而黏性土则主要受含水率变化的影响。因此,不同类别的土具有不同的物理状态指标,不同状态的土具有不同的工程性质。

1　黏性土的稠度

1.1　黏性土的稠度状态和界限含水率

所谓稠度,是指黏性土在某一含水率时的稀稠程度或软硬程度,黏性土处在某种稠度时所呈现出的状态,称稠度状态。土有四种状态:固态、半固态、可塑状态和流动状态。土的状态不同,稠度不同,强度及变形特性也不同,土的工程性质就不同。

所谓界限含水率,是指黏性土从一个稠度状态过渡到另一个稠度状态时的分界含水率,也称稠度界限。黏性土的物理状态随其含水率的变化而有所不同,四种稠度状态之间有三个界限含水率,分别叫做缩限 ω_S、塑限 ω_P 和液限 ω_L,如图 2-8 所示。

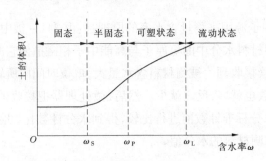

图 2-8　黏性土的稠度状态

(1)缩限 ω_S 是指固态与半固态之间的界限含水率。当含水率小于缩限 ω_S 时,土体的体积不随含水率的减小而缩小。

(2)塑限 ω_P 是指半固态与可塑状态之间的界限含水率。

(3)液限 ω_L 是指可塑状态与流动状态之间的界限含水率。

如图 2-8 所示,当土中含水率很小时,水全部为强结合水,此时土粒表面的结合水膜很薄,土颗粒靠得很近,颗粒间的结合水联结很强。因此,当土粒之间只有强结合水时,按水膜厚薄不同,土呈现为坚硬的固态或半固态;随着含水率的增加,土粒周围结合水膜加厚,结合水膜中除强结合水外还有弱结合水,此时土处于可塑状态,土在这一状态范围内具有可塑性,即被外力塑成任意形状而土体表面不发生裂缝或断裂,外力去掉后仍能保持其形变的特性。黏性土只有在可塑状态时才表现出可塑性;当含水率继续增加,土中除结合水外还有自由水时,土粒多被自由水隔开,土粒间的结合水联结消失,土就处于流动状态。

1.2　塑性指数与液性指数

1.2.1　塑性指数 I_P

塑性指数 I_P 是指液限与塑限的差值,其表达式为

$$I_P = \omega_L - \omega_P \tag{2-17}$$

塑性指数表明了黏性土处在可塑状态时含水率的变化范围,习惯上用直接去掉%的数值来表示。

塑性指数的大小与土的黏粒含量及矿物成分有关,土的塑性指数愈大,说明土中黏粒含量愈多,土处在可塑状态时含水率变化范围也就愈大,I_P 值也愈大;反之,I_P 值愈小。

所以,塑性指数是一个能反映黏性土性质的综合性指数,工程上可采用塑性指数对黏性土进行分类和评价。按塑性指数大小,《建筑地基基础设计规范》(GB 50007—2011)对黏性土的分类标准为:黏土($I_P>17$),粉质黏土($10<I_P\leqslant17$)。

1.2.2 液性指数 I_L

土的含水率在一定程度上可以说明土的软硬程度。只知道土的天然含水率还不能说明土所处的稠度状态,还必须把天然含水率 ω 与这种土的塑限 ω_P 和液限 ω_L 进行比较,才能判定天然土的稠度状态。

黏性土的液性指数为天然含水率与塑限的差值和液限与塑限的差值之比。其表达式为

$$I_L=\frac{\omega-\omega_P}{\omega_L-\omega_P}=\frac{\omega-\omega_P}{I_P} \tag{2-18}$$

根据《岩土工程勘察规范》(GB 50021—2001)、《建筑地基基础设计规范》(GB 50007—2011)和《公路桥涵地基与基础设计规范》(JTG D63—2007),黏性土的稠度状态按液性指数 I_L 划分为表2-7所示的5种状态。

表2-7　按液性指数划分黏性土稠度状态

稠度状态	坚硬	硬塑	可塑	软塑	流塑
液性指数 I_L	$I_L\leqslant0$	$0<I_L\leqslant0.25$	$0.25<I_L\leqslant0.75$	$0.75<I_L\leqslant1$	$I_L>1$

值得注意的是,黏性土的塑限与液限都是将土样扰动后测定,没有考虑土的原状结构对强度的影响,用于评价原状土的天然稠度状态,往往偏于保守。

2　无黏性土的密实状态

无黏性土是单粒结构的散粒体,它的密实状态对其工程性质影响很大。密实的砂土,结构稳定,强度较高,压缩性较小,是良好的天然地基。疏松的砂土,特别是饱和的松散粉细砂,结构常处于不稳定状态,容易产生流砂,在振动荷载作用下,可能会发生液化,对工程建筑不利。所以,常根据密实度来判定天然状态下无黏性土层的优劣。

2.1　用孔隙比 e 判别

判别无黏性土密实度最简便的方法是用孔隙比 e,孔隙比愈小,表示土愈密实;孔隙比愈大,表示土愈疏松。但由于颗粒的形状和级配对孔隙比的影响很大,而孔隙比没有考虑颗粒级配这一重要因素的影响,故应用时存有缺陷。

2.2　用相对密实度 D_r 判别

为弥补孔隙比的缺陷,在工程上采取相对密实度来判别无黏性土的密实状态。相对密实度 D_r 是将天然状态的孔隙比 e 与最疏松状态的孔隙比 e_{max} 和最密实状态的孔隙比 e_{min} 进行对比,作为衡量无黏性土密实度的指标,判断无黏性土的密实度,其表达式为

$$D_r=\frac{e_{max}-e}{e_{max}-e_{min}} \tag{2-19}$$

式中　e_{max}——砂土在最疏松状态时的孔隙比;

e_{min}——砂土在最密实状态时的孔隙比；

e——砂土在天然状态时的孔隙比。

显然，D_r 越大，土越密实。当 $D_r = 0$ 时，表示土处于最疏松状态；当 $D_r = 1$ 时，表示土处于最紧密状态。工程中根据相对密实度 D_r，将无黏性土的密实程度划分为密实、中密和疏松三种状态，其标准如下：

$$D_r > 0.67 \qquad 密实$$
$$0.33 < D_r \leqslant 0.67 \qquad 中密$$
$$D_r \leqslant 0.33 \qquad 疏松$$

相对密实度 D_r 由于考虑了颗粒级配的影响，因此在理论上是较完善的，但在测定 e_{max} 和 e_{min} 时人为因素影响很大，试验结果不稳定。

2.3　用标准贯入试验锤击数 N 判别

对于天然土体，较普遍的做法是采用标准贯入试验锤击数 N 来现场判定砂土的密实度。标准贯入试验是在现场进行的原位试验。该法是用质量为 63.5 kg 的穿心锤，以一定高度（76 cm）的落距将贯入器打入土中 30 cm 所需要的锤击数作为判别指标，称为标准贯入试验锤击数 N。显然，N 愈大，表明土层愈密实；反之，N 愈小，表明土层愈疏松。按 N 划分砂土密实度的标准，如表 2-8 所示。

表 2-8　砂土的密实度

密实度	密实	中密	稍密	松散
标准贯入试验锤击数 N	$N > 30$	$15 < N \leqslant 30$	$10 < N \leqslant 15$	$N \leqslant 10$

【例 2-4】　从某地基中取原状土样，测得土的液限 $\omega_L = 46.8\%$，塑限 $\omega_P = 26.7\%$，天然含水率 $\omega = 38.4\%$。问：地基土为何种土？该地基土处于什么状态？

解：由下式求塑性指数

$$I_P = \omega_L - \omega_P = 46.8 - 26.7 = 20.1$$

由下式求液性指数

$$I_L = \frac{\omega - \omega_P}{I_P} = \frac{38.4 - 26.7}{20.1} = 0.58$$

根据《建筑地基基础设计规范》（GB 50007—2011），$I_P = 20.1 > 17$，该土为黏土；$I_L = 0.58$，$0.25 < I_L < 0.75$，该土处于可塑状态。

【例 2-5】　某砂层的天然重度 $\gamma = 18.2$ kN/m³，含水率 $\omega = 13\%$，土粒的比重 $G_s = 2.65$，最小孔隙比 $e_{min} = 0.40$，最大孔隙比 $e_{max} = 0.85$。问：该土层处于什么状态？

解：（1）求土层的天然孔隙比 e。

$$e = \frac{G_s \gamma_w (1 + \omega)}{\gamma} - 1 = \frac{2.65 \times 9.81 \times (1 + 0.13)}{18.2} - 1 = 0.614$$

（2）求相对密实度 D_r。

$$D_r = \frac{e_{max} - e}{e_{max} - e_{min}} = \frac{0.85 - 0.614}{0.85 - 0.40} = 0.524$$

因为 $0.33 < D_r < 0.67$，故该砂层处于中密状态。

3　工作任务

3.1　界限含水率试验指导

3.1.1　试验目的

试验目的是测定黏性土的液限 ω_L、塑限 ω_P，以计算土的塑性指数 I_P 和液性指数 I_L，对黏性土进行分类及判断黏性土的状态，供工程设计和施工使用。

3.1.2　试验方法

试验方法有滚搓法塑限试验、液塑限联合测定试验、碟式仪液限试验等。

3.1.3　滚搓法塑限试验

3.1.3.1　仪器设备

(1)毛玻璃板：约 200 mm×300 mm。

(2)缝宽 3 mm 的模板或直径 3 mm 的金属丝或卡尺。

(3)其他：天平、烘箱、干燥器、称量盒、调土刀等。

3.1.3.2　操作步骤

(1)取土样：从制备好的试样中取出 50 g 左右，为使试验前试样的含水率接近塑限，可将试样在手中捏揉至不粘手，然后将试样捏扁，如出现裂缝表示此时含水率已接近塑限。

(2)搓土条：取接近塑限的试样一小块，先用手搓成椭圆形，然后用手掌在毛玻璃上轻轻滚搓，滚搓时手掌均匀施加压力于土条上，土条不得产生中空现象，不得使土条在毛玻璃上无力滚动，土条长度不宜超过手掌宽度，当土条直径搓到 3 mm，且土条表面出现裂纹或断裂时，表示试样的含水率达到塑限（当土条直径搓至 3 mm 时，仍未产生裂缝及断裂，表示这时试样的含水率高于塑限，应将其捏成一团，按上述方法重新滚搓；若土条直径未达 3 mm 即断裂，表示试样含水率小于塑限，应弃去，重新取土样）。

(3)测含水率：取合格土条 3～5 g，放入称量盒内，随即盖紧盒盖，测定含水率。此含水率即为塑限。

3.1.3.3　计算

(1)按下式计算塑限 ω_P

$$\omega_P = \frac{m_0 - m_s}{m_s} \times 100\% \tag{2-20}$$

式中　m_0——湿土质量，g；

$\quad\quad m_s$——干土质量，g。

(2)本试验需进行二次平行测定，取算术平均值，精确至 0.1%，平行差值中，高液限土≤2%,低液限土≤1%。

3.1.3.4　试验记录

塑限试验(滚搓法)记录见表2-9。

表2-9　塑限试验(滚搓法)记录

工程名称 _____　　土样说明 _____　　试验日期 _____

试验者 _____　　　　计算者 _____　　　校核者 _____

土样编号	盒号	盒质量(g)	盒+湿土质量(g)	盒+干土质量(g)	水分质量(g)	干土质量(g)	含水率(%)	塑限(%)
		(1)	(2)	(3)	(4)=(2)-(3)	(5)=(3)-(1)	(6)=(4)/(5)×100%	(7)

3.1.4　液塑限联合测定试验

液塑限联合测定试验适用于粒径 $d \leqslant 5$ mm、有机质含量小于等于试样干土总质量的5%的土。

3.1.4.1　仪器设备

(1)液塑限联合测定仪(见图2-9):包括带标尺的圆锥仪、电磁铁、显示屏、控制开关、试样杯、升降座。圆锥仪质量76 g,锥角为30°。

(2)其他:调土刀、凡士林、烘箱、干燥器等。

3.1.4.2　操作步骤

(1)制备试样:当土样均匀时,采用天然含水率的土制备试样;当土样不均匀时,采用风干土制备试样,取过0.5 mm筛筛下的代表性土样。用纯水分别将土样调成接近液限、塑限和二者中间状态的均匀土膏,放入保湿器,浸润18 h以上。

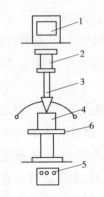

1—显示屏;2—电磁铁;3—带标尺的圆锥仪;
4—试样杯;5—控制开关;6—升降座

图2-9　液塑限联合测定仪示意图

(2)装土入试样杯:将土膏用调土刀充分调拌均匀,密实填入试样杯中,填满后刮平试样表面。

(3)接通电源:将试样杯放在联合测定仪的升降座上,在圆锥仪上抹一薄层凡士林,接通电源,使电磁铁吸稳圆锥仪。

(4)调节屏幕准线:将屏幕上的标尺调在零位刻线处,调整升降座,使圆锥尖刚好接触试样表面,指示灯亮时圆锥在自重下沉入试杯,经5 s后测读圆锥下沉深度。

(5)测含水率:取出试样杯,挖去锥尖入土处的凡士林,取锥体附近的试样不少于10 g,放入称量盒内,测含水率。

(6)重复以上步骤分别测定其余两个试样的圆锥下沉深度及相应的含水率。液塑限联合测定应不少于三个试样。

3.1.4.3　计算与绘图

（1）按下式计算含水率

$$\omega = \left(\frac{m_0}{m_d} - 1\right) \times 100\%$$　　　　　　　（2-21）

式中　ω——含水率，计算精确至0.1%；

　　　m_0——湿土质量，g；

　　　m_d——干土质量，g。

（2）以含水率为横坐标，以圆锥下沉深度为纵坐标，在双对数坐标纸上绘制三个含水率与相应的圆锥下沉深度关系曲线，三点应在一条直线（A线）上，当三点不在一条直线上时，通过高含水率a点和其余两点b、c连成两条直线，在下沉深度为2 mm处查得相应的两个含水率，当两个含水率的差值<2%时，应以两点含水率的平均值与高含水率的点连一条直线（B线），当两个含水率的差值≥2%时，应重做试验（见图2-10）。

（3）在含水率与圆锥下沉深度的关系图上查得下沉深度为17 mm所对应的含水率为液限，在下沉深度为2 mm处查得相应的含水率为塑限。

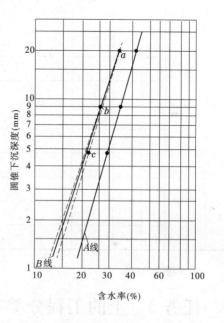

图2-10　圆锥下沉深度与含水率关系曲线

3.1.4.4　试验记录

液塑限联合测定试验记录见表2-10。

3.2　练习题

（1）从某黏性土的天然含水率$\omega = 28\%$，测得土的液限$\omega_L = 37\%$，塑限$\omega_P = 22\%$。①求该土的塑性指数I_P；②求该土的液性指数I_L并判别其所处的状态；③确定土的名称。

（参考答案：$I_P = 15$，$I_L = 0.4$，可塑状态，粉质黏土）

（2）某土样测得土的干重度10.2 kN/m³，含水率60.5%，土粒比重2.75，液限48.6%，塑限28.9%。①求该土的孔隙比、孔隙率及饱和度；②根据该土的物理状态指标，判断土所处的状态并确定土的名称。

（参考答案：$e = 1.70$，$n = 63\%$，$S_r = 98\%$，$I_P = 19.7$，$I_L = 1.6$，流塑状态，淤泥）

（3）从天然土层中取砂样做试验，测得其天然密重$\rho = 1.78$ g/cm³，含水率$\omega = 28\%$，土粒的比重$G_s = 2.65$，最小孔隙比$e_{min} = 0.72$，最大孔隙比$e_{max} = 1.10$。试问：该砂土处于什么状态？

（参考答案：中密）

表 2-10　液塑限联合测定试验记录

工程名称＿＿＿＿＿＿＿　　　土样说明＿＿＿＿＿＿＿　　　试验日期＿＿＿＿＿＿＿

试 验 者＿＿＿＿＿＿＿　　　计 算 者＿＿＿＿＿＿＿　　　校 核 者＿＿＿＿＿＿＿

土样编号	圆锥下沉深度（m）	盒号	盒质量（g）	盒+湿土质量（g）	盒+干土质量（g）	水分质量（g）	干土质量（g）	含水率（%）	液限（%）	塑限（%）	塑性指数	液性指数
			(1)	(2)	(3)	(4) =(2) - (3)	(5) =(3) - (1)	(6) =(4)/(5)× 100%	(7)	(8)	(9) =(7) - (8)	(10) =[(6) -(8)]/(9)

任务3　土的工程分类

　　自然界的土类众多,其成分和工程性质变化很大。土的工程分类的目的就是将工程性质相近的土归成一类并予以定名,以便于对土进行合理的评价和研究,在工程技术交流中使人员对土有一个共同的认识。

　　土的分类法有两大类:一类是实验室分类法,该分类方法主要是根据土的颗粒级配及塑性等进行分类,常在工程技术设计阶段使用;另一类是目测法,是在现场勘察中根据经验和简易的试验,由土的干强度(将一小块土捏成土团风干后用手掰断、碾碎,根据用力大小判断:很难或用力才能捏碎或掰断者为干强度高,稍用力即可捏碎或掰断者为干强度中等,易于捏碎或捻成粉末者为干强度低)、手捻感觉(将稍湿或坚硬的小土块在手中揉捏,然后用拇指和食指将土块捻成片状,根据手感和土片光滑度区分:手感滑腻、无砂、捻面光滑者为塑性高,稍有滑腻感、有砂粒、捻面稍有光滑者为塑性中等,稍有黏性、砂感强、捻面粗糙者为塑性低)、搓条(将含水率略大于塑限的湿土块在手中揉捏均匀,再在手掌上搓成土条,根据土条断裂而能达到的最小直径区分:能搓成直径小于 1 mm 土条者为塑性高,能搓成直径 1~3 mm 土条者为塑性中等,搓成直径大于 3 mm 土条即断裂者为塑性低)、摇振反应(将软塑状态至流动状态的小土块捏成土球,放在手掌上反复摇晃,并用另一手振击该手掌,土中自由水渗出,球面呈现光泽,用两手指捏土球,放松手水又被吸入,光泽消失,根据上述渗水和吸水反应快慢区分:立即渗水及吸水者为反应快,渗水及吸水中等者为反应中等,渗水、吸水慢及不渗不吸者为反应慢或无反应)和韧性(将土块搓成直径 3 mm 的土条,再揉成团,再次搓条,根据韧性判断)等,可参考表 2-11 对土类进行鉴别和简易分类。

表 2-11 土的目测法鉴别表

土类	粉土	黏土
肉眼观察	含有较多的砂粒或含有很多的云母片	看不到砂粒,但在残积、坡积的黏土中可以看到岩石分化碎屑
手指揉搓	干时有面粉感,湿时沾手,干后一吹即掉	湿时有滑腻感,沾手,干后仍沾在手上
光泽反应	土面粗糙	土面有油脂光泽
摇振试验	出水与消失都很迅速	没有反应
韧性试验	不能再揉成土团后重新搓条	能再揉成土团后重新搓条,手捏不碎
干强度试验	易于用手指捏碎和碾成粉末	手捏不碎,抗折强度大,断后有棱角,断口光滑

人们对土已提出过不少的分类系统,如地质分类、土壤分类、结构分类等,每个分类系统反映了土某些方面的特征。对同样的土如果采用不同的规范分类,定出的土名可能会有差别。因此,在使用规范时必须先确定工程所属行业,根据有关行业规范,确定建筑物地基土的工程分类。

1 土的粒组及颗粒级配

1.1 概念

土的粒径与土的性质之间有一定的对应关系。通常将土的粒径大小相近、性质相近的土划分为一组,称为粒组。土的粒组划分见表 2-12。把土在性质上表现出有明显差异的粒径作为划分粒组的分界粒径。土中各粒组的相对含量用各粒组占土粒总质量的百分数表示,称为土的颗粒级配。土的颗粒级配是通过颗粒分析试验来测定的。

1.2 颗粒分析试验

颗粒分析试验是测定干土中各粒组占该土总质量的百分数,以了解土粒的颗粒级配情况,为土的分类及概略地判断土的工程性质、土料选择提供依据。颗粒分析试验方法有筛分法(适用于粒径大于 0.075 mm 的土)、密度计法(适用于粒径小于 0.075 mm 的细粒土)和移液管法(适用于粒径小于 0.075 mm 的土)等。筛分法是将土样通过孔径逐渐减小的一组标准筛(见图 2-11),对通过某一筛孔的土粒,可以认为其粒径恒小于该孔径,反之,对遗留在筛上的颗粒,可以认为其粒径恒大于该筛的孔径,这样即为将土样不同颗粒按筛孔大小逐级分组和分析,其检测方法详见工作任务中的颗粒分析试验。密度计法是将一定质量的风干土样倒入盛纯水的 1 000 mL 玻璃量筒中,经过搅拌将其拌成均匀的悬液状,土粒会在悬液中靠自身重量下沉,根据土颗粒的大小不同在水中沉降的速度也不同的特性,

在土粒下沉过程中,用密度计测出悬液中对应不同时间、不同溶液的密度(见图 2-12),根据密度计读数和土粒的下沉时间,就可以根据公式计算出不同土粒的粒径及小于该粒径的质量百分数。移液管法可参考其他书籍,这里不作介绍。

表 2-12　土的粒组划分

粒组名称	《土工试验规程》(SL 237—1999)		《公路土工试验规程》(JTG E40—2007)	
	粒组划分	粒组范围(mm)	粒组划分	粒组范围(mm)
巨粒组	漂石(块石)组	>200	漂石(块石)组	>200
	卵石(碎石)组	200~60	卵石(小块石)	200~60
粗粒组	砾粒（角砾）粗砾	60~20	粗砾	60~20
	砾粒（角砾）中砾	20~5	中砾	20~5
	砾粒（角砾）细砾	5~2	细砾	5~2
	砂粒 粗砂	2~0.5	粗砂	2~0.5
	砂粒 中砂	0.5~0.25	中砂	0.5~0.25
	砂粒 细砂	0.25~0.075	细砂	0.25~0.075
细粒组	粉粒	0.075~0.005	粉粒	0.075~0.002
	黏粒	<0.005	黏粒	<0.002

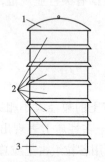
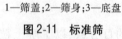

1—筛盖;2—筛身;3—底盘

图 2-11　标准筛

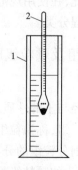

1—量筒;2—密度计

图 2-12　密度计

1.3　颗粒级配曲线

土颗粒大小分析试验的成果,通常在半对数坐标系中点绘成一条曲线,称为土的颗粒级配曲线,如图 2-13 所示,图中曲线的纵坐标为小于某粒径的土的质量百分数,横坐标为用对数尺度表示的土粒粒径。因为土中的粒径通常相差悬殊,横坐标用对数尺度可以把细粒部分的粒径间距放大,而将粗粒部分的粒径间距缩小,把粒径相差悬殊的粗、细粒的含量都表示出来,尤其能把占总质量小,但对土的性质影响较大的微小土粒部分的含量清楚地表示出来。

由于粒径相近的颗粒所组成的土具有某些共同的成分和特性,所以常根据颗粒级配

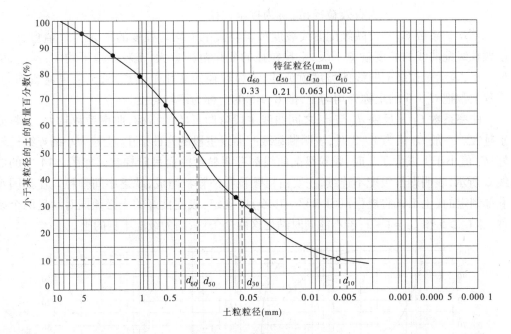

图 2-13 土的颗粒级配曲线

曲线计算各粒组的百分比含量,可以根据颗粒级配曲线评价土的级配是否良好,并作为对土进行工程分类的依据。

土中各粒组的相对含量为小于两个分界粒径质量百分数之差。图 2-13 中的曲线对应各粒组的百分比含量分别为:砾粒(60 ~ 2 mm)占 100% – 87% = 13%,砂粒(2 ~ 0.075 mm)占 87% – 33% = 54%。

1.4 级配良好与否的判别

在颗粒级配曲线上,可根据土粒的分布情况,定性地判别土的均匀程度或级配情况。如果曲线的坡度是渐变的,则表示土的颗粒大小分布是连续的,称为连续级配;如果曲线中出现水平段,则表示土中缺乏某些粒径的土粒,这样的级配称为不连续级配。如图 2-14 所示,粒径 1 ~ 2 mm 的曲线是水平的,说明该土缺乏这部分粒径的土粒,所以颗粒大小分布是不连续的。如果曲线形状平缓(见图 2-14 中的曲线 B),土粒大小变化范围大,表示土粒大小不均匀,土的级配良好,级配良好的土,粗细颗粒搭配较好,粗颗粒间的孔隙由细颗粒填充,土体易被压实,因此渗透性和压缩性较小,强度较大。如果曲线形状较陡(见图 2-14 中的曲线 A),土粒大小变化范围窄,表示土粒均匀,土的颗粒级配不良。

所以,颗粒级配常作为选择筑填土料的依据,为了判断土的颗粒级配是否良好,常用不均匀系数 C_u 和曲率系数 C_c 两个判别指标,即

$$C_u = \frac{d_{60}}{d_{10}} \tag{2-22}$$

$$C_c = \frac{d_{30}^2}{d_{60}d_{10}} \tag{2-23}$$

式中 d_{60}、d_{30}、d_{10}——颗粒级配曲线上纵坐标为 60%、30%、10% 时所对应的粒径,d_{10} 称

为有效粒径，d_{60} 称为控制粒径。

不均匀系数 C_u 是反映级配曲线坡度和颗粒大小不均匀程度的指标。C_u 值愈大，表示颗粒级配曲线的坡度就愈平缓，土粒粒径的变化范围愈大，土粒就愈不均匀；反之，C_u 值愈小，表示颗粒级配曲线的坡度就愈陡，土粒粒径的变化范围愈小，土粒也就愈均匀。工程上常把 $C_u < 5$ 的土称为均匀土，把 $C_u \geq 5$ 的土称为不均匀土。

曲率系数 C_c 是反映 d_{60} 与 d_{10} 之间曲线主段弯曲形状的指标，曲率系数越大，土料差别越大。一般 C_c 值为 $1 \sim 3$ 时，表明颗粒级配曲线主段的弯曲适中，土粒大小的连续性较好；C_c 值小于 1 或大于 3 时，颗粒级配曲线都有明显弯曲而呈阶梯状。如图 2-14 中的曲线 C 所示，表明颗粒级配不连续，主要由粗颗粒和细颗粒组成，缺乏中间颗粒。在我国水利部制定的《土工试验规程》(SL 237—1999) 中规定：级配良好的土必须同时满足两个条件，即 $C_u \geq 5$ 和 $C_c = 1 \sim 3$；若不能同时满足这两个条件，则为级配不良的土。

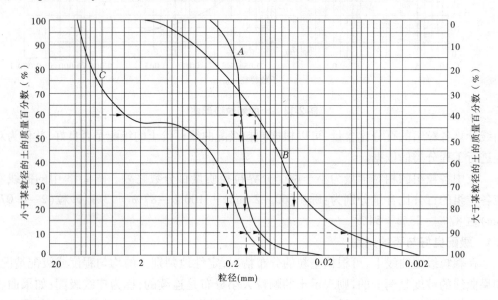

土样编号	土粒(mm)组成(%)				d_{60}	d_{10}	d_{30}	C_u	C_c
	$10 \sim 2$	$2 \sim 0.075$	$0.075 \sim 0.005$	< 0.005					
A	0	95	5	0	0.165	0.11	0.15	1.5	1.24
B	0	52	44	4	0.115	0.012	0.044	9.6	1.40
C	43	57	0	0	3.00	0.15	0.25	20.0	0.14

图 2-14 三种不同土的颗粒级配曲线

【例 2-6】 某黄河滩区砂，取 1 000 g 风干散粒土样进行筛分法试验，试验结果列于表 2-13(第一行、第二行)，补充完整试验表格，分析各粒组含量。

解：留在孔径 2.0 mm 筛上的土粒质量为 100 g，则小于该孔径的土粒质量为 1 000 - 100 = 900(g)，小于该孔径土粒质量的百分数为 900/1 000 × 100% = 90%。

留在孔径 1.0 mm 筛上的土粒质量为 100 g，则小于该孔径土粒质量的百分数为(900 - 100)/1 000 × 100% = 80%。同样，可求得小于其他孔径的土粒质量百分数。

表2-13　筛分试验结果

筛孔径(mm)	2.0	1.0	0.5	0.25	0.1	0.075	底盘
留筛质量(g)	100	100	250	300	100	50	100
小于该孔径土粒质量(g)	900	800	550	250	150	100	
小于该孔径土粒质量百分数(%)	90	80	55	25	15	10	
粒径的范围(mm)	$d>2.0$	$2.0 \geqslant d>0.5$		$0.5 \geqslant d>0.25$	$0.25 \geqslant d>0.075$	$d \leqslant 0.075$	
各粒组土的百分数(%)	10	35		30	15	10	

因 0.5 mm $\geqslant d>$ 0.25 mm 的土粒含量为 300 g,则粒径范围 0.5 mm $\geqslant d>$ 0.25 mm(中砂)的含量为 300/1 000×100% = 30%。同样,可求得其他粒组的土粒质量百分数,所以该土样各粒组含量分别为砾10%、砂80%(其中,粗砂35%、中砂30%、细砂15%)、细粒(包括粉粒和黏粒)10%。

【例2-7】 如图2-14所示,曲线 A、B、C 表示某黄河滩区三种不同粒径组成的土,试求:A 种土中各粒组的百分含量为多少?各土的不均匀系数 C_u 和曲率系数 C_c 为多少?对 A 种土的颗粒级配情况进行评价。

解: 由曲线 A 查得各粒组的含量百分比为:

砂粒(0.075~2 mm)　　　　　　100% − 5% = 95%

粉粒 (0.005~0.075 mm)　　　　5%

查曲线 A 得知:$d_{60} = 0.165$ mm,$d_{10} = 0.11$ mm,$d_{30} = 0.15$ mm

$$C_u = \frac{d_{60}}{d_{10}} = \frac{0.165}{0.11} = 1.5 < 5 \qquad （土粒均匀）$$

$$C_c = \frac{d_{30}^2}{d_{60}d_{10}} = \frac{0.15^2}{0.165 \times 0.11} = 1.24 \qquad （在1~3之间）$$

由于 C_u 和 C_c 不能同时满足 $C_u \geqslant 5$ 和 $C_c = 1~3$ 的条件,故 A 土为级配不良的土。

2　水利部《土工试验规程》(SL 237—1999)分类法

2.1　分类符号及符号构成

2.1.1　分类符号

水利部《土工试验规程》(SL 237—1999)对各类土的分类名称都配有以英文字母组合的分类符号,以表示组成土的成分和级配特征(见表2-14)。

表2-14　土的分类符号

土类	漂石(块石)	卵石(碎石)	砾(角砾)	砂	粉土	黏土	细粒土
符号	B	C_b	G	S	M	C	F
土类	混合土	有机质土	级配良好	级配不良	高液限	低液限	
符号	SI	O	W	P	H	L	

注:细粒土为黏土和粉土的合称,混合土为粗粒土与细粒土的合称。

2.1.2　符号构成

表示土类的符号按下列规定构成：

（1）由 1 个符号构成时，即表示土的名称。例如：S 为砂，M 为粉土。

（2）由 2 个符号构成时，第一个符号表示土的主要成分，第二个符号表示土的特征指标（土的液限或级配）。例如：GW 为级配良好砾，SP 为级配不良砂。

（3）由 3 个符号构成时，第 1 个符号表示土的主要成分，第 2 个符号表示液限的高低（或级配的好坏），第 3 个符号表示土中所含的次要成分。例如：CHS 为含砂高液限黏土，CHG 为含砾高液限黏土，MLG 为含砾低液限粉土，MLS 为含砂低液限粉土。

（4）当为有机质土时，第 1 个符号表示土的主要成分，第 2 个符号表示液限的高低（或级配的好坏），再在各相应土类代号之后缀以代号 O，如 CHO 为有机质高液限黏土，MLO 为有机质低液限粉土。

2.2　一般土的分类

水利部颁发的《土工试验规程》（SL 237—1999）的分类法，土的总分类体系见图 2-15，分类时应以图 2-15 从左到右分三大步确定土的名称。

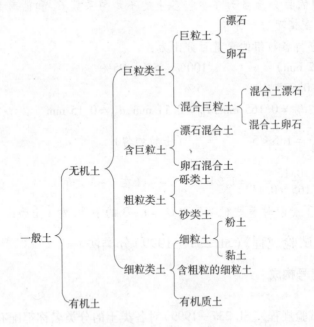

图 2-15　土的总分类体系

2.2.1　鉴别有机土和无机土

根据土中完全分解、部分分解到未分解的动植物残骸和无定形物质判断是有机土还是无机土。一般有机土呈黑色、青黑色或暗色，有臭味，含纤维质，手触有弹性和海绵感。有机土有机质含量 $Q_u > 10\%$；有机质含量 $5\% \leqslant Q_u \leqslant 10\%$ 的土称为有机质土。

2.2.2　鉴别巨粒类土、含巨粒土、粗粒类土或细粒类土

对于无机土，先根据该土样的颗粒级配曲线，把土分为巨粒类土、含巨粒土、粗粒类土

和细粒类土。

当土样中巨粒组($d > 60$ mm)质量大于总质量的 50% 时,该土称为巨粒类土。

当土样中巨粒组质量为总质量的 15% ~ 50% 时,该土称为含巨粒土。

当粗粒组(60 mm$\geqslant d > 0.075$ mm)质量大于总质量的 50% 时,该土称为粗粒类土。

细粒质量大于或等于总质量的 50% 的土称为细粒类土。

2.2.3　巨粒类土、含巨粒土的分类

巨粒类土、含巨粒土的分类和命名详见表 2-15。

表 2-15　巨粒类土和含巨粒土的分类和命名

土类	粒组含量		土名称	土代号
巨粒土	巨粒含量 100% ~ 75%	漂石粒含量 > 50%	漂石	B
		漂石粒含量 ≤ 50%	卵石	C_b
混合巨粒土	巨粒含量 75% ~ 50%	漂石粒含量 > 50%	混合土漂石	BSl
		漂石粒含量 ≤ 50%	混合土卵石	C_bSl
巨粒混合土	巨粒含量 50% ~ 15%	漂石含量 > 卵石含量	漂石混合土	SlB
		漂石含量 ≤ 卵石含量	卵石混合土	SlC_b

2.2.4　粗粒类土的分类和定名

粗粒组(60 mm$\geqslant d > 0.075$ mm)质量大于总质量的 50% 时的粗粒类土又分为砾类土和砂类土。粗粒类土中砾粒组(60 mm$\geqslant d > 2$ mm)质量大于总质量的 50% 的土称砾类土,砾粒组质量小于或等于总质量的 50% 的土称砂类土。砾类土和砂类土又根据其中的细粒含量和类别以及粗粒组的级配再细分,详见表 2-16、表 2-17。

表 2-16　砾类土的分类和命名

土类	粒组含量		土名称	土代号
砾	细粒含量 < 5%	级配:$C_u > 5$, $C_c = 1 ~ 3$	级配良好的砾	GW
		级配:不同时满足上述要求	级配不良的砾	GP
含细粒土砾	细粒含量 5% ~ 15%		含细粒土砾	GF
细粒土质砾	15% < 细粒含量 ≤ 50%	细粒为黏土	黏土质砾	GC
		细粒为粉土	粉土质砾	GM

表 2-17　砂类土的分类和命名

土类	粒组含量		土名称	土代号
砂	细粒含量 <5%	级配：$C_u > 5$，$C_c = 1 \sim 3$	级配良好的砂	SW
		级配：不同时满足上述要求	级配不良的砂	SP
含细粒土砂	细粒含量 5% ~ 15%		含细粒土砂	SF
细粒土质砂	15% < 细粒含量 ≤50%	细粒为黏土	黏土质砂	SC
		细粒为粉土	粉土质砂	SM

注：表中细粒土质砂土类，应按细粒土在塑性图中的位置定名。

2.2.5　细粒类土的分类和定名

　　细粒质量大于或等于总质量的 50% 的细粒类土又分为细粒土、含粗粒的细粒土和有机质土。粗粒组质量小于总质量的 25% 的土称细粒土，粗粒组质量为总质量的 25% ~ 50% 的土称含粗粒的细粒土，5% ≤ 有机质含量 ≤10% 的土称有机质土。细粒土、含粗粒的细粒土和有机质土的细分如下：

　　（1）细粒土的分类。

　　细粒土应根据塑性图分类。

　　塑性图以土的液限 ω_L 为横坐标，塑性指数 I_P 为纵坐标，见图 2-16。塑性图中有 A、B 两条线，A 线方程式为 $I_P = 0.73(\omega_L - 20)$，$A$ 线上侧为黏土，下侧为粉土。B 线方程式为 $\omega_L = 50\%$，$\omega_L < 50\%$ 为低液限，$\omega_L \geqslant 50\%$ 为高液限。这样，A、B 两条线将塑性图划分为四个区域，每个区域都标出两种土类名称的符号。应用时，根据土的 ω_L 值和 I_P 值可在图中得到相应的交点。按照该点所在区域的符号，由表 2-18 便可查出土的典型名称。

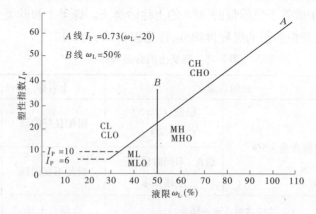

图 2-16　塑性图

　　（2）含粗粒的细粒土分类。

　　含粗粒的细粒土应先按表 2-18 的规定确定细粒土名称，再按下列规定最终定名：
①粗粒中砾粒占优势，称含砾细粒土；②粗粒中砂粒占优势，称含砂细粒土。

（3）有机质土的分类。

有机质土是按表 2-18 规定定出细粒土名称，也可直接从塑性图中查出有机质土的命名。

表 2-18　细粒土的分类和命名（17 mm 液限）

土的塑性指标在塑性图中的位置		土代号	土名称
塑性指数 I_P	液限 ω_L		
$I_P \geqslant 0.73(\omega_L - 20)$ 且 $I_P \geqslant 10$	$\omega_L \geqslant 50\%$	CH	高液限黏土
	$\omega_L < 50\%$	CL	低液限黏土
$I_P < 0.73(\omega_L - 20)$ 且 $I_P < 10$	$\omega_L \geqslant 50\%$	MH	高液限粉土
	$\omega_L < 50\%$	ML	低液限粉土

此外，自然界中还分布有许多一般土所没有的特殊性质的土，如黄土、红黏土、膨胀土、冻土等特殊土。它们的分类都有专门的规范，工程实践中遇到时，可选择相应的规范查用。

【例 2-8】　某无机土样从颗粒级配曲线上查得大于 0.075 mm 的颗粒含量为 97%，大于 2 mm 的颗粒含量为 63%，大于 60 mm 的颗粒含量为 7%，$d_{60} = 3.55$ mm，$d_{30} = 1.65$ mm，$d_{10} = 0.3$ mm。试按 SL 237—1999 对土分类定名。

解：（1）因该土样的粗粒组含量为：97% − 7% = 90%，大于 50%，该土属粗粒类土。

（2）因该土样砾粒含量为：63% − 7% = 56%，大于 50%，该土属于砾类土。

（3）因该土样细粒含量为：100% − 97% = 3%，小于 5%，查表 2-16，该土属于砾，需根据级配情况进行细分。

（4）该土的不均匀系数　　$C_u = \dfrac{d_{60}}{d_{10}} = \dfrac{3.55}{0.3} = 11.8 > 5$

曲率系数　　　　　　　　$C_c = \dfrac{d_{30}^2}{d_{60}d_{10}} = \dfrac{1.65^2}{3.55 \times 0.3} = 2.56$　　　　在 1 ～ 3 之间

故属良好级配，因此该土定名为级配良好的砾，即 GW。

3　建设部《建筑地基基础设计规范》（GB 50007—2011）分类法

建设部颁发的《建筑地基基础设计规范》（GB 50007—2011）与《岩土工程勘察规范》（GB 50021—2001），两规范对各类土的分类方法和分类标准基本相同，差别不大。现将《建筑地基基础设计规范》（GB 50007—2011）分类标准介绍如下：

GB 50007—2011 将作为建筑地基的土（岩）分为岩石、碎石土、砂土、粉土、黏性土和人工填土六大类，另有淤泥质土、红黏土、膨胀土、湿陷性黄土等特殊土。

3.1　岩石

作为建筑地基的岩石根据其坚硬程度和风化程度分类。岩石的坚硬程度应根据岩块

的饱和单轴抗压强度分为坚硬岩、较硬岩、较软岩、软岩和极软岩,详见表2-19;岩石风化程度可分为未风化、微风化、中风化、强风化和全风化,详见表2-20。

表2-19　岩石坚硬程度的划分

坚硬程度类别	坚硬岩	较硬岩	较软岩	软岩	极软岩
饱和单轴抗压强度标准值 f_{rk}（MPa）	$f_{rk}>60$	$60 \geqslant f_{rk}>30$	$30 \geqslant f_{rk}>15$	$15 \geqslant f_{rk}>5$	$f_{rk} \leqslant 5$

表2-20　岩石风化程度划分

风化程度	特征
未风化	岩质新鲜,表面未有风化迹象
微风化	岩质新鲜,表面稍有风化迹象
中风化	1. 结构部分破坏,沿节理表面有次生矿物; 2. 风化裂隙发育,岩体切割成块状; 3. 用镐难挖掘,用岩芯钻方可钻进
强风化	1. 结构和构造层理不甚清晰,结构大部分破坏,矿物成分已显著变化; 2. 风化裂隙发育,岩体破碎; 3. 用镐难挖掘,干钻不易钻进
全风化	1. 结构和构造层理错综杂乱,结构基本破坏,但尚可辨认; 2. 有残余结构强度; 3. 用镐挖,干钻可钻进

3.2　碎石土

粒径大于2 mm的颗粒含量超过全重50%的土称为碎石土,根据粒组含量及颗粒形状可进一步分为漂石或块石、卵石或碎石、圆砾或角砾。分类标准见表2-21。

表2-21　GB 50007—2011中碎石土的分类标准

土的名称	颗粒形状	粒组含量
漂石 块石	圆形及亚圆形为主 棱角形为主	粒径大于200 mm的颗粒含量超过全重50%
卵石 碎石	圆形及亚圆形为主 棱角形为主	粒径大于20 mm的颗粒含量超过全重50%
圆砾 角砾	圆形及亚圆形为主 棱角形为主	粒径大于2 mm的颗粒含量超过全重50%

注:分类时,应根据粒组含量从上到下以最先符合者确定。

3.3　砂土

粒径大于2 mm的颗粒含量不超过全重50%、粒径大于0.075 mm的颗粒含量超过全重50%的土为砂土。根据粒组含量,砂土可进一步分为砾砂、粗砂、中砂、细砂和粉砂,分类标准见表2-22。

表2-22 GB 50007—2011中砂土的分类标准

土的名称	粒组含量
砾砂	粒径大于2 mm的颗粒含量占全重25%～50%
粗砂	粒径大于0.5 mm的颗粒含量超过全重50%
中砂	粒径大于0.25 mm的颗粒含量超过全重50%
细砂	粒径大于0.075 mm的颗粒含量超过全重85%
粉砂	粒径大于0.075 mm的颗粒含量超过全重50%

注:1. 定名时应根据颗粒级配由大到小以最先符合者确定。

2. 当砂土中小于0.075 mm的土的塑性指数大于10时,应冠以"含黏性土"定名,如含黏性土的粗砂等。

3.4 粉土

塑性指数 $I_P \leqslant 10$ 且粒径大于0.075 mm的颗粒含量不超过全重50%的土为粉土。

3.5 黏性土

塑性指数 $I_P > 10$ 的土为黏性土。黏性土按塑性指数大小又分为黏土($I_P > 17$)和粉质黏土($10 < I_P \leqslant 17$)。

3.6 人工填土

人工填土是指由于人类活动而形成的堆积物。人工填土物质成分较复杂,均匀性也较差,按堆积物的成分和成因可分为素填土、压实填土、杂填土和冲填土。

(1)素填土:由碎石、砂土、粉土或黏性土所组成的填土。

(2)压实填土:经过压实或夯实的素填土。

(3)杂填土:含有建筑物垃圾、工业废料及生活垃圾等杂物的填土。

(4)冲填土:由水力冲填泥沙形成的填土。

在工程建设中所遇到的人工填土,各地区往往不一样。在历代古城,一般都保留有人类文化活动的遗物或古建筑的碎石、瓦砾。在山区常是由于平整场地而堆积、未经压实的素填土。城市建设常遇到的是煤渣、建筑垃圾或生活垃圾堆积的杂填土,一般是不良地基,多需进行处理。

4 特殊性土

GB 50007—2011中又对淤泥和淤泥质土、红黏土、膨胀土及湿陷性黄土单独制定了它们的分类标准。

4.1 淤泥和淤泥质土

淤泥和淤泥质土是指在静水或缓慢流水环境中沉积,经生物化学作用形成的黏性土。

(1)天然含水率大于液限且天然孔隙比 $e \geqslant 1.5$ 的黏性土称为淤泥。

(2)天然含水率大于液限而 $1 \leqslant e < 1.5$ 的黏性土为淤泥质土。

（3）当含有大量未分解的腐殖质，有机含量大于 60% 的土为泥炭；有机含量大于或等于 10% 且小于或等于 60% 的土为泥炭质土。

淤泥、淤泥质土、泥炭和泥炭质土的主要特点是含水率大，强度低，压缩性高，透水性差，固结需要时间长。一般地基需要预压加固。

4.2　红黏土

红黏土是指碳酸盐岩系出露的岩石，经风化作用而形成的褐红色的黏性土的高塑性黏土。其液限一般大于 50%，具有上层土硬、下层土软，失水后有明显的收缩性及裂隙发育的特性。红黏土经再搬运后，仍保留其基本特征，其液限 $\omega_L > 45\%$ 的土称为次红黏土。针对以上红黏土地基情况，可采用换土，对起伏岩面进行必要的清除，对孔洞予以充填或注意采取防渗及排水措施等。

4.3　膨胀土

土中黏粒成分主要由亲水性矿物组成，同时具有显著的吸水膨胀性和失水收缩性，其自由胀缩率 ≥40% 的黏性土为膨胀土。膨胀土一般强度较高，压缩性较低，易被误认为工程性能较好的土，但由于其具有胀缩性，在设计和施工中如果没有采取必要的措施，会对工程造成危害。

4.4　湿陷性黄土

黄土广泛分布于我国西北地区（华北也有），是一种第四纪时期形成的黄色粉状土，当土体浸水后产生附加沉降，其湿陷系数 ≥0.015 的土称为湿陷性黄土。天然状态下的黄土质地坚硬、密度低、含水量低、强度高。但一些黄土一旦浸水后，土粒间的可溶盐类会被水溶解或软化，在土的自重应力和建筑物荷载作用下使土粒间原有结构遭到破坏，并发生显著的沉陷，其强度也迅速降低。对湿陷性黄土地基一般采取防渗、换填、预浸法等处理。

5　交通部《公路土工试验规程》（JTG E40—2007）和《公路桥涵地基与基础设计规范》（JTG D63—2007）分类法

交通部颁发的《公路土工试验规程》（JTG E40—2007）与《公路桥涵地基与基础设计规范》（JTG D63—2007）这两个规范虽出自同一行业，但分类体系有一定的差别。

JTG E40—2007 在土的工程分类中，采用的分类体系与 SL 237—1999 的分类体系基本相同，都是把土分为巨粒土、粗粒土和细粒土三大类。对各类土进一步细分时，采用的分类标准也与 SL 237—1999 中对应各类土采用的分类标准基本相同，这里不再重复列出。而 JTG D63—2007 中土的工程分类体系与 GB 50007—2011 中采用的分类体系基本相同，但分类标准有所差别。现将《公路桥涵地基与基础设计规范》（JTG D63—2007）的分类方法介绍如下：

《公路桥涵地基与基础设计规范》（JTG D63—2007）将地基岩土分为岩石、碎石土、砂土、粉土、黏性土和特殊性岩土。

5.1　岩石

岩石为颗粒间连接牢固、呈整体或节理裂隙的地质体。根据岩石的坚固性可分为坚硬岩、较硬岩、较软岩、软岩和极软岩 5 个等级，划分标准同 GB 50007—2011，详见

表 2-19;根据岩石风化程度又可分为未风化、微风化、中风化、强风化和全风化 5 个等级,划分标准详见表 2-20;岩体根据完整程度又可分为完整、较完整、较破碎、破碎和极破碎 5 个等级,划分标准详见表 2-23。

表 2-23　岩石完整程度划分

完整程度等级	完整	较完整	较破碎	破碎	极破碎
完整性指数	>0.75	0.75 ~ 0.55	0.55 ~ 0.35	0.35 ~ 0.15	<0.15

注:整体完整性指数为岩体纵波波速与岩块纵波波速之比的平方。

5.2　碎石土

碎石是指粒径大于 2 mm 的颗粒含量超过全重 50% 的土。

碎石可分为漂石和块石、卵石和碎石、圆砾和角砾,碎石土的定名和划分标准与 GB 50007—2011 相同,划分标准详见表 2-21。

5.3　砂土

砂土是指粒径大于 2 mm 的颗粒含量不超过全重 50%,且粒径大于 0.075 mm 的颗粒含量超过全重 50% 的土。砂土也可再分为砾砂、粗砂、中砂、细砂和粉砂,划分标准详见表 2-24。

表 2-24　JTG D63—2007 砂土的分类

土的名称	粒组含量
砾砂	粒径大于 2 mm 的颗粒占全重 25% ~ 50%
粗砂	粒径大于 0.5 mm 的颗粒超过全重 50%
中砂	粒径大于 0.25 mm 的颗粒超过全重 50%
细砂	粒径大于 0.075 mm 的颗粒超过全重 85%
粉砂	粒径大于 0.075 mm 的颗粒超过全重 50%

5.4　粉土

粉土为塑性指数 $I_P \leq 10$ 且粒径大于 0.075 mm 的颗粒含量不超过全重 50% 的土。

5.5　黏性土

黏性土为塑性指数 $I_P > 10$ 且粒径大于 0.075 mm 的颗粒含量不超过全重 50% 的土,根据塑性指数对黏性土的分类标准为:$10 < I_P \leq 17$ 为粉质黏土,$I_P > 17$ 为黏土。

5.6　特殊性岩土

特殊性岩土是具有一些特殊成分、结构和性质的区域性地基土,包括软土、膨胀土、湿陷性土、红黏土、冻土、盐渍土和填土等。

6　工作任务

6.1　颗粒分析试验指导

6.1.1　试验目的

颗粒分析试验目的是测定干土中各粒组占该土总质量的百分数,对土的颗粒级配情况进行评价。

6.1.2　仪器设备（筛分法）

（1）分析筛：孔径为 10 mm、5 mm、2 mm、1 mm、0.5 mm、0.25 mm、0.1 mm、0.075 mm。

（2）天平：称量 500 g，最小分度值 1 g；称量 200 g，最小分度值 0.01 g。

（3）摇筛机：筛析过程中能上下振动。

（4）其他：瓷盘、毛刷、白纸、木碾、橡皮板等。

6.1.3　操作步骤

（1）取土：从风干、碾散的土样中，用四分法取代表性的试样 500 g。

（2）摇筛：将筛依次叠好（孔径为 10 mm、5 mm、2 mm、1 mm、0.5 mm、0.25 mm、0.1 mm、0.075 mm），进行筛析，或用摇筛机振摇，振摇时间一般为 10 ~ 15 min。

（3）称量：由最大孔径筛开始，顺序将各筛取下，在白纸上用手轻叩摇晃，如仍有砂粒漏下，应继续轻叩摇晃，至无砂粒漏下。漏下的砂粒应全部放入下级筛内，并将留在各筛上的土分别称量，精确至 0.1 g。

6.1.4　计算公式及制图

（1）计算小于某粒径的质量百分数

$$X = \frac{m_A}{m_B} \times 100\% \qquad (2\text{-}24)$$

式中　X——小于某粒径试样质量占试样总质量的百分数（%）；

　　　m_A——小于某粒径的试样质量，g；

　　　m_B——所取试样的总质量，g。

计算精确至 0.1 g，各筛上及筛底盘上的试样质量总和与原来筛前试样总质量之差不得大于试样总质量的 1%。

（2）以小于某粒径试样质量占试样总质量的百分数 X 为纵坐标，以粒径 d 为横坐标（对数值），在单对数坐标纸上绘制颗粒大小分布曲线。

6.1.5　试验表格

颗粒分析试验（筛分法）记录表格见表 2-25。

表 2-25　颗粒分析试验（筛分法）记录表格

工程名称＿＿＿＿＿＿　　　　土样说明＿＿＿＿＿＿　　　　试验日期＿＿＿＿＿＿

试验者＿＿＿＿＿＿　　　　　计算者＿＿＿＿＿＿　　　　　校核者＿＿＿＿＿＿

筛号	孔径（mm）	留筛土的质量（g）	累计筛土质量（g）	小于该孔径的土质量（g）	小于该孔径的土质量百分比（%）
	10				
	5				
	2				
	1				
	0.5				
	0.25				

续表 2-25

筛号	孔径 （mm）	留筛土的质量 （g）	累计筛土质量 （g）	小于该孔径的土 质量(g)	小于该孔径的土 质量百分比(%)
	0.1				
	0.075				
	底盘				
总计					

6.2　练习题

(1)已知从某土样的颗粒级配曲线上查得：大于 0.075 mm 的颗粒含量为 64%，大于 2 mm 的颗粒含量为 8.5%，大于 0.25 mm 的颗粒含量为 38.5%，并测得该土样细粒部分的液限 $\omega_L = 38\%$、塑限 $\omega_P = 29\%$。试按 SL 237—1999 和 GB 50007—2011 对土分类定名。

（参考答案：SM，粉砂）

(2)从某土样颗粒级配曲线上查得：大于 0.075 mm 的颗粒含量为 38%，大于 2 mm 的颗粒含量为 13%，并测得该土样细粒部分的液限 $\omega_L = 43\%$、塑限 $\omega_P = 23\%$。试按 SL 237—1999 和 GB 50007—2011 对土分类定名。

（参考答案：含砂低液限黏土 CLS，黏土）

项目 3　土方压实

本项目的主要任务是确定土的最大干密度及最优含水率,土的压实质量的检测。知识目标是理解土的击实性的概念及影响击实性的因素,理解土的压实度的概念,了解压实施工参数的确定方法,了解压实机械;掌握填土质量检测技能及压实质量的评定。能力目标是熟练掌握击实试验试验技能及最大干密度的确定方法,掌握填方土料的选择方法,初步掌握压实施工参数的确定方法,掌握填土质量检测技能及评定。

任务 1　确定土的最大干密度,选择工程土料

土的击实性是指土体在一定的击实功作用下,土颗粒克服粒间阻力,产生位移,颗粒重新排列,使土的孔隙比减小,密实度增大,强度提高,压实性和渗透性减小。但是,在击实过程中,即使采用相同的击实功,对于不同种类、不同含水率的土,击实效果也不完全相同。因此,为了技术上的可靠和经济上的合理,必须对填土的击实性进行研究。

1　击实试验

研究土的击实性的方法有两种:一种是在室内用标准击实仪进行击实试验;另一种是在现场用碾压机具进行碾压试验,施工时对施工参数(包括碾压设备的型号、振动频率及质量、铺土厚度、加水量、碾压遍数等)及干密度同时控制。

室内击实试验标准击实仪示意图如图 3-1 所示,该击实仪主要由击实筒、击实锤和导筒组成。

击实试验时,先将待测的土料按不同的预定含水率(不少于 5 个)制备成不同的试样。取制备好的某一试样,分三层装入击实筒,在相同击实功(即锤重、锤落高度和锤击数三者的乘积)下击实试样,称筒和筒土合重,根据已知击实筒的体积测算出试样湿密度,用推土器推出试样,测试样含水率,然后计算出该试样的干密度,不同试样得到不同的干密度 ρ_d 和含水率 ω。以干密度为纵坐标、含水率为横坐标,绘制干密度 ρ_d 与含水率 ω 的关系曲线,图 3-2 即为土的击实曲线,击实试验的目的就是用标准击实方法测土的干密度和含水率的关系。从击实曲线上确定土的最大干密度 ρ_{dmax}

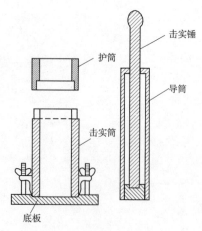

图 3-1　击实仪示意图

和相应的最优含水率 ω_{op}，为填土的设计与施工提供重要的依据。

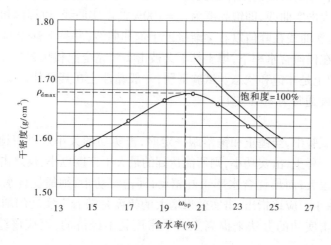

图 3-2   土的击实曲线

2   影响土击实性的因素及土料选择

通过击实试验我们可以得到一条击实曲线，是因为土的击实性主要与土粒级配、含水率和击实功大小等因素有关。

2.1   土粒级配

在相同的击实功条件下，级配不同的土，其击实特性是不相同的。颗粒级配良好的土，最大干密度较大，最优含水率较小，可满足强度和稳定性的要求。

土料质量控制是保证填筑质量的重要一环，所以土方填筑前要做颗粒分析试验，并选择符合设计要求的土料。

2.2   土的含水率

从土的击实曲线（见图 3-2）中可明显地看出，在一定击实功的作用下，当 $\omega < \omega_{op}$ 时，击实曲线上的干密度是随着含水率的增加而增加的。这是由于在含水率较小时，土粒周围的结合水膜较薄，土粒间的结合水的联结力较大，可以抵消部分击实功的作用，土粒不易产生相对移动而挤密，所以土的干密度较小。随着含水率增大，结合水膜增厚，土粒间结合水的联结力将减弱，水在土体中起一种润滑作用，摩阻力减小，土粒间易于移动而挤密，故土的干密度增大。当 $\omega > \omega_{op}$ 时，曲线上的干密度则是随着含水率的增加而逐渐减小的。这是由于含水率的过量增加，使孔隙中出现了自由水并将部分空气封闭，在击实瞬时荷载作用下，不可能使土中多余的水分和封闭气体排出，从而孔隙水压力不断升高，抵消了部分击实功，击实效果反而下降，结果是土的干密度减小。随着含水率的增大，抵消作用愈强，土的干密度也就愈小；只有当 ω 在 ω_{op} 附近时，由于含水率适当，此时土中结合水膜较厚，但孔隙水量小，所以土粒间的结合水的联结力和摩阻力较小，土中孔隙水压力和封闭气体的抵消作用也较小。在相同的击实功下，土粒易排列紧密，可得到较大的干密度，因而击实效果最好。黏性土的最优含水率一般接近黏性土的塑限，可近似取为 $\omega_{op} =$

$\omega_P + 2$。

　　将不同含水率及所对应的土体达到饱和状态时的干密度点绘于图 3-2 中,得到理论上所能达到的最大击实曲线,即饱和度为 $S_r = 100\%$ 的击实曲线,也称饱和曲线。从图 3-2 中可见,试验的击实曲线在峰值以右逐渐接近于饱和曲线,并且大体上与它平行,但永不相交。这是因为在任何含水率下,填土都不会被击实到完全饱和状态,土内总留存一定量的封闭气体,故填土是非饱和状态。试验证明,一般黏性土在其最佳击实状态下(击实曲线峰点),其饱和度通常为 80% 左右。

2.3　击实功

　　在室内击实试验中,当锤重和锤落距一定时,击实功的大小还可用锤击数 N 的多少来表示。对于同一种土,击实功小,则所能达到的最大干密度也小,反之击实功大,所能达到的最大干密度也大;而最优含水率正好相反,即击实功小,则最优含水率大,而击实功大,则最优含水率小。应该指出,击实效果增大的幅度是随着击实功的增大而降低的,企图单纯地用增加击实功的办法来提高土的干密度是不经济的,而应该综合地加以考虑(见图 3-3)。

　　另外,粗粒土一般不做击实试验,砂和砾等粗粒土的击实性也与含水率有关。一般在完全干燥或者充分洒水饱和的状态下,容易击实到较大的干密度。而在潮湿状态下,由于毛细压力的作用,增加了土粒间的联结,填土不易击实,干密度显著降低,在击实功一定时,对其充分洒水,使土料接近饱和,击实后得到的密度较大。粗粒土的击实曲线见图 3-4。

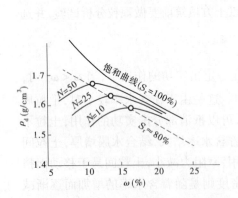

图 3-3　土的含水率、干密度和
　　　　击实功关系曲线

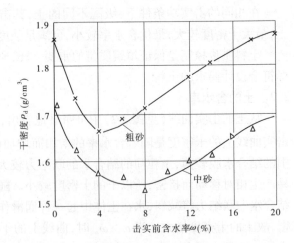

图 3-4　粗粒土的击实曲线

3　现场压实及土料的选择

　　现场压实试验是填筑施工中的一项技术措施,对碾压土料,如果含水率过大,碾压时容易出现弹簧土,含水率过小,即使表面给人的感觉是压实了,但测其干密度常达不到设计标准,若土料含水率比较适宜,虚铺土料过厚,不易压实,虚铺土料过薄,则增加费用,所以按设计要求和拟定的施工方法进行填筑来确定铺土厚度、相应的含水率及相应的压实机具和碾压遍数,是施工参数选择的依据。

另外,施工人员应有在现场对土料做鉴别的能力,土质质量指标鉴别可参考相关规程规范,如《堤防工程施工规范》(SL 260—98)堤防工程料场土质指标控制可参考表3-1。

【例3-1】 某一施工现场需要填土,基坑的体积为2 000 m^3,土场从附近土丘开挖,经勘察,土的比重为2.70,含水率为15%,孔隙比为0.60;要求填土的含水率为17%,干重度为17.6 kN/m^3。求:①取土场的重度、干重度和饱和度是多少? ②应从土场开采多少方土? ③碾压时应洒多少水? 填土的孔隙比是多少?

解:$\gamma_d = \dfrac{G_s \gamma_w}{1+e} = \dfrac{2.70 \times 10}{1+0.60} = 16.9(kN/m^3)$

由 $\gamma_d = \dfrac{\gamma}{1+\omega}$ 得

$\gamma = \gamma_d(1+\omega) = 16.9 \times (1+0.15) = 19.4(kN/m^3)$

$S_r = \dfrac{\omega G_s}{e} = \dfrac{0.15 \times 2.70}{0.60} = 67.5\%$

填土:由 $\gamma_d = \dfrac{W_s}{V}$ 得

$W_s = \gamma_d V = 17.6 \times 2\,000 = 35\,200(kN)$

取土:$V = \dfrac{W_s}{\gamma_d} = \dfrac{35\,200}{16.9} = 2\,082.8(m^3) = 2\,082.8$ 方

由 $\omega = \dfrac{m_w}{m_s}$ 得

$m_w = m_s \omega = 3\,520 \times (0.17 - 0.15) = 70.40(t)$

$e = \dfrac{G_s \gamma_w}{\gamma_d} - 1 = \dfrac{2.70 \times 10}{17.6} - 1 = 0.534$

4　工作任务

4.1　击实试验指导

4.1.1　试验目的

击实试验目的是用标准击实方法测定土的密度和含水率的关系,确定土的最大干密度与相应的最优含水率。

4.1.2　仪器设备

击实试验分别为轻型击实和重型击实。轻型击实适用于粒径小于5 mm的土,其单位体积击实功为592.2 kJ/m^3;重型击实适用于粒径小于20 mm的土,其单位体积击实功为2 684.9 kJ/m^3。击实仪主要部件尺寸规格见表3-2。

4.1.3　操作步骤(轻型)

(1)制备土样:取风干土样,放在橡皮板上用木碾碾散,过5 mm筛拌匀备用,土样量不少于20 kg,测定土样风干含水率。

表3-1　筑堤土料的简易鉴别与适用性汇总

土的基本属性			土在不同条件下的特征						各类土对筑堤的适用性				
《土工试验规程》(SD 128—84) 塑性图分类		《土工试验操作规程》(1962) 三角坐标分类	湿土用手搓捻时的感觉	土块的干强度	干土块劈裂后的断口状态	可塑状态时能搓成的土条直径(mm)	土的韧性	摇振反应	不同施工方法		不同堤质堤	非均质堤身部位	
符号	土名	土名							分层碾压填筑法	吹填法(输泥管式)	均质堤	防渗体	排渗体
SW	良好级配砂	砂土	只有砂粒的感觉，粗细不一、级配良好	缺乏胶结性	—	无塑性	无	饱和含水率时呈流体态	√	√	×△	×	√
SP	不良级配砂	砂土	只有砂粒的感觉，粗细均匀、级配不良	松散不结块	—	无塑性	无	饱和含水率时呈流体态	√	√	×△	×	√
	低液限粉质土	粉砂	手感是均匀的极细砂粒，无黏附性	无—微	—	>2.5	无	快	√	√	×△	×	×
ML		粉土	手感是均匀的粉粒，有面粉感，黏附性弱	无—微	—	>2.5	无	快	√	+*	×△	×	×
		轻、重砂壤土	手感有砂粒，没有黏粒的感觉，黏附性弱	微		>2.5	无	快	√	+*	+	×	×
		轻、重粉质壤土	手感有砂粒，没有黏粒的感觉，黏附性弱	微		>2.5	无	快	√	+*	+	×	×
CL	低液限黏质土	轻粉质壤土	感觉有砂粒，但含黏粒也不明显以粉状为主，手感弱	低	断口粗糙，结构很疏松，含砂粒但以粉粒为主	>2.5	低—中	较慢	√	×	√	×	×
		轻粉质黏壤土	黏粒以粉粒为主，有弱的塑性和黏附性	低	断口粗糙，结构很疏松，含砂粒但以粉粒为主	>2.5	低—中	较慢	√	×	√	√	×

（左侧竖栏标注：土的基本属性；下部标注：少黏性土）

续表 3-1

土的基本属性		《土工试验规程》(SD 128—84)分类 符号	《土工试验规程》(SD 128—84)分类 土名	《土工试验操作规程》(1962) 三角坐标分类标准 土名	土在不同条件下的特征 湿土用手搓捻时的感觉	土块的干强度	干土块劈裂后的断口状态	可塑状态时能搓成的土条直径(mm)	土的韧性	摇振反应	各类土对筑堤的适用性 不同施工方法 分层碾压填筑法	不同施工方法 水力冲填式输泥管法 吹填法	不同堤身部位 均质堤	不同堤身部位 非均质堤 防渗体	不同堤身部位 非均质堤 排渗体
少黏性土		CI	中液限黏质土	中壤土	感觉有砂粒,也感觉含黏粒,手感以粉状为主,土稍具塑性和黏附性	中	断口粗糙,结构较疏松,但以粉粒为主	1.0~2.5	中	慢	√	×	√	+	×
		CI	中粉质壤土	中粉质壤土							√	×	√	+	×
		CI	重壤土	重壤土	感觉有砂粒,但手感以含黏粒为主,有塑性和黏附性	中—高	断口粗糙,结构较密实,可见砂粒	1.0~2.5	中	很慢—无	√	×	√	√	×
		CI	重粉质壤土	重粉质壤土							√	×	√	√	×
黏性土		CI 或 CH	中高液限黏质土	砂质黏土	微感含砂粒,但手的塑性和黏附性明显	中—高	断口粗糙,结构密密,可见砂粒	1.0~2.5	中—高	很慢—无	√	×△	√	√	×
		CI 或 CH	粉质黏土	粉质黏土							√	×△	√	√	×
		CH	高液限黏质土	黏土	完全感觉不到砂粒,黏附性大,手捻有滑腻感,塑性强	高—很高	质细如瓷片,断口,结构致密,颗粒很细,看不到砂粒	<1.0	高	无	+	×	+	+	×
		CH	高液限黏质土 重黏土	重黏土							×	×	×	×	×

注:1. 关于土的工程分类命名,《土工试验方法标准》未做规定,故本表仍沿用《土工试验规程》(SD 128—84)的规定。
2. 本表适用于粒径小于 0.5 mm、无机的粗、细粒土类;两种分类土名等属相类对应。
3. 对砾质土、有机质土及膨胀土、黄土、红黏土等特殊土类,应通过专门试验鉴定。
4. 选择筑堤土料,除土质条件外,尚应与适宜的天然含水率相匹配。
5. 表中符号的含义:√(适用)、+(可用)、×(不适用)、△(不适宜条件可用)、*(特殊条件可用)。(需辅助设置内部排水系统)。

表 3-2　击实仪主要部件尺寸规格

试验方法	锤底直径（mm）	锤质量（kg）	落高（mm）	击实筒			护筒高度（mm）
				内径（mm）	筒高（mm）	容积（cm³）	
轻型	51	2.5	305	102	116	947.4	≥50
重型	51	4.5	457	152	116	2 103.9	≥50

　　（2）加水拌和:按土的塑限估计其最优含水率并依次按相差约 2% 的含水率制备一组试样(不少于 5 个),其中有两个含水率大于塑限和两个含水率小于塑限,需加水量可按下式计算

$$m_{\mathrm{w}} = \frac{m}{1 + 0.01\omega_0} \times 0.01(\omega - \omega_0) \tag{3-1}$$

式中　m_{w}——所需加水的质量,g;

　　　　m——风干含水率时土样的质量,g;

　　　　ω_0——土样的风干含水率(%);

　　　　ω——要求达到的含水率(%)。

　　按预定含水率制备试样,取土样约 2.5 kg,平铺于不吸水的平板上,用喷水设备往土样上均匀喷洒预定的水量,装入塑料袋内或密封于盛土器内备用,静止一段时间(湿润时间:高液限黏土不得少于 24 h,低液限黏土可酌情缩短,但不少于 12 h)。

　　（3）分层击实:将击实仪放在坚实的地面上,击实筒底和筒内壁须涂少许润滑油,取制备好的土样 600 ~ 800 g(其数量上应满足击实后试样略高于筒的 1/3)倒入筒内,整平其表面,按 25 击进行击实。击实时,击锤应自由铅直下落,锤迹必须均匀分布于土面上,然后安装护筒,把土刨毛,重复上述步骤进行第二、三次的击实,击实后试样略高于筒顶(不得大于 6 mm)。

　　（4）称土质量:扭动并取下护筒,齐筒顶细心削平试样,拆除底板,如试样底面超出筒外,亦应削平,擦净筒外壁,称土质量,精确至 1 g。

　　（5）测含水率:用推土器从击实筒内推出试样,从试样中心处取两个 15 ~ 30 g 土测定其含水率。

　　（6）按(2) ~ (4)步骤进行另外几个试样的击实试验。

4.1.4　计算与绘图

　　（1）计算击实后各点的干密度。

$$\rho_{\mathrm{d}} = \frac{\rho}{1 + 0.01\omega} \tag{3-2}$$

式中　ρ——湿密度,g/cm³,计算至 0.01 g/cm³;

　　　　ω——含水率(%);

　　　　ρ_{d}——干密度,g/cm³。

　　（2）以干密度 ρ_{d} 为纵坐标,以含水率 ω 为横坐标,绘制干密度与含水率关系曲线,曲线上峰值点所对应的坐标分别为土的最大干密度与最优含水率。若曲线不能绘制峰值点,则应进行补点(见图 3-2)。

(3)轻型击实当粒径大于 5 mm 的颗粒含量小于 30% 时,计算校正后的最大干密度。

$$\rho'_{dmax} = \frac{1}{\dfrac{1-P}{\rho_{dmax}} + \dfrac{P}{G_{s2}\rho_w}} \tag{3-3}$$

式中　ρ'_{dmax}——校正后的最大干密度,g/cm^3;

　　　ρ_{dmax}——粒径小于 5 mm 试样的最大干密度,g/cm^3;

　　　ρ_w——水的密度,g/cm^3;

　　　P——粒径大于 5 mm 颗粒的含量(用小数表示);

　　　G_{s2}——粒径大于 5 mm 颗粒的干比重。

校正后的最大干密度计算至 0.01 g/cm^3。

(4)轻型击实当粒径大于 5 mm 的颗粒含量小于 30% 时,计算校正后的最优含水率。

$$\omega'_{op} = \omega_{op}(1-P) + P\omega_2 \tag{3-4}$$

式中　ω'_{op}——校正后的最优含水率(%);

　　　ω_{op}——粒径小于 5 mm 试样的最优含水率(%);

　　　ω_2——粒径大于 5 mm 颗粒的吸着含水率(%);

　　　其余符号意义同前。

4.1.5　试验记录

击实试验记录见表 3-3。

表 3-3　击实试验记录

工程名称_____　　工程编号_____　　试验时期_____

试　验　者_____　　计　算　者_____　　校　核　者_____

试验序号	筒+试样质量(g)	筒质量(g)	试样质量(g)	湿密度(g/cm³)	干密度(g/cm³)	盒号	盒质量(g)	盒+湿土质量(g)	盒+干土质量(g)	水分质量(g)	含水率(%)	平均含水率(%)

说明:若黏性粗粒土含有无黏性砂、石粗颗粒,粒径较大,用重型击实仪器来反映黏性粗粒土全料性质。

4.2　练习题

某土料场土料低液限黏土,天然含水率 $\omega = 21\%$,比重 $G_s = 2.70$,室内标准击实试验得到最大干密度 $\rho_{dmax} = 1.85$ g/cm^3。设计取压实度 $P = 0.95$,并要求压实后土的饱和度 $S_r \leqslant 90\%$,问土料的天然含水率是否适于填筑? 碾压时土料应控制多大的含水率?

(参考答案:控制含水率 ω 应为 18%;料场含水率 ω 应为 21%,应进行翻晒处理)

任务 2　现场质量检测及评定

改善填土的工程性质,使其强度增加,变形减小,渗透性减小,提高土的压实度和均匀性,使填土具有足够的抗剪强度和较小的压缩性,填土必须采取夯打、碾压或振动等方法将土料击实到一定的密实程度,工程中常用羊角碾、气胎碾、振动碾和夯实机械对土料压实,并对填土进行现场质量检测,以保证地基稳定和建筑物的安全。

1　压实质量控制

1.1　压实度的概念

土料填筑施工质量是关键,填筑标准细粒土则通常根据击实试验确定,最大干密度是评价土的压实度的一个重要指标,它的大小直接决定着现场填土的压实质量是否符合施工技术规范的要求,由于黏性填土存在着最优含水率,因此在填土施工时应将土料的含水率控制在最优含水率的 −2% ～ +3% 范围内,以期用较小的能量获得最好的压实效果。因此,在确定土的施工含水率时,应根据土料的性质、填筑部位、施工工艺和气候条件等因素综合考虑。

在工程实践中常用压实度 P 来控制施工质量,压实度是设计填筑干密度 ρ_d 与室内击实试验的最大干密度 ρ_{dmax} 的比值,即

$$P = \frac{\text{设计填筑干密度 } \rho_d}{\text{室内击实试验的最大干密度 } \rho_{dmax}} \tag{3-5}$$

未经压实的松土的干密度一般为 1.12 ～ 1.33 g/cm³,压实后的干密度可达 1.58 ～ 1.83 g/cm³,填土一般压实后的干密度为 1.63 ～ 1.73 g/cm³。

1.2　压实质量检测(堤防工程)

施工质量的检查一般可以用 200 ～ 500 cm³ 环刀(环刀压入每碾压土层的 2/3 深度处)法或灌砂(水)法测湿密度、含水率并计算其干密度,压实度试验(灌砂法)见后面的工作任务。

1.2.1　工程质量检查取样数量

每次检测的施工作业面不宜过小,机械筑堤时不宜小于 600 m²;人工筑堤或老堤加高培厚时不宜小于 300 m²;每层取样数量:施工单位自检时可控制在填筑量每 100 ～ 150 m³ 取样 1 个,抽检量可为自检量的 1/3,但至少应有 3 个;特别狭长的堤防加固作业面,取样时可按每 20 ～ 30 m 取样一个;当作业面或局部返工部位按建筑量计算的取样数量不足 3 个时,也应取样 3 个。

1.2.2　堤防质量评定

堤防质量评定按单元工程进行,并应符合下列条件:

(1)单元工程划分:筑新堤宜按工段内每堤长 200 ～ 500 m 划分一个单元,老堤加高培厚可按工段内每 5 000 m³ 划分一个单元。

(2)单元工程的质量评定是对单元堤段内全部填土质量的总体评价,由单元内分层检测的干密度成果累加统计得出其合格率,样本总数应不少于 20 个。

1.2.3　碾压筑堤压实质量标准

对于堤防工程,土料碾压筑堤压实质量合格标准见表3-4。

表3-4　土料碾压筑堤压实质量合格标准

项次	填筑类型	筑堤材料	压实干密度合格率下限(%)	
			1、2级土堤	3级土堤
1	新填筑堤	黏性土	85	80
		少黏性土	90	85
2	老堤加高培厚	黏性土	85	80
		少黏性土	85	80

注:1. 不合格干密度不得低于设计干密度的96%。

2. 不合格样不得集中在局部范围内。

3. 在压实质量可疑和堤身特定部位取样抽检时,取样数据视具体情况而定,但检测成果仅作为质量检查参考,不作为碾压质量评定的统计资料。

4. 每一填筑层自检、抽检合格后方准上土,凡取样不合格的部位,应补压或作局部处理,经复检至合格后方可继续下道工序。

2　工作任务

2.1　压实度试验指导

2.1.1　试验目的

试验目的是测定土的压实度,压实度可表征现场压实后的密实状况,是施工质量检测的关键指标。

2.1.2　试验方法

试验方法有灌砂法、环刀法、核子仪法等。

2.1.3　仪器设备(灌砂试验)

(1)灌砂筒:主要尺寸如表3-5和图3-5所示。

表3-5　灌砂筒的主要尺寸

结构		小型灌砂筒	大型灌砂筒
储砂筒	直径(mm)	100	150
	容积(cm³)	2 120	4 600
流砂孔	直径(mm)	10	15
金属标定罐	内径(mm)	100	150
	外径(mm)	150	200
金属方盘基板	边长(mm)	350	400
	深(mm)	40	50
	中孔直径(mm)	100	150

(2)标定罐:用薄铁板制作,上端周围有一罐缘(见图3-5)。

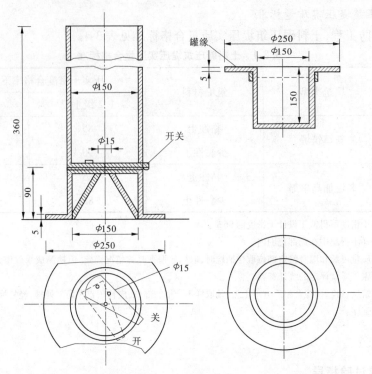

图 3-5　灌砂筒和标定罐（单位：mm）

（3）基板：用薄铁板制作，盘的中心有一圆孔。

（4）天平：称量 10 kg，最小分度值 5 g；称量 500 g，最小分度值 0.1 g。

（5）其他：凿子、铁锤、长把勺子、毛刷、铝盒、玻璃板等。

2.1.4　标定

2.1.4.1　标定锥体内的砂质量

在灌砂筒筒口高度上，向灌砂筒筒内装砂至距筒顶 15 mm 左右，称取装入筒内砂的质量 m_1。将开关打开，使灌砂筒筒底的流砂孔、圆锥形漏斗上端开口圆孔及开关铁板中心的圆孔上下对准，让砂自由流出，并使流出砂的体积与工地所挖试坑的体积相当（或等于标定罐的容积），然后关上开关；轻轻地将灌砂筒移至玻璃板上（不要晃动储砂桶的砂），将开关打开，让砂流出，直到筒内砂不下流时，将开关关上，并细心地取走灌砂筒，收集并称量留在玻璃板上的砂或称量桶内的砂，玻璃板上的砂就是灌砂筒下部圆锥体的砂质量。重复上述测量三次（每次装砂高度保持不变），取其平均值（精确至 1 g），测定灌砂筒下部圆锥漏斗砂的质量 m_2。

2.1.4.2　标定砂的密度（单位质量）

用水确定标定罐的容积 V（精确至 1 mL），在储砂筒中装入质量为 m_1 的砂，并将灌砂筒放在标定罐上，将开关打开，让砂流出，取下灌砂筒，称取筒内剩余的质量 m_3（精确至 1 g），则标定罐所需砂的质量 $m_a = m_1 - m_2 - m_3$，砂的密度 $\rho_s = \dfrac{m_a}{V}$。

2.1.5　试验步骤

（1）称重：在试验地点，选一平坦地面，并将其清扫干净，其面积不得小于基板面积；将基板放在平坦表面上，当表面的粗糙度较大时，则将盛有量砂 m_5 的灌砂筒放在基板中间的圆孔上，将灌砂筒的开关打开，让砂流入基板的中孔内，直到储砂筒内的砂不再下流时关闭开关，取下灌砂筒，并称量筒内砂的质量 m_6；取走基板，并将留在试验地点的量砂收回，重新将表面清扫干净。

（2）凿洞测材料质量：将基板放回清扫干净的表面上（尽量放在原处），沿基板中孔凿洞（洞的直径与灌砂筒一致）。在凿洞过程中，应注意不使凿出的材料丢失，并随时将凿松的材料取出装入塑料袋中，不使水分蒸发；试洞的深度应等于测定层的厚度，但不得有下层材料混入，最后将洞内的全部凿松材料取出；对土基或基层，为防止试样盒内的水分蒸发，可分几次称取材料的质量，全部取出材料的总质量为 m_w，精确至 1 g。

（3）测含水率：从挖出的全部材料中取出有代表性的样品，测定其含水率。用小灌砂筒测定时，对于细粒土，不少于 100 g；对于各种中粒土，不少于 500 g。用大灌砂筒测定时，对于细粒土，不少于 200 g；对于各种中粒土，不少于 1 000 g。对于粗粒土或水泥、石灰、粉煤灰等无机结合料稳定材料，宜将取出的全部烘干，且不少于 2 000 g。

（4）灌砂：将基板安放在试坑上，将灌砂筒安放在板基中间（装入筒内砂的质量 m_1），使灌砂筒的下口对准基板的中孔及试洞，打开灌砂筒的开关，让砂流入试坑内，关闭开关，取走灌砂筒，并称量剩余砂的质量 m_4，精确至 1 g。如清扫干净的平坦表面粗糙度不大，可省去步骤（1）。在试洞挖好后，将灌砂筒直接对准放在试坑上，称量剩余砂的质量 m'_4，仔细取出试筒内的量砂，以备下次试验时再用。若量砂的湿度已发生变化或量砂中混入杂质，则应该重新烘干、过筛，并放置一段时间，使它与空气的湿度达到平衡后再用。

2.1.6　计算

（1）按下面各式分别计算填满试坑所用的砂的质量 m_b：

灌砂时，试坑上放有基板时

$$m_b = m_1 - m_4 - (m_5 - m_6) \tag{3-6}$$

灌砂时，试坑上不放基板时

$$m_b = m_1 - m'_4 - m_2 \tag{3-7}$$

式中　m_b——填满试坑的砂的质量，g；

　　　m_1——灌砂前灌砂筒的质量，g；

　　　m_2——灌砂筒下部圆锥体内砂的质量，g；

　　　m_4、m'_4——灌砂后，灌砂筒内剩余砂的质量，g；

　　　$m_5 - m_6$——灌砂筒下部圆锥体内及基板和粗糙表面间砂的合计质量，g。

（2）按下式计算试坑材料的湿密度 ρ_w

$$\rho_w = \frac{m_w}{m_b}\rho_s \tag{3-8}$$

式中　ρ_w——试坑材料的湿密度，g/cm³；

　　　m_w——试坑中取出的全部材料的质量，g；

　　　ρ_s——量砂的单位质量，g/cm³。

（3）按下式计算试坑材料的干密度 ρ_d

$$\rho_d = \frac{\omega}{1 + 0.01\omega}$$ 　　　　　　　　（3-9）

式中　ρ_d——试坑材料的干密度,g/cm^3;

　　　　ω——试坑材料的含水量(%)。

　　（4）按下式计算施工压实度 P

$$P = \frac{\rho_d}{\rho_{max}} \times 100\%$$ 　　　　　　　（3-10）

式中　P——测定地点的施工压实度(%);

　　　　ρ_d——试样的干密度,g/cm^3;

　　　　ρ_{max}——由击实试验得到的试样的最大干密度,g/cm^3。

2.1.7　试验记录

灌砂法试验记录见表3-6。

表 3-6　灌砂法试验记录

工程编号＿＿＿＿＿＿　　　　试样编号＿＿＿＿＿＿　　　　试验日期＿＿＿＿＿＿

计　算　者＿＿＿＿＿＿　　　　校　核　者＿＿＿＿＿＿　　　　试　验　者＿＿＿＿＿＿

最大干密度:＿＿＿＿＿＿	g/cm^3			
取样地点(桩号)				
试洞深度				
灌砂筒及砂重	1	g		
试坑中挖出材料重	2	g		
锥形内砂重	3	g		
灌砂后筒剩余重	4	g		
试洞中砂重	5	g		
砂的密度	6	g/cm^3		
湿密度	7	g/cm^3		
盒号				
盒＋湿土重	8	g		
盒＋干土重	9	g		
盒重	10	g		
水重	11	g		
干土重	12	g		
含水率	13	%		
平均含水率	14	%		
干密度	15	g/cm^3		
压实度	16	%		

说明:(1)灌水法测定干密度:与灌砂法类似,将填筑好的土、砂、石的取样部位铲平,用小铲挖一小坑,将挖出的回填材料用专用容器装盛,并当场称取重量,用软塑料薄膜垫好坑底,用水灌进垫好塑料膜的坑内,灌水之前用量杯量好水的体积,灌至坑平,得出挖出部分回填料的体积,即可求得回填料的湿密度,再将挖出来的填料带烘干,即可求得干密

度。灌水法主要用于回填碎石、砂石料检测。

（2）核子仪测定压实度：核子仪内部有一个含铯137γ放射源和镅－241/铍中子源的复合源，其中γ源用来测量密度，测密度时，铯137γ放射源发出γ射线进入被测材料，如果材料的密度较低，大量的射线就会穿过它，被装在仪器内的计数管检测到，那么单位时间内测到的数值就较大；反之，如果被测体的密度较高，它就会吸收部分γ射线，起了辐射屏障作用，在同样的单位时间内测到的数值就少。然后，微处理器把检测管接受数值（称为密度计数值）除以存储在仪器内的密度标准数值，得到计数比，微处理机根据计数比算出被测材料密度（这种密度因包含被测体内的水分，故又称为湿密度）。

中子源用来测量含水率，含水率测量的原理是：由镅－241/铍中子源发出的高能中子射入被测材料中，被测材料水份中的氢原子与高能中子相碰撞使之减速，减速后的慢中子被仪器内的中子探测管接收到。被测材料含水量大，单位时间内所转化的慢中子数就多，检测管接收的慢中子数就多；反之，就少。然后，微处理器把接收的慢中子数（称为水份计数值）与仪器内的水份标准计数值进行比较，得到水份计数比，再把计数比送入水份计算程序可算出被测材料的水份值。

（3）级配情况对砂土、砂砾土等粗粒土的击实性影响较大，粗粒土的密实程度是用其相对密实度 D_r 的大小来衡量的，则粗粒土的压实标准，一般也用相对密实度 D_r 来控制。《碾压式土石坝设计规范》（SL 274—2001）规定，一般土石坝，其相对密实度的最小值应为 0.75 ~ 0.80。设计地震烈度7度及其以上地区的坝，浸润线以上的相对密实度应不小于0.75，浸润线以下的相对密实度最小值应为 0.75 ~ 0.85。

2.2　练习题

（1）补充完整某土体填筑轻型击实试验记录表（见表3-7），绘击实曲线，已知 $V = 947.4 \ cm^3$，如果碾压压实度按96%控制，填筑干密度应该是多少？

（参考答案：$\omega_{op} = 15.0\%$，$\rho_{dmax} = 1.94 \ g/cm^3$，$\rho_d = 1.76 \ g/cm^3$）

表3-7　某土体填筑轻型击实试验记录表

试验序号	筒+试样质量（g）	筒质量（g）	试样质量（g）	湿密度（g/cm³）	干密度（g/cm³）	盒号	盒重（g）	盒+湿土质量（g）	盒+干土质量（g）	含水率（%）	平均含水率（%）
1	2 981.8	1 103				02	20	35.60	34.16		
						05	20	35.44	34.02		
2	3 057.1	1 103				08	20	33.93	32.45		
						03	20	33.69	32.26		
3	3 130.9	1 103				01	20	32.88	31.40		
						06	20	33.16	31.64		
4	3 215.8	1 103				04	20	33.13	31.36		
						07	20	34.09	32.15		
5	3 191.1	1 103				09	20	36.96	34.28		
						12	20	38.31	35.36		

（2）根据检测试验，填写检测试验表格（见表3-8），评价压实质量等级。

表3-8　工程质量检测记录表（环刀法检测干密度）

检测者＿＿＿＿＿＿＿　计算者＿＿＿＿＿＿＿　校核者＿＿＿＿＿＿＿　检测试验日期＿＿＿＿＿＿＿

单位工程名称				分部工程名称			
单元工程部位				坯土层次			
检验日期	年　月　日			环刀体积			
土样编号							
取样位置							
盒号							
盒重							
盒＋湿土重							
盒＋干土重							
水重							
干土重							
含水量							
平均含水量							
环刀号							
环刀＋湿土重							
环刀重							
湿土重							
环刀体积							
湿密度							
干密度							

单位：质量，g；含水率（%）；体积，cm^3；密度，g/cm^3

设计干密度不小于（　）	总测点	合格点	合格率	压实质量等级

项目4　土的渗透性及渗透变形防治

本项目的主要任务是土的渗透系数的测定,判定土的渗透变形及渗透变形的防治。知识目标是理解渗流及土的渗透性的概念,理解达西定律,掌握土的渗透系数的计算及影响渗透系数的因素,理解渗透力的概念,理解土的渗透变形的基本形式及渗透变形的防治。技能目标是能利用所学知识测定土的渗透系数、评价土的渗透性,判别土的渗透变形及对渗透变形采取防治措施。

任务1　确定土的渗透性

土是一种松散的固体颗粒集合体,土体内具有互相连通的孔隙。当有水头差作用时,水就会从水位高的一侧渗向水位低的一侧,水在水头差作用下穿过土中连通孔隙发生流动的现象,称为渗流。土体被水透过的性能,称为土的渗透性。

渗流将会引起两方面的问题:一方面是渗漏造成水量损失,如挡水土坝的坝体、坝基的渗水,输水渠道的渗漏等,直接关系到工程的经济效益;另一方面是渗流将引起土体内部应力的变化,使土体产生渗透变形(或称渗透破坏),从而引起建筑物的破坏。因此,对土的渗透性、水在土中的渗透规律及其与工程的关系进行研究,从而为土工建筑物或地基的设计、施工提供必要的资料。

1　达西定律及适用范围

1.1　达西定律

1856年,法国工程师达西发现渗流为层流状态时,水在砂土中的渗透速度与土样两端的水头差 h 成正比,而与渗径长度 L 成反比,即渗透速度与水力坡降成正比。渗透速度可用下列关系式表示

$$v = k \frac{h}{L} = ki \tag{4-1}$$

或

$$Q = kiA \tag{4-2}$$

式中　v——断面平均渗透速度,cm/s 或 m/d;

i——水力坡降,表示单位渗流长度上的水头损失,$i = h/L$;

k——土的渗透系数,其物理意义是水力坡降 $i = 1$ 时的渗透速度,与渗透速度的量纲相同,是表示土的渗透性强弱的指标;

Q——渗透流量,cm^3/s;

A——垂直于渗流方向的土样截面面积,cm^2。

式(4-1)、式(4-2)即为达西定律(或称渗透定律)的表达式。式(4-1)表示渗透速度与水力坡降的线性关系,即渗透速度与水力坡降呈直线关系,如图4-1(a)所示。

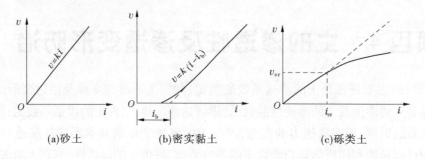

(a)砂土　　　　　　(b)密实黏土　　　　　　(c)砾类土

图4-1　土的渗透速度与水力坡降的关系

渗透水流实际上只是通过土体内土粒之间的孔隙发生流动,而不是发生在土的整个截面。达西定律中的渗透速度则为土样全截面的平均流速 v,并非渗流在孔隙中运动的实际流速 v'。实际过水截面面积 A' 小于土体截面面积 A,因此实际平均渗透速度 v' 大于达西定律中的平均渗透速度 v,两者的关系为

$$v = nv' \tag{4-3}$$

式中　　n——土的孔隙率。

1.2　达西定律的适用范围

达西定律是描述层流状态下渗透速度与水力坡降关系的基本规律,即达西定律只适用于层流状态。在土建工程中遇到的多数渗流情况,均属于层流范围。如坝基和灌溉渠道的渗透量,基坑、水井的涌水量的计算,均可以用达西定律来解决。研究表明,土的渗透性与土的性质有关。

(1)对于密实的黏土,其孔隙主要为结合水所占据,当水力坡降较小时,由于受到结合水的黏滞阻力,渗流极为缓慢,甚至不发生渗流,只有当水力坡降达到某一数值克服了结合水的黏滞阻力作用后,才能发生渗流。渗透速度与水力坡降呈非线性关系,如图4-1(b)中的实线所示。工程中一般将曲线简化为直线关系,如图4-1(b)中的虚线所示,并可用下式表示

$$v = k(i - i_{\mathrm{b}}) \tag{4-4}$$

式中　　i_{b}——密实黏土的起始水力坡降。

(2)对于某些粗粒土(砾类土和巨粒土)中的渗流,只有在水力坡降小的情况下,渗透速度与水力坡降呈线性关系,符合达西定律。随着水力坡降的增大,水在土中的渗流呈现紊流状态,渗透规律呈非线性关系,此时达西定律不再适用,如图4-1(c)所示。各种土的渗透系数参考值见表4-1。

1.3　影响渗透系数的主要因素

渗透系数表明了水在土中流动的难易程度,大小受土的颗粒级配、密实程度、水温等因素的影响。

1.3.1　土粒大小与级配

土粒大小与级配直接决定土中孔隙的大小,对土的渗透系数影响最大。粗粒土颗粒

愈粗、愈均匀、愈浑圆,其渗透系数则愈大。细粒土颗粒愈细、黏粒含量愈多,其渗透系数则愈小。

表 4-1　各种土的渗透系数参考值

土的类别	渗透系数 k		土的类别	渗透系数 k	
	m/d	cm/s		m/d	cm/s
黏土	< 0.005	$< 6 \times 10^{-6}$	细砂	1.0 ~ 5	$1 \times 10^{-3} ~ 6 \times 10^{-3}$
粉质黏土	0.005 ~ 0.1	$6 \times 10^{-6} ~ 1 \times 10^{-4}$	中砂	5 ~ 20	$6 \times 10^{-3} ~ 2 \times 10^{-2}$
粉土	0.1 ~ 0.5	$1 \times 10^{-4} ~ 6 \times 10^{-4}$	粗砂	20 ~ 50	$2 \times 10^{-2} ~ 6 \times 10^{-2}$
黄土	0.25 ~ 0.5	$3 \times 10^{4} ~ 6 \times 10^{-4}$	圆砾	50 ~ 100	$6 \times 10^{-2} ~ 1 \times 10^{-1}$
粉砂	0.5 ~ 1.0	$6 \times 10^{-4} ~ 1 \times 10^{-3}$	卵石	100 ~ 150	$1 \times 10^{-1} ~ 6 \times 10^{-1}$

1.3.2　土的密实度

同一种土,在不同密实状态下具有不同的渗透系数。土的密实度增加,孔隙比变小,土的渗透性随之减小。因此,在测定渗透系数时,必须考虑实际土的密实状态,并控制土样孔隙比与实际相同,或者在不同孔隙比下测定土的渗透系数,绘出孔隙比与渗透系数的关系曲线,从中查出所需孔隙比下的渗透系数。

1.3.3　水的温度

渗透系数直接受水的动力黏滞系数的影响,不同的水温情况,水的动力黏滞系数变化较大。水温愈高,水的动力黏滞系数就愈小,水在土中的渗透速度则愈大。同一种土在不同的温度下,将有不同的渗透系数。在某一温度 T ℃下测定的渗透系数,应换算为标准温度(能使度量准确又能使测量仪器都具有正确指示的温度)20 ℃下的渗透系数,即

$$k_{20} = k_T \frac{\eta_T}{\eta_{20}} \tag{4-5}$$

式中　k_T、k_{20}——T ℃和 20 ℃时土的渗透系数;

η_T / η_{20}——T ℃和 20 ℃时水的动力黏滞系数比,其值可查表 4-2。

1.3.4　封闭气体含量

土中封闭气体的存在,使土的有效渗透面积减小,渗透系数降低。封闭气体含量愈多,土的渗透性愈弱。渗透试验时,土的渗透系数受土体饱和度影响,饱和度低的土,可能有封闭气体,渗透系数减小。为了保证试验的可靠性,要求土样必须充分饱和。

2　渗透系数的测定

由于自然界中的土,沉积条件复杂,渗透系数 k 值相差很大。因此,渗透系数难以用理论计算求得,只能通过试验直接测定。渗透系数测定方法可分为室内渗透试验和现场渗透试验两大类。现场渗透试验可采用试坑注水法(测定非饱和土的渗透系数)或抽水法(测定饱和土的渗透系数)进行。室内渗透试验与现场渗透试验的基本原理相同,均以达西定律为依据。室内渗透试验的仪器种类和试验方法较多,但按试验原理可划分为常水头试验法和变水头试验法两种。

表 4-2   水的动力黏滞系数比 η_T/η_{20}

温度 (℃)	η_T/η_{20}	温度 (℃)	η_T/η_{20}	温度 (℃)	η_T/η_{20}	温度 (℃)	η_T/η_{20}	温度 (℃)	η_T/η_{20}
5.0	1.501	10.0	1.297	15.0	1.133	20.0	1.000	27.0	0.850
5.5	1.478	10.5	1.279	15.5	1.119	20.5	0.988	28.0	0.833
6.0	1.455	11.0	1.261	16.0	1.104	21.0	0.976	29.0	0.815
6.5	1.435	11.5	1.243	16.5	1.090	21.5	0.964	30.0	0.798
7.0	1.414	12.0	1.227	17.0	1.077	22.0	0.958	31.0	0.781
7.5	1.393	12.5	1.211	17.5	1.066	22.5	0.943	32.0	0.765
8.0	1.373	13.0	1.194	18.0	1.050	23.0	0.932	33.0	0.750
8.5	1.353	13.5	1.176	18.5	1.038	24.0	0.910	34.0	0.735
9.0	1.334	14.0	1.168	19.0	1.025	25.0	0.890	35.0	0.720
9.5	1.315	14.5	1.148	19.5	1.012	26.0	0.870		

2.1 常水头试验法

常水头试验法适用于透水性较强的粗粒土。它是指在整个试验过程中,水头保持不变,其试验装置如图 4-2 所示。

由达西定律得

$$V = kiAt = \frac{h}{L}Akt$$

$$k_T = \frac{VL}{Aht} \tag{4-6}$$

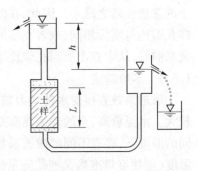

图 4-2 常水头试验装置

式中 k_T——水温为 T ℃时试样的渗透系数,cm/s;

t——时段,s;

V——t s 内渗出的水量,cm³;

L——两测压管中心间的距离,70 型渗透仪 $L = 10$ cm;

A——试样的断面面积,cm²;

h——平均水位差,cm,$h = (H_1 + H_2)/2$;

其余符号意义同前。

2.2 变水头试验法

由于细粒土的渗透性很小,在短时间内渗流量很小,如果采用常水头试验法,很难准确测定其渗透系数,因此土样的一端与一根带有刻度的直立细玻璃管(即为水头管)相连,其试验装置如图 4-3 所示,细玻璃管的内横截面面积为 a。变水头法在整个试验过程中,水头差随时间不断变化,试验时分别量出某一时段 t 开始和结束时细玻璃管中的水头差(h_1、h_2)。设试验开始以后某一时刻的水头差为 h,经过时段 dt,竖直细玻璃管中水位下降 dh,则在时段 dt 内流经细管的水量为:d$V = -a$dt,式中负号表示渗水量随水头差 h 的减小而增加。根据达西定律,则可得出在时段 dt 内流经土样的水量 d$V = kiA$d$t = k\frac{h}{L}A$dt,由于在同一时段内流经土样水量与细管内减少的水量相等,即

$$kA\frac{h}{L} = -a\frac{\mathrm{d}h}{\mathrm{d}t}$$

分离变量后积分得

$$\frac{kA}{aL}\int_{t_1}^{t_2}\mathrm{d}t = -\int_{h_1}^{h_2}\frac{\mathrm{d}h}{h}$$

$$k = 2.3\frac{aL}{A(t_2 - t_1)}\lg\frac{h_1}{h_2} \qquad (4-7)$$

式中　a——细玻璃管的内截面面积，cm^2；

　　　L——试样高度，cm；

　　　h_1——开始水头，cm；

　　　h_2——终止水头，cm；

　　　t——时段，s；

　　　其余符号意义同前。

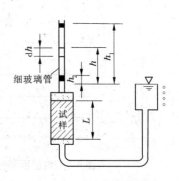

图4-3　变水头试验装置

2.3　成层土的渗透系数

天然地基往往由渗透性不同的土层所组成，其各向渗透性也不尽相同。对于成层土，应分别测定各层土的渗透系数，然后根据渗流方向求出与层面平行或与层面垂直的平均渗透系数。

2.3.1　平行层面渗流

平行层面渗流情况如图4-4所示，各层土的渗透系数为$k_1, k_2, \cdots, k_n$，厚度为$H_1, H_2, \cdots, H_n$，总厚度为H。若流经各层土单位宽度的渗流量为$q_{1x}, q_{2x}, \cdots, q_{nx}$，则总单宽渗流量$q_x$应为

$$q_x = q_{1x} + q_{2x} + \cdots + q_{nx}$$

根据达西定律有

$$q_x = k_x iH$$

对于平行层面的渗流，流经各层土相同距离的水头损失均相等，各层土的水力坡降亦相等。与层面平行渗流的平均渗透系数为

$$k_x = \frac{1}{H}(k_{1x}H_1 + k_{2x}H_2 + \cdots + k_{nx}H_n) \qquad (4-8)$$

2.3.2　与层面垂直渗流

与层面垂直渗流情况如图4-5所示，流经各土层的渗流量为$q_{1y}, q_{2y}, \cdots, q_{ny}$，根据水流连续原理，流经整个土层的单宽渗流量应为

$$q_y = q_{1y} = q_{2y} = \cdots = q_{ny} \qquad ①$$

设渗流通过土层H的总水头为h，流经各土层的水头为$h_1, h_2, \cdots, h_n$，根据达西定律可得各土层的渗流量与总渗流量，即

$$q_{iy} = k_{iy}iA = k_{iy}\frac{h_i}{H_i}A \qquad h_i = \frac{q_{iy}H_i}{k_{iy}A} \qquad ②$$

$$q_y = k_y iA = k_y\frac{h}{H}A \qquad h = \frac{q_yH}{k_yA} \qquad ③$$

图 4-4　与层面平行渗流

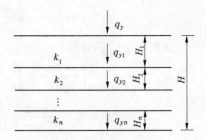

图 4-5　与层面垂直渗流

对于垂直于层面渗流,通过整个土层的总水头损失应等于各层水头损失之和,即

$$h = \sum h_i \qquad ④$$

将式②、式③代入式④中,经整理后可得与层面垂直渗流整个土层的平均渗透系数为

$$k_y = \frac{H}{\dfrac{H_1}{k_1} + \dfrac{H_2}{k_2} + \cdots + \dfrac{H_n}{k_n}} \qquad (4\text{-}9)$$

结论:成层土水平方向渗流的平均渗透系数取决于最透水土层的渗透系数和厚度,垂直方向渗流的平均渗透系数取决于最不透水土层的渗透系数和厚度。因此,平行层面渗流的平均渗透系数总是大于垂直层面渗流的平均渗透系数。

【例 4-1】　黄河大堤新乡荆隆宫段有一试样,用常水头渗透仪做试验,试样直径 $d = 10.2$ cm,试样长度 $L = 12.5$ cm,水头差 $h = 86.0$ cm,在 2 min 内流过水量 $Q = 733$ cm^3,水温为 15 ℃。试求该试样的渗透系数。

解:(1)试样的截面面积为

$$A = \frac{\pi d^2}{4} = \frac{3.14 \times 10.2^2}{4} = 81.7(\text{cm}^2)$$

(2)温度为 15 ℃时的渗透系数为

$$k_{15} = \frac{QL}{Aht} = \frac{733 \times 12.5}{86.0 \times 81.7 \times 2 \times 60} = 1.087 \times 10^{-2}(\text{cm/s})$$

(3)由表 4-2 查得

$$\frac{\eta_{15}}{\eta_{20}} = 1.133$$

$$k_{20} = k_{15}\frac{\eta_{15}}{\eta_{20}} = 1.087 \times 10^{-2} \times 1.133 = 1.23 \times 10^{-2}(\text{cm/s})$$

【例 4-2】　山西浍河土坝加高培厚土样做变水头试验,试样的截面面积 $A = 32.2$ cm^2,长度 $L = 4$ cm,竖管内径 $d = 1.2$ cm,试验开始时的水头为 180 cm,结束时的水头为 170 cm,试验经过的时间为 7.5 min,水温为 20 ℃。试计算渗透系数。

解:(1)竖管截面面积为

$$a = \frac{\pi d^2}{4} = \frac{3.14 \times 1.2^2}{4} = 1.13(\text{cm}^2)$$

(2)水头从 180 cm 下降到 170 cm 经过的时间为

$7 \times 60 + 30 = 450(s)$

（3）水头比为

$$\frac{h_1}{h_2} = \frac{180}{170} = 1.06$$

（4）渗透系数为

$$k_{20} = 2.3 \frac{aL}{A(t_2 - t_1)} \lg \frac{h_1}{h_2} = 2.3 \times \frac{1.13 \times 4}{32.2 \times 450} \lg 1.06 = 1.82 \times 10^{-5}(cm/s)$$

3 工作任务

3.1 常水头渗透试验

3.1.1 试验目的

常水头渗透试验目的是测定土的渗透系数,分析天然地基、堤坝和基坑开挖边坡的渗流稳定,以确定土的渗透变形,为施工选料等提供指标和依据。常水头试验适用于砂类土和含少量砾的无黏性土。

3.1.2 仪器设备

（1）70 型渗透仪:由金属封底圆筒、金属孔板、滤网、测压管和供水瓶组成。金属圆筒内径为 10 cm,高 40 cm(见图 4-6)。

（2）温度计:分度值 0.5 ℃。

（3）其他:木击锤、秒表、天平、量杯等。

3.1.3 操作步骤

（1）调节充水:将调节管与供水管连通,由仪器底部充水至水位略高于金属孔板,关上止水夹。

（2）取土量测:取风干试样 3～4 kg,称量精确至 10 g,并测定其风干含水率。

（3）仪器装土:将试样分层装入仪器,每层厚 2～3 cm,用木锤轻轻击实到一定厚度,以控制其孔隙比(当试样中含较多黏粒时,应在滤网上加铺 2 cm 厚的粗砂作为过滤层,防止细粒土流失)。

（4）砂样饱和:每层砂样装好后,连接调节管与供水管,并由调节管中进水,微开止水夹,使砂样逐渐饱和,当水面与试样顶面齐平时,关上止水夹,直至最后一层试样高出上测压孔 3～4 cm,并在试样上端铺 2 cm 厚的砾石作为缓冲层,当水面高出顶面时,继续充水至溢水孔有水溢出。

（5）进水:提高调节管,使其高于溢水孔,然后将调节管与供水管分开,并将供水管置于试样筒内,开止水夹,使水由上部注入筒内,并检查各

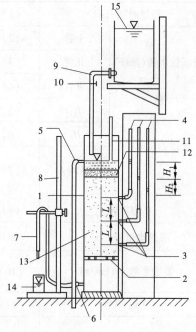

1—金属圆筒;2—金属孔板;3—测压管;
4—测压孔;5—溢水孔;6—渗水孔;
7—调节管;8—滑动架;9—供水管;
10—止水夹;11—温度计;12—砾石层;
13—试样;14—量杯;15—供水瓶

图 4-6 常水头渗透装置

测压管水位是否与溢水孔齐平,不平时要用吸球作排气处理。

(6)降低调节管:降低调节管口,使其位于试样上部1/3处,造成水位差。在渗透过程中,溢水孔始终有水溢出,以保持常水位。

(7)测记水量:开动秒表,同时用量筒自调节管接取一定时间内的渗透水量,并重复一次(调节管口不可没入水中),测记进水与出水处的水温,取其平均值。

(8)重复试测:降低调节管口至试样中部及下部1/3处,以改变水力坡降,按以上步骤重复进行测定。

3.1.4 计算

按式(4-6)和式(4-5)计算试样的渗透系数。

在所测结果中取 3~4 个允许差值符合规定的测值,求其平均值,作为该试样在某孔隙比 e 时的渗透系数,允许差值不大于 2×10^{-n} cm/s。

3.1.5 试验记录

常水头渗透试验(70型)记录见表4-3。

表 4-3 常水头渗透试验(70型)记录

工程编号＿＿＿＿＿＿＿＿＿   试样编号＿＿＿＿＿＿＿＿＿   试验日期＿＿＿＿＿＿＿＿＿
试 验 者＿＿＿＿＿＿＿＿＿   校 核 者＿＿＿＿＿＿＿＿＿   计 算 者＿＿＿＿＿＿＿＿＿

经过时间 t(s)		(1)				
测压管水位(cm)	I 管	(2)				
	II 管	(3)				
	III 管	(4)				
水位差(cm)	H_1	(5)	(2) - (3)			
	H_2	(6)	(3) - (4)			
	平均 h	(7)	$\dfrac{(5)+(6)}{2}$			
水力坡降 i		(8)	$0.1 \times (7)$			
渗透水量 Q(cm³)		(9)				
渗透系数 k_T(cm/s)		(10)	$\dfrac{(9)}{A \times (8) \times (1)}$			
水温(℃)		(11)				
校正系数 η_T/η_{20}		(12)	$\dfrac{\eta_T}{\eta_{20}}$			
水温20℃时的渗透系数 k_{20}(cm/s)		(13)	$(10) \times (12)$			
平均渗透系数(cm/s)			$\dfrac{\sum(13)}{n}$			

3.2 变水头试验

3.2.1 试验目的

变水头试验适用于黏性土,试验目的同常水头试验。

3.2.2 仪器设备

(1)南55型渗透容器及变水头装置:渗透容器由环刀、透水石、套环、上盖和下盖组成(见图4-7),环刀内径61.8 mm,高40 mm,透水石渗透系数应大于 10^{-3} cm/s。

(2)其他:100 mL 量筒、秒表、温度计、凡士林。

3.2.3 操作步骤

(1)切取试样:用环刀切取原状试样或制备给定密度的扰动试样(切土时,应避免结构扰动,禁止用切土刀反复涂抹试样表面),并对试样进行饱和。

(2)装土:在容器套筒内壁涂上一层凡士林,然后将装有试样的环刀推入套筒(试样上、下面放滤纸)并压入止水垫圈,装好带有透水板和垫圈的上、下盖,并拧紧螺丝,不得漏气、漏水。

(3)供水:把装好试样的容器的进水口与供水装置连通,关上止水夹,向供水瓶注满水。

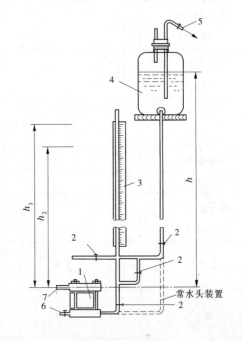

1—渗透容器;2—进水管夹;3—变水头管;4—供水瓶;
5—接水源管;6—排气水管;7—出水管

图4-7 变水头渗透试验装置

(4)排气:把容器侧立,排气管向上,并打开排气管止水夹,然后打开进水口止水夹,排除容器底部的空气,直到水中无携带气泡溢出,关闭排气管止水夹,平放好容器,当容器出水口有水溢出后,则认为试样已达饱和。

(5)测记:使变水头管充水至需要高度后(一般不应大于2 m),关上止水夹,开动秒表,同时测记开始水头 h_1,经过时间 t 后,再测记终了水头 h_2,同时测记出水口的水温,如此连续测记2~3次后,再使水头管水位回升至需要高度,再连续测记数次,前后需6次以上。

3.2.4 计算

按式(4-7)计算渗透系数,取所测结果的平均值,作为该试样的渗透系数。

3.2.5 试验记录

变水头渗透试验(南55型)记录见表4-4。

表 4-4　　变水头渗透试验(南 55 型)记录

土 样 编 号_____　　试样高度_____　　试 验 者_____
仪 器 编 号_____　　试样面积_____　　校 核 者_____
测压管断面面积_____　　孔 隙 比_____　　试验日期_____

开始时间 t_1 （时:分）	(1)							
终了时间 t_2 （时:分）	(2)							
经过时间 t （s）	(3)	(2) － (1)						
开始水头 h_1 （cm）	(4)							
终了水头 h_2 （cm）	(5)							
$2.3\dfrac{aL}{At}$	(6)	$2.3\dfrac{aL}{A(3)}$						
$\lg\dfrac{h_1}{h_2}$	(7)	$\lg\dfrac{(4)}{(5)}$						
T ℃时的渗透系数 k_T （cm/s）	(8)	(6) × (7)						
水温(℃)	(9)							
校正系数	(10)	η_T/η_{20}						
水温 20 ℃时的渗透 系数 k_{20}（cm/s）	(11)	(8) × (10)						
平均渗透系数 （cm/s）	(12)	$\dfrac{\sum(11)}{n}$						

3.3　练习题

(1)常水头渗透试验和变水头渗透试验方法有何区别？各适用于什么情况？为什么要测水的温度？

(2)室内做常水头渗透试验，土样截面面积为 70 cm^2，两测压管间的土样长 10 cm，两端作用的水头为 7 cm，在 60 s 时间内测得渗透水量为 100 cm^3，水温为 15 ℃。试计算渗透系数 k_{20}。

（参考答案:3. 85 × 10^{-2} cm/s）

(3)某工地取一原状土样进行变水头渗透试验，土样截面面积为 30 cm^2，长度为 4

cm,水头管截面面积为 0.3 cm^2,观测开始水头为 160 cm,终了水头为 150 cm,经历时间为 5 min,试验水温为 12.5 ℃。试计算渗透系数 k_{20}。

（参考答案:1.04×10^{-5} cm/s）

任务 2　判断土的渗透变形及渗透变形的防治措施

1　渗透力与渗透变形

1.1　渗透力

如图 4-8 所示,水在一定水头作用下在土中发生渗流。当水在土体孔隙中流动时,将会受到土颗粒的阻力,而引起水头损失。根据作用力与反作用力相等的原理,渗流必然对土颗粒产生一个相等的反作用力。我们将这种由渗透水流施于单位体积土颗粒上的作用力称为渗透力,以 j 表示。

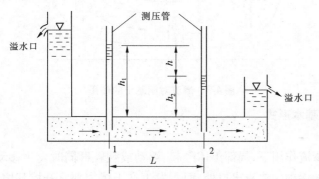

图 4-8　渗透力计算示意图

在图 4-8 中沿渗流方向取一个长度为 L、截面面积为 A 的柱体来研究。因 $h_1 > h_2$,水头差为 h,水从截面 1 流向截面 2。由于土中渗透速度一般很小,其流动水流惯性力可以忽略不计。现假设所取土柱孔隙中完全充满水,并考虑土柱体中的土颗粒对渗流阻力的影响,则作用于土柱体中水体上的力有:

(1)截面 1 上的总水压力,$P_1 = \gamma_w h_1 A$,其方向与渗流方向一致;

(2)截面 2 上的总水压力,$P_2 = \gamma_w h_2 A$,其方向与渗流方向相反;

(3)土柱体中的土颗粒对渗流水的总阻力 F,其大小应和总渗透力 J 相等,即 $F = J = jLA$,方向与渗流方向相反。

根据渗流方向力的平衡条件得

$$J = P_1 - P_2$$

或

$$jLA = \gamma_w (h_1 - h_2) A$$

则渗透力为

$$j = \gamma_w \frac{h_1 - h_2}{L} = \gamma_w \frac{h}{L} = \gamma_w i \tag{4-10}$$

渗透力是一种体积力,单位为 kN/m^3,其大小与水力坡降成正比,方向与渗流方向一

致。

由于渗透力的方向与渗流方向一致,因此它对土体稳定性有着很大的影响。如图 4-9 所示,某一水闸基础,在渗流的进口 A 点处受到向下渗流的作用,渗透力与土的有效重力方向一致,渗透力增大了土的有效重力的作用,对土体稳定有利;在渗流近似水平部位的 B 点处,渗透力与土的有效重力近似正交,它使土粒产生向下游移动的趋势,对土体稳定是不利的;在渗流的出逸处 C 点,受到向上的渗流作用,渗透力与土的有效重力的方向相反,渗透力起到了减小土的有效重力的作用,对土体的稳定不利。渗透力愈大,渗流对土体稳定性的影响就愈大。在渗流出口处,当向上的渗透力大于土的有效重力时,则土粒将会被渗流携带向上涌出,土体失去稳定,发生渗透破坏。因此,在对闸坝地基、土坝、基坑开挖等情况进行土体稳定分析时,应考虑渗透力的影响。

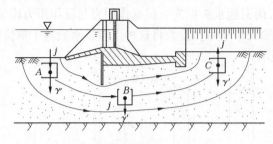

图 4-9　渗流对闸基土的作用

1.2　渗透变形的基本形式

1.2.1　流土

流土是指在渗流作用下,局部土体隆起、浮动或颗粒群同时发生移动而流失的现象。流土一般发生在无保护的渗流出口处,而不发生在土体内部。开挖基坑或渠道时出现的所谓流砂现象,就是流土的常见形式。图 4-10(a)为河堤覆盖层下流砂涌出的现象,由于覆盖层下有一强透水砂层,堤内、外水头差大,弱透水层薄弱处被冲溃,大量砂土涌出,危及河堤的安全;在图 4-10(b)中,由于细砂层的承压水作用,当基坑开挖至细砂层时,在渗透力作用下,细砂向上涌出,出现大量流土,房屋地基发生不均匀变形,引起上部结构开裂,影响了正常使用。流土的发生一般是突发性的,对工程危害较大。

1.2.2　管涌

管涌是指在渗流作用下,土中的细颗粒通过粗颗粒的孔隙被带出土体以外的现象。管涌可以发生在土体的所有部位。图 4-11 为坝基发生管涌的现象,首先细颗粒在粗颗粒的孔隙中移动,随着土中孔隙的逐渐扩大,渗透速度不断增大,较粗的颗粒也被水流逐渐冲走,最后导致土体内部形成贯通的渗流通道,酿成溃坝(堤)的情况。由此可见,管涌的发生要有一定的发展过程,因而是一种渐进性的破坏。

渗透变形的两种基本形式是水力坡降较大的情况下,土体表现出来的两种不同破坏现象,渗透变形的形式与土的性质有关。对于一般黏性土,细颗粒呈粒团存在,颗粒间具有较大的黏聚力,且孔隙直径极小,细颗粒不会在孔隙中随渗流移动并带出,所以不会发生管涌破坏,而多在渗透坡降大时以流土形式出现。无黏性土的渗透变形形式主要取决于颗粒组成。研究表明,不均匀系数 $C_u \leqslant 10$ 的匀粒砂土,只可能出现流土破坏形式;$C_u >$

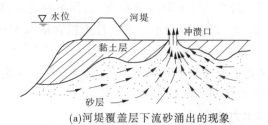

(a)河堤覆盖层下流砂涌出的现象

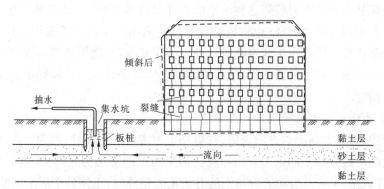

(b)流砂涌向基坑引起房屋不均匀下沉的现象

图4-10　流土的危害

10 的砂砾土,既可能发生管涌,也可能产生流土,主要取决于土的级配情况与细料含量。对于缺乏中间粒径的不连续级配土,其渗透变形形式主要取决于细料含量(细料含量是指级配曲线水平段下限的粒径),当细料含量小于 25% 时,不能充满粗料所形成

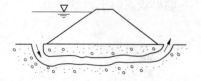

图4-11　坝基发生管涌的现象

的孔隙,细颗粒可以很容易在孔隙中移动,渗透变形常以管涌形式出现;若细料含量在 35% 以上,细料填满粗料孔隙,粗细料形成一个整体,细颗粒移动困难,多发生流土破坏。对于级配连续的不均匀土,根据试验研究,我国有些学者提出,用土的孔隙直径比较法,以判别土的渗透变形的形式。当土中有 5% 以上细颗粒的粒径小于孔隙平均直径时,在较小的水力坡降下细颗粒将会被渗流所带走,而形成管涌破坏;当土中对应 3% 细颗粒的粒径大于孔隙平均直径时,细颗粒很少流失,不会发生管涌,渗透变形呈流土形式。

综上所述,无黏性土渗透破坏形式的判别准则可概括为下列形式:

$$
\text{天然无黏性土}
\begin{cases}
\text{较均匀土,}C_u \le 10 & \text{流土} \\
\text{不均匀土,}C_u > 10
\begin{cases}
\text{级配不连续}
\begin{cases}
P > 35\% & \text{流土} \\
P < 25\% & \text{管涌} \\
P = 25\% \sim 35\% & \text{过渡}
\end{cases} \\
\text{级配连续}
\begin{cases}
D_0 < d_3 & \text{流土} \\
D_0 > d_5 & \text{管涌} \\
D_0 = d_3 \sim d_5 & \text{过渡}
\end{cases}
\end{cases}
\end{cases}
$$

其中，P 为级配曲线上断裂点以下对应颗粒含量，即细料含量；D_0 为孔隙平均直径，可用 $D_0 = 0.25d_{20}$ 计算；d_3、d_5、d_{20} 分别为小于该粒径土粒含量为 3%、5%、20% 对应的粒径。

另外，无黏性土的渗透变形还与土的密度有关，有些土在较大密度下可能发生流土，而在较小密度下则可能出现管涌。

1.3　流土和管涌的临界水力坡降

渗透破坏是当渗透水力坡降达到一定值后才可能发生的，土体开始发生渗透变形时的水力坡降称为临界水力坡降（也称抗渗坡降），它表示土抵抗渗透破坏的能力。土的临界水力坡降是评价土体或水工建筑物渗透稳定的重要参数，选用合理与否，直接关系到建筑物的造价和安全。对于重要工程，应尽可能结合实际条件通过试验确定，一般工程可用半经验公式确定。

1.3.1　流土的临界水力坡降

如前所述，渗透力与渗透方向一致，在堤坝下游渗流逸出面处，若为一水平面，由渗流产生的向上的渗透力与土的重力方向相反。如果向上的渗透力足够大，就会导致流土的发生，其条件就是 $j > \gamma'$。当渗透力与土的有效重力相等时，土体处于流土的临界状态，此时的水力坡降即为流土的临界水力坡降，用 i_{cr} 表示。于是可写成

$$j = \gamma'$$

临界状态时土的渗透力

$$j = \gamma_w i_{cr}$$

土的有效重度

$$\gamma' = \frac{G_s - 1}{1 + e}\gamma_w = \gamma_{sat} - \gamma_w$$

所以

$$i_{cr} = \frac{\gamma'}{\gamma_w} = \frac{G_s - 1}{1 + e} = \frac{\gamma_{sat} - \gamma_w}{\gamma_w} \tag{4-11}$$

由式（4-11）可知，流土的临界水力坡降取决于土的物理性质，当土的 G_s 和 e 已知时，则该土的临界水力坡降即为一定值，一般为 0.8 ~ 1.2。

流土往往发生在渗流的逸出处，如果工程中用渗流逸出处的水力坡降 i 与其临界水力坡降 i_{cr} 比较，即可判别流土的可能性。

若 $i < i_{cr}$，则土体处于稳定状态，不发生流土；

若 $i = i_{cr}$，则土体处于临界状态；

若 $i > i_{cr}$，则土体发生流土。

在设计中，应考虑流土发生历时短及土的复杂性等因素，确保建筑物的安全，所以常将临界水力坡降除以适当的安全系数作为允许水力坡降 $[i]$，设计中将出逸处的水力坡降 i 控制在允许水力坡降 $[i]$ 之内，即要求

$$i \leqslant [i] = i_{cr}/K \tag{4-12}$$

式中　K——流土的安全系数，一般取 2.0 ~ 2.5，《碾压式土石坝设计规范》（SL 274—

2001)规定 $K = 1.5 \sim 2.0$。

1.3.2 管涌的临界水力坡降

渗透力能带动细颗粒在孔隙中滚动或移动而开始发生管涌,也可以用临界水力坡降表示,但至今管涌的临界水力坡降尚无成熟的计算公式可循。对于重要工程,需通过渗透破坏试验确定,通常可按图 4-12 所示的渗透试验装置进行,试验时可将水头逐渐升高,直至开始发生管涌。除目测细颗粒的移动判断外,还要建立水力坡降与渗透速度的关系来判断管涌是否发生。如图 4-13 所示,当水力坡降增至某一数值(A 点)后,$i \sim v$ 关系曲线明显转折,这说明细颗粒已被带出,孔隙通道加大,渗透速度随之增大。最后取其 A 点对应的水力坡降和肉眼观察到细颗粒移动时的水力坡降两者中的较小值,作为管涌临界水力坡降。

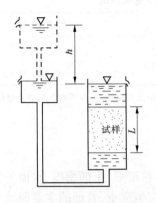

图 4-12　管涌试验装置示意图　　　　图 4-13　$i \sim v$ 关系曲线

由于管涌临界水力坡降的影响因素较多,国内外学者对此进行了很多研究。对于中小型工程,无黏性土发生管涌的临界水力坡降,南京水利科学研究院提供的经验公式如下

$$i_{cr} = \frac{42d_3}{\sqrt{\dfrac{k}{n^3}}} \tag{4-13}$$

式中　d_3——小于该粒径颗粒含量为 3% 所对应的粒径,cm;

n——孔隙率;

k——渗透系数,cm/s。

伊斯托美娜根据理论分析,并结合一定数量的试验资料,认为管涌的水力坡降与土颗粒的不均匀程度有关,提出了无黏性土发生管涌临界水力坡降与不均匀系数的关系曲线,如图 4-14 所示。C_u 愈大的土,则发生管涌的 i_{cr} 愈小;渗流的水力坡降若超过图中曲线(在曲线上方),土将发生管涌。仅以不均匀系数 C_u 值作为确定水力坡降的唯一指标,显然具有其局限性。我国学者对级配连续与否的土进行了理论分析与试验研究,在此基础上提出了无黏性土发生管涌的临界水力坡降与允许水力坡降的范围值,列于表 4-5 中,以供参考。

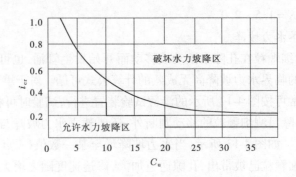

图 4-14　$i_{cr} \sim C_u$ 关系曲线

表 4-5　无黏性土管涌的水力坡降变化范围

水力坡降	级配连续土	级配不连续土
临界水力坡降 i_{cr}	0.20 ~ 0.40	0.10 ~ 0.30
允许水力坡降 $[i]$	0.15 ~ 0.25	0.10 ~ 0.20

注:1. 表中数据只适用于渗流逸出处无反滤保护的情况,有满足要求的反滤保护,则临界水力坡降要提高。
　　2. 表中小值适用于一、二级建筑物,大值可用于三、四级建筑物。

2　渗透变形的防治

　　土产生渗透变形的原因很多,如土的类别、土的颗粒组成、土的密度、水流条件以及防渗、排渗等,致使发生渗透破坏的机制也各自不同,但产生流土、管涌的主要原因基本上有两方面:一方面是由上、下游水位差形成的水力坡降作用,另一方面是土的颗粒组成特性。因此,防治渗透变形的工程措施基本上归结为两类:一类是降低水力坡降,常可设置水平与垂直防渗体,从而增加渗径长度,在允许的条件下,也可以减小上、下游水头差,达到降低水力坡降的目的,使其水力坡降不超过允许值,保持土体的渗透稳定;另一类是增强渗流逸出处土体抗渗能力,采取排水措施或适当加固措施,如排水沟、反滤层等,顺畅渗透水流,减小下游逸出处的渗透力,拦截被渗流携带的细颗粒,防止产生渗流破坏。

2.1　水工建筑物防渗措施

　　(1)设置垂直防渗体,延长渗径长度。心墙坝的黏土截水槽如图 4-15 所示,心墙坝混凝土防渗墙如图 4-16 所示;板桩和帷幕灌浆及新发展的防渗技术,如劈裂灌浆、高压定向喷射灌浆、倒挂井防渗墙等。

　　(2)设置水平黏土铺盖或铺设土工合成材料,与坝体防渗体连接,延长渗径长度。如图 4-17 所示为坝体水平黏土铺盖防渗措施;江河堤防工程中的吹填固堤工程,通过增加堤宽,延长渗径长度,防止渗透变形。

　　(3)设置反滤层和盖重。在渗流逸出部位铺筑 2 ~ 3 层不同粒径的无黏性土料(砂、砾、卵石或碎石)即为反滤层,其作用是滤土排水。它是一项提高抗渗能力,防止渗透变形很有效的措施。在下游可能发生流土的部位设置透水盖重,增强土体抵抗流土破坏的能力。

　　(4)设置减压设备。减压措施常根据上面相对不透水层的厚薄采用排水沟或减压井

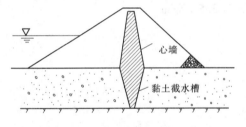

图 4-15　心墙坝的黏土截水槽示意图

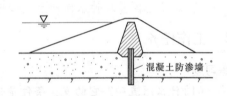

图 4-16　心墙坝混凝土防渗墙示意图

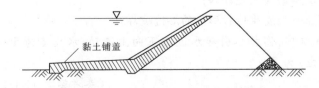

图 4-17　坝体水平黏土铺盖示意图

切入下面不透水层中,以减小渗透压力,提高抗渗能力。

2.2　基坑开挖防渗措施

在地下水位以下开挖基坑时,若采用明式排水开挖,造成坑内、外水位差,则基坑底部的地下水将向上渗流,地基中产生向上的渗透力,当渗透水力坡降大于临界水力坡降时,坑底泥沙翻涌,出现流砂现象,不仅给施工带来很大困难,甚至影响邻近建筑物的安全,所以在开挖基坑时要防止流砂的发生。其主要措施有井点降水、设置板桩和采用水下挖掘或枯水期开挖。

2.2.1　井点降水

井点降水,即先在基坑范围以外设置井点降低地下水位后再开挖,减小或消除基坑内、外的水位差,达到降低水力坡降的目的。

2.2.2　设置板桩

设置板桩可增长渗透路径,减小水力坡降。板桩沿坑壁打入,其深度要超过坑底,使受保护土体内的水力坡降小于临界水力坡降,同时还可起到加固坑壁的作用。

2.2.3　采用水下挖掘或枯水期开挖

采用水下挖掘或枯水期开挖,也可进行土层加固处理,如冻结法、注浆法。

【例 4-3】　开封东京艺术中心工程基坑细砂层开挖,经施工抽水,待水位稳定后,实测水位从初始水位 5.5 m 降到 3.0 m。渗流路径长 10 m。根据场地勘察报告:细砂层饱和重度 $\gamma_{sat} = 18.7$ kN/m^3,$k = 4.5 \times 10^{-2}$ mm/s。试求渗透水流的平均速度 v 和渗透力 j,并判别是否会产生流砂现象。

解: 水力梯度为

$$i = \frac{h_2 - h_1}{L} = \frac{5.5 - 3.0}{10} = 0.25$$

$$v = ki = 4.5 \times 10^{-2} \times 0.25 = 1.125 \times 10^{-2} (\text{mm/s})$$

$$j = \gamma_w i = 10 \times 0.25 = 2.5 (\text{kN/m}^3)$$

细砂层的有效重度

$$\gamma' = \gamma_{sat} - \gamma_w = 18.7 - 10 = 8.7(kN/m^3) > j = 2.5 \ kN/m^3$$

所以,不会因基坑抽水而产生流砂现象。

3　工作任务

练习题

(1)什么叫流砂?它的发生条件是什么?

(2)渗透变形有哪些形式?各有何特点?都有哪些防治工程措施?

(3)临界水力坡降的含义是什么?

(4)如何判断土可能发生何种形式的渗透破坏?

(5)某工程基坑中,因抽水引起水流由下向上流动,水头差为 50 cm,渗流路径为 40 cm。试问渗透力 j 为多少?

（参考答案:$j = 1.25 \times 10^{-2} \ N/cm^3$）

(6)图 4-18 为板桩围堰。已知基坑土质为细砂,土粒比重为 2.70,孔隙比为 0.7。若防止细砂发生流砂的安全系数为 1.5,试问板桩的最小打入深度 t 为多少?

（参考答案:2.25 m）

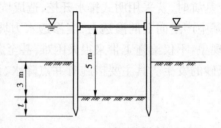

图 4-18　板桩围堰

项目5　地基变形验算

　　本项目的主要任务是土体的应力计算,确定土的压缩性指标,地基的变形验算。知识目标是掌握土的自重应力的概念与计算,掌握基底压力、基底附加压力的概念与计算,掌握地基中附加应力的概念与计算,掌握土的压缩性指标及测定方法,掌握分层总和法计算地基变形量。技能目标是会计算土的自重应力,会计算基底压力和基底附加压力,会计算地基中的附加应力,会进行地基变形计算,能进行压缩试验并会整理试验成果。

　　土体在自身重力、建筑物荷载或其他因素(如土中水的渗流、地震等)作用下,均可产生应力,建造在土质地基上的建筑物常在地基的竖向应力作用下产生一定的沉降量,建筑物各部分之间也会产生一定的沉降差,若建筑物产生的沉降量或沉降差过大,则会影响建筑物的正常使用,如水闸闸门启闭困难,建筑物倾斜、开裂等,严重时还会影响到建筑物的安全。因此,对于比较重要的建筑物,在设计时必须要进行地基的变形验算,即计算其可能产生的最大沉降量和沉降差,并验算它们是否小于建筑物的允许值,否则就必须采取相应的工程措施或改变上部结构和基础的设计。

　　地基土体在建筑荷载作用下产生沉降变形,建筑物随之也发生沉降,一般认为地基的变形就等于建筑物的沉降,所以变形和沉降这两个词在这里不作严格区分。

　　地基的变形主要是由地基土中产生的应力和土的压缩性引起的,在进行地基变形验算时首先要确定土体中的应力分布和土的压缩特性。因此,本项目分三个任务进行,即土中应力计算、确定土的压缩性和地基的变形验算。

任务1　土中应力计算

1　土中自重应力计算

　　土体中应力是指土体在自身重量、建筑物荷载以及其他因素作用下,土中所产生的应力。按它产生的原因不同,将土中的应力分为自重应力和附加应力。自重应力是指由土体自身重力作用所产生的应力。由于自重应力是在建造建筑物之前早已长期存在于地基土中的应力,对沉积年代比较久远的天然土层,在自重应力作用下其压缩变形已经稳定,因而自重应力不再引起地基的变形。但对沉积年代不久,如新近沉积土或近期人工填土,在自重作用下其压缩变形尚未稳定,则自重应力将使地基产生进一步的压缩变形。附加应力是指由建筑物荷载作用在地基中产生的应力。由于建造建筑物,地基中的应力状态发生了变化,地基中产生了附加应力,从而引起地基产生新的变形,严重的还会导致土体破坏而失去稳定。因而,研究地基变形与稳定问题,必须明确地基中附加应力的大小和分布。

1.1　均质土层中的自重应力

研究地基自重应力的目的是确定土体的初始应力状态。计算时假定地基为半无限弹性体,则土体中所有铅直面和水平面上均无剪应力存在,故地基中任意深度 z 处的铅直向自重应力就等于单位面积上的土柱重量,如图 5-1(a)所示。若 z 深度内的土层为均质土,天然重度为 γ,则

$$\sigma_{cz} = \gamma z \tag{5-1}$$

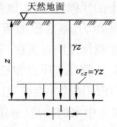

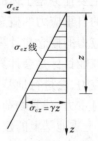

(a)任意水平面上 σ_{cz} 的分布与土柱受力　　　(b)　σ_{cz} 沿深度 z 分布

图 5-1　均质土中自重应力

式中　σ_{cz}——自重应力,kPa;

　　　γ——土的重度,kN/m³;

　　　z——计算点距地表的距离,m。

σ_{cz} 沿水平面均匀分布,且与 z 成正比,所以 σ_{cz} 随深度 z 线性增加,呈三角形分布,如图 5-1(b)所示。

土体在自重作用下除有竖向的自重应力 σ_{cz} 外,还作用有水平向应力 σ_{cx}、σ_{cy}。在半无限弹性体内,土不可能发生侧向变形,水平向自重应力 σ_{cx}、σ_{cy} 相等,且与 σ_{cz} 成正比,而剪应力为零,即

$$\sigma_{cx} = \sigma_{cy} = K_0 \sigma_{cz} \tag{5-2}$$

式中　σ_{cx}、σ_{cy}——水平向应力,kPa;

　　　K_0——土的静止土压力系数,它表示土体在无侧向变形条件下,水平向应力与竖向应力的比值,可由试验确定,当无试验资料时,可参考经验数值确定。

1.2　成层土的自重应力

如果地基由不同性质的成层土组成,则在地面以下任一层面处的自重应力应为

$$\sigma_{cz} = \gamma_1 h_1 + \gamma_2 h_2 + \cdots + \gamma_n h_n = \sum_{i=1}^{n} \gamma_i h_i \tag{5-3}$$

式中　n——至计算层面上的土层总数;

　　　γ_i——第 i 层土的天然重度,地下水位以下的土层取 γ',kN/m³;

　　　h_i——第 i 层土的厚度,m。

由式(5-3)可知,非均质土中自重应力沿深度呈折线分布,转折点位于 γ 值发生变化的界面,如图 5-2 所示。

1.3　相对不透水层的影响

在地下水位以下,如埋藏有不透水层(如连续分布的坚硬黏性土层或岩层),由于不

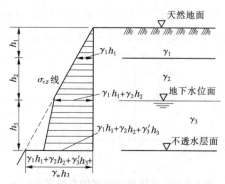

图5-2　成层土中自重应力分布

透水层中不存在水的浮力,所以层面及层面以下的自重应力应按上覆土层的水土总重计算,如图5-2所示。在不透水层界面上的自重应力发生突变,具有两个自重应力值。

1.4　地下水位变化对土中自重应力的影响

土层中地下水位的升降会引起土中自重应力的变化。当地下水位下降时,如图5-3(a)所示,地下水位变化范围内的土体,在水位变化前土颗粒受浮力作用,土的自重应力σ_{cz}等于$\gamma'z$,而地下水位下降后土颗粒不受浮力作用,自重应力σ_{cz}等于γz,因为$\gamma > \gamma'$,所以土的自重应力增加,引起土体发生变形。若在土基中大量开采地下水,造成地下水位大幅度下降,将会引起地面大面积下沉的严重后果。

至于地下水位上升情况,如图5-3(b)所示,一般发生在人工提高蓄水水位的地区(如筑坝蓄水)或工业用水大量渗入地下的地区。由于地下水位上升使原来未受浮力作用的土颗粒受到了浮力作用,致使土的自重应力减小。地下水上升除引起自重应力减小外,还将引起黏性土地基承载力降低,自重湿陷性黄土湿陷,挡土墙侧向压力增大,土坡的稳定性降低等。如果该地区土层具有遇水后土性发生变化的特性,则必须引起注意。

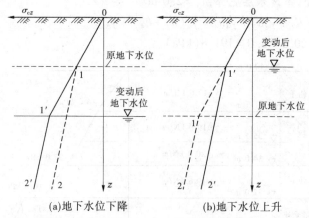

(a)地下水位下降　　　　　(b)地下水位上升

0－1－2线—原来自重应力的分布;0－1′－2′线—地下水位变动后自重应力的分布

图5-3　地下水位升降对土中自重应力的影响

1.5　土坝或土堤的自重应力

土坝或土堤等土工建筑物,由于不属于半无限体,坝身和坝基的受力条件较复杂。通常可简化计算,仍假定土坝断面中任一深度处一点的自重应力等于该点以上土体有效重力,则仍按式(5-1)计算。按此简化计算土坝坝身和坝基表面处的自重应力分布如图5-4所示。要求精确计算土坝中的自重应力时,可采用有限元法。

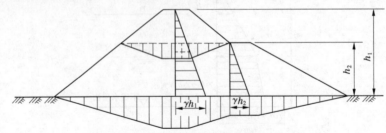

图5-4　土坝坝身与坝基的自重应力分布

【例5-1】　有一多层地基地质剖面如图5-5(a)所示,试计算并绘制自重应力 σ_{cz} 沿深度的分布图。

解: 37.5 m 高程处, $h_1 = 2.5$ m

$\sigma_{cz1} = \gamma_1 h_1 = 17.6 \times 2.5 = 44.0 (\text{kPa})$

35.5 m 高程处, $h_2 = 2.0$ m

$\sigma_{cz2} = \gamma_1 h_1 + \gamma_2 h_2 = 44.0 + 19.0 \times 2.0 = 82.0 (\text{kPa})$

34.0 m 高程处, $h_3 = 1.5$ m

$\sigma_{cz3} = \gamma_1 h_1 + \gamma_2 h_2 + \gamma'_3 h_3 = 82.0 + (20.0 - 10) \times 1.5 = 97.0 (\text{kPa})$

32.0 m 高程处,砂土层底部, $h_4 = 2.0$ m

$\sigma_{cz4上} = \gamma_1 h_1 + \gamma_2 h_2 + \gamma'_3 h_3 + \gamma'_4 h_4 = 97.0 + (19.6 - 10) \times 2.0 = 116.2 (\text{kPa})$

32.0 m 高程处,不透水层顶部, $h_4 = 2.0$ m

$\sigma_{cz4下} = \gamma_1 h_1 + \gamma_2 h_2 + \gamma'_3 h_3 + \gamma'_4 h_4 + \gamma_w (h_3 + h_4)$
$\quad = 116.2 + 10 \times (1.5 + 2.0) = 151.2 (\text{kPa})$

30.0 m 高程处,不透水层底部, $h_5 = 2.0$ m

$\sigma_{cz5} = \gamma_1 h_1 + \gamma_2 h_2 + \gamma'_3 h_3 + \gamma'_4 h_4 + \gamma_w (h_3 + h_4) + \gamma_5 h_5$
$\quad = 151.2 + 20.3 \times 2.0 = 191.8 (\text{kPa})$

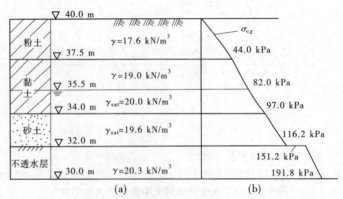

图5-5　例5-1图

自重应力 σ_{cz} 沿深度的分布曲线见图5-5。

2　基底压力计算

建筑物的荷载通过基础传给地基土体,在基础底面处单位面积地基所受的压力称为基底压力(也称接触压力),地基对基础的作用力称为地基反力。由于基底压力能引起地基中的附加应力,因此计算基底压力的大小和分布是计算附加应力的依据。不同形式的基底压力分布,在地基土体的一定深度内,就有不同的附加应力分布状态。

2.1　基底压力的分布规律

准确地确定基底压力的分布是相当复杂的问题。试验和理论研究表明,基底压力的分布受到很多因素的影响。它与基础的刚度(指其抗弯刚度)、形状、尺寸和埋深有关,也与基础所受荷载的大小及基土的性质等有关。基础按刚度不同可划分为三种类型。

2.1.1　柔性基础

柔性基础是指刚性很小,在荷载作用下,基础随地基一起变形的基础,如土坝、土堤、路基等建筑物的基础。其基底压力的大小和分布与作用于基底上的荷载大小和分布相同。若基底上的荷载是均匀分布,则基底压力也为均匀分布;若基底上的荷载是梯形分布,则基底压力也是梯形分布,如图5-6所示。

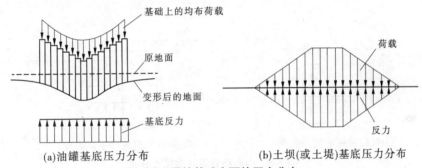

图5-6　柔性基础底面的压力分布

2.1.2　刚性基础

刚性基础是指刚性很大,在荷载作用下,基础本身可当做是不变形的基础。该基础基底始终保持为平面,各点沉降相同,如混凝土基础和砖石基础等。若地基为砂土,当基础埋深较浅时,在中心荷载作用下,由于砂土颗粒之间没有黏聚力,其基底压力中间大、边缘处等于零,类似于抛物线形分布;当荷载继续加大时,则近似于三角形分布,如图5-7(a)所示;对黏性土地基,在中心荷载作用下,由于黏性土具有黏聚力,基础边缘能承受一定的压力,因此当荷载较小时,基底压力呈边缘大、中间小的马鞍形分布;当荷载逐渐增大并超过土粒间的连接强度(黏聚力)后基底压力将重新分布,由马鞍形逐步发展为抛物线形和钟形,如图5-7(b)所示。

2.1.3　弹性基础

弹性基础是指刚度介于柔性基础和刚性基础之间的一种基础类型。在外荷载作用下,基础本身也将发生一些弯曲变形,如水闸基础、筏式基础等钢筋混凝土薄板基础均属弹性基础。

对刚性基础,虽然其基底压力分布与基础上面的荷载分布不同,但实际工程中根据经

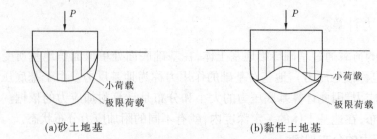

(a)砂土地基　　　　　　　　　　　　　(b)黏性土地基

图 5-7　刚性基础基底压力分布示意图

验(当基础宽度不小于 1.0 m,且荷载不太大时,即小于 600 kPa),基底压力分布可近似按直线变化规律简化计算。它在地基变形计算中引起的误差是允许的,计算的工作量又可大为减小。所以,基底压力分布可近似地按材料力学方法进行计算。

2.2　竖直中心荷载作用下的基底压力

2.2.1　矩形基础和圆形基础

竖直中心荷载作用的矩形式圆形基础,其荷载的合力通过基底形心,基底压力为均匀分布,如图 5-8 所示,基底压力 p 的计算公式为

$$p = \frac{F + G}{A} \tag{5-4}$$

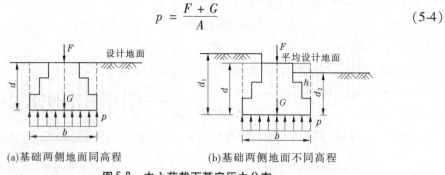

(a)基础两侧地面同高程　　　　　　　　(b)基础两侧地面不同高程

图 5-8　中心荷载下基底压力分布

式中　p——基底压力,kPa;

　　　F——上部结构传至基础顶面的竖向力,kN;

　　　G——基础及底面以上回填土总重,kN,$G = \gamma_G A \bar{d}$,其中 γ_G 为基础及回填土的平均重度,一般可取 20 kN/m³,$\bar{d}$ 为基础埋深平均值;

　　　A——基底面积,m²,对于矩形基础,$A = bl$,b 与 l 分别为基础的宽度与长度,对于圆形基础,$A = \pi d^2 / 4$,d 为基础底面直径。

2.2.2　条形基础

在实际工程中像堤坝、挡土墙等建筑物,如图 5-9 所示,其长度 l 和宽度 b 相比较大,理论上可认为近似是无限长,且沿长度方向基础的截面尺寸相同、荷载相同,则各截面中的地基附加应力分布也就相同,这样的基础称为条形基础。它可作为弹性理论中的平面应力问题来计算。显然,在条形基础荷载作用下,用平面问题计算的附加应力只与以 xOz 为平面的坐标有关。

在实际计算中,当 $l/b \geqslant 10$ 时即可称为条形基础(如工业与民用建筑工程中),有些工

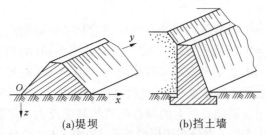

(a)堤坝   (b)挡土墙

图 5-9 按平面问题考虑的基础

程的基础,当 $l/b \geqslant 5$ 时也可视为条形基础(如水利工程),据此计算附加应力而引起的误差是允许的。所以,对条形基础,沿长度方向取 $l = 1$ m 的截条、$A = b$ 来考虑,其基底压力为

$$\overline{p} = \frac{\overline{F} + \overline{G}}{b} \tag{5-5}$$

式中 $\overline{p}$——平均基底压力,kPa;

$\overline{F}$、$\overline{G}$——沿基底长度方向 1 m 长基础上的荷载和基础自重,kN/m;

b——基础底面的宽度。

2.3 单向偏心荷载作用下的基底压力

基础承受单向偏心竖直荷载作用,如图 5-10 所示的矩形基础,为了抵抗荷载的偏心作用,通常取基础长边 l 与偏心方向一致。基底压力分布按材料力学的偏心受压公式计算,即

$$p(x,y) = \frac{F + G}{A} + \frac{M_x}{I_x} y + \frac{M_y}{I_y} x \tag{5-6}$$

式中 $p(x,y)$——基底某点(其坐标为 x 及 y)的基底压力;

M_x、M_y——合力 $F + G$ 对 x—x 轴与对 y—y 轴的力矩;

I_x、I_y——基底面积对 x—x 轴与对 y—y 轴的惯性矩;

其余符号意义同前。

当偏心距为 e 的荷载合力作用于矩形基底的一个主轴上(见图 5-10)时,基础两端的基底压力应为

$$p_{\min}^{\max} = \frac{F + G}{A} \pm \frac{M}{W} \tag{5-7}$$

式中 $p_{\max}$、$p_{\min}$——基底最大、最小边缘压力,kN/m²;

M——作用在基底形心上的力矩,kN·m,$M = Pe$,e 为偏心距;

W——基础底面的抵抗矩,m³,对于矩形截面,$W = bl^2/6$。

将荷载的偏心距 $e = M/(F + G)$ 及 $W = bl^2/6$ 代入式(5-7)中,得

$$p_{\min}^{\max} = \frac{F + G}{A} \left(1 \pm \frac{6e}{l} \right) \tag{5-8}$$

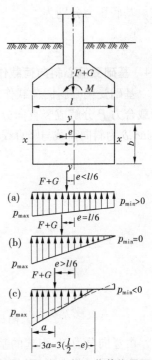

图 5-10 单向偏心荷载作用下
矩形基础基底压力分布

由式(5-8)可知：

当 $e < l/6$ 时，$p_{min} > 0$，基底压力呈梯形分布，如图 5-10(a)所示；

当 $e = l/6$ 时，$p_{min} = 0$，基底压力呈三角形分布，如图 5-10(b)所示；

当 $e > l/6$ 时，$p_{min} < 0$，表明基底将出现拉应力，如图 5-10(c)所示。

由于基底与地基之间不能承受拉力，此时基底与地基之间发生局部脱开，使其基底压力重新分布。根据作用在基础底面上的偏心荷载与基底反力相平衡的条件，偏心竖向荷载的合力 $F + G$ 应通过基底压力分布图形的形心，如图 5-10(c)所示。因而，基底压力图形底边必为 $3a$，则 $F + G = \dfrac{1}{2} \times 3abp_{max}$，可得最大基底压力为

$$p_{max} = \frac{2(F + G)}{3ab} \tag{5-9}$$

式中 a——单向偏心荷载作用点至基底最大压力边缘的距离，m，$a = \dfrac{l}{2} - e$。

从上述分析可见，当 $e > l/6$ 时，p_{max} 将增加很多，因此在工程设计时，一般不允许 $e > l/6$，以便充分发挥地基承载力。

对于条形基础，仍沿长边方向取 1 m 进行计算，则 $A = b \times 1$，偏心方向与基础宽度一致。基底压力分别为

$$p_{min}^{max} = \frac{\overline{F} + \overline{G}}{b}\Big(1 \pm \frac{6e}{b}\Big) \tag{5-10}$$

2.4　基础受偏心斜向荷载作用

基础受偏心斜向荷载作用(如基础在竖直荷载和水压力共同作用)时，可将偏心斜向荷载合力 P 分解成竖直向分力 P_v 和水平向分力 P_h，如图 5-11 所示，其中，$P_v = P\cos\delta$，$P_h = P\sin\delta$，δ 为斜向荷载与竖直线的夹角。

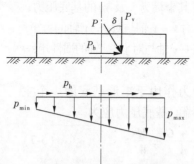

图 5-11　偏心斜向荷载作用下基底压力分布

由竖向分力 P_v 引起的基底压力，可按式(5-8)或式(5-10)计算。

由水平向分力 P_h 引起的基底压力，一般假定为均匀分布，其水平基底压力计算公式为：

矩形基础

$$p_h = \frac{\overline{P}_h}{A} \tag{5-11}$$

条形基础

$$p_h = \frac{\overline{P}_h}{b} \tag{5-12}$$

式中　$\overline{P}_\mathrm{h}$——1 m 长基底上作用的水平向分力,kN/m;

　　　p_h——水平向分力引起的基底压力,kPa。

3　基底附加压力计算

　　基底附加压力是指导致地基产生附加应力的那部分基底压力。显然,建筑物修建前地基土中只有自重应力,而且一般地基在自重作用下的变形已经完成。在修建建筑物时,基坑开挖后,减小了基础埋深以下原有地基的自重应力,相当于加了一个负荷载。因此,基底附加压力应为基底压力扣除基础底面处原有的自重应力,剩余部分的压力才是基础底面处真正作用于地基产生附加应力的压力。在基底压力相同时,基底埋深越大,其附加压力越小,越有利于减小基础的沉降,根据该原理可以对基础采用补偿性设计。

　　当基底压力为均布时,其基底附加压力为

$$p_0 = p - \sigma_{\mathrm{cz}} \tag{5-13}$$

　　当基底压力为梯形分布时,其基底附加压力为

$$p_{0\min}^{0\max} = p_{\min}^{\max} - \sigma_{\mathrm{cz}} \tag{5-14}$$

式中　p_0——基底附加压力,kPa;

　　　p——基底压力,kPa;

　　　σ_{cz}——基础底面处的自重应力,从天然地面算起,对于新填土地区则从老地面算起。

　　【例 5-2】　某建筑物的基础底面长 $l = 2$ m,宽 $b = 1.6$ m,其上作用荷载如图 5-12(a)所示。$P_\mathrm{h} = 63$ kN,$P_1 = 350$ kN,$P_2 = 60$ kN。试计算基底压力(绘出分布图)、基底附加压力。

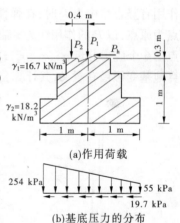

(a)作用荷载

(b)基底压力的分布

图 5-12　例 5-2 图

　　解:(1)计算基础及上覆土重。

$G = \gamma_G A d = \gamma_G l b d = 20 \times 2 \times 1.6 \times 1.3 = 83.2(\mathrm{kN})$

　　(2)计算作用在基础底面以上竖直方向合力。

$P = G + P_1 + P_2 = 83.2 + 350 + 60 = 493.2(\mathrm{kN})$

　　(3)以基础底面中心为矩心,计算作用于基础底面以上的合力矩。

$M = 1.3 P_\mathrm{h} + 0.4 P_2 = 1.3 \times 63 + 0.4 \times 60$

　　$= 105.9(\mathrm{kN \cdot m})$

　　(4)求偏心距 e。

$e = \dfrac{M}{P} = \dfrac{105.9}{493.2} = 0.215(\mathrm{m})$

　　(5)求基底压力。

$p_{\min}^{\max} = \dfrac{P}{A}\left(1 \pm \dfrac{6e}{l}\right) = \dfrac{493.2}{1.6 \times 2} \times \left(1 \pm \dfrac{6 \times 0.215}{2}\right) = \dfrac{254}{55}(\mathrm{kPa})$

$p_\mathrm{h} = \dfrac{P_\mathrm{h}}{A} = \dfrac{63}{1.6 \times 2} = 19.7(\mathrm{kPa})$

基底压力分布如图 5-12(b)所示。

(6)求基底附加压力。

$$p_{0min}^{0max} = p_{min}^{max} - \sigma_{cz} = \frac{254}{55} - (16.7 \times 0.3 + 18.2 \times 1.0) = \frac{230}{32}(kPa)$$

4　土中的附加应力计算

前曾指出,附加应力是指由新增外荷载在地基土中产生的应力,是引起地基变形与破坏的主要因素。在计算地基中附加应力时,常假定地基土是均质的、各向同性的、半无限的弹性体,直接应用弹性理论中导出的公式进行计算。但在工程实际中,地基土通常是成层的,且层间土的性质往往差别较大,地基的应力—应变特征有时也不是呈直线变化关系,但是如按地基土的实际情况来计算地基中的附加应力,目前还是比较困难和复杂的。试验表明,当上部结构承受的荷载不大,地基中的塑性变形区很小时,荷载和变形之间可近似呈直线关系,用弹性理论计算的应力值与实测值相差不大,所以工程上普遍采用这种理论。下面介绍几种荷载作用下附加应力的计算方法。

4.1　竖直集中力作用下的附加应力

1885 年,法国学者布辛奈斯克(J. Boussinesq)用弹性理论推出半无限弹性体表面上作用有竖直集中力 P 时,在弹性体内任一点 M 所引起的附加应力的解析解。若以 P 作用点为原点,以 P 的作用线为 z 轴,建立起坐标系,如图 5-13 所示,M 点的坐标为 (x,y,z),M 点的 6 个应力分量 σ_x、σ_y、σ_z、τ_{xy}、τ_{xz} 和 τ_{yz},已有弹性理论解出,其中竖向附加应力 σ_z 对计算地基变形最有意义,其计算公式为

$$\sigma_z = \frac{3P}{2\pi}\frac{z^3}{R^5} \tag{5-15}$$

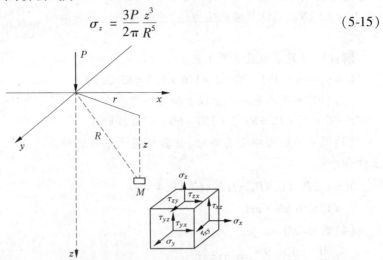

图 5-13　竖直集中力作用下土中一点的应力

式中　R——集中力 P 作用点至计算点 M 的距离,根据图 5-13 有如下几何关系:

$$R = \sqrt{x^2 + y^2 + z^2} = \sqrt{z^2 + r^2} = \sqrt{1 + (r/z)^2};$$

　　　r——M 点到集中力 P 作用线的水平距离。

以 $R = \sqrt{1 + (r/z)^2}$ 代入式(5-15)中,则

$$\sigma_z = \frac{3P}{2\pi z^2} \frac{1}{\left[1 + \left(\dfrac{r}{z}\right)^2\right]^{5/2}} = K\frac{P}{z^2} \tag{5-16}$$

式中　K——竖直集中力作用下的地基竖向附加应力系数,是 r/z 的函数,可由表 5-1
　　　　查得。

表 5-1　竖直集中力作用下的地基竖向附加应力系数 K

r/z	K	r/z	K	r/z	K	r/z	K	r/z	K
0	0.477 5	0.50	0.273 3	1.00	0.084 4	1.50	0.025 1	2.00	0.008 5
0.05	0.474 5	0.55	0.246 6	1.05	0.074 4	1.55	0.022 4	2.20	0.005 8
0.10	0.465 7	0.60	0.221 4	1.10	0.065 8	1.60	0.020 0	2.40	0.004 0
0.15	0.451 6	0.65	0.197 8	1.15	0.058 1	1.65	0.017 9	2.60	0.002 9
0.20	0.432 9	0.70	0.176 2	1.20	0.051 3	1.70	0.016 0	2.80	0.002 1
0.25	0.410 3	0.75	0.156 5	1.25	0.045 4	1.75	0.014 4	3.00	0.001 5
0.30	0.384 9	0.80	0.138 6	1.30	0.040 2	1.80	0.012 9	3.50	0.000 7
0.35	0.357 7	0.85	0.122 6	1.35	0.035 7	1.85	0.011 6	4.00	0.000 4
0.40	0.329 4	0.90	0.108 3	1.40	0.031 7	1.90	0.010 5	4.50	0.000 2
0.45	0.301 1	0.95	0.095 6	1.45	0.028 2	1.95	0.009 5	5.00	0.000 1

由式(5-16)计算可知,竖向附加应力 σ_z 的分布规律如下。

4.1.1　在任一深度的水平面上 σ_z 的分布

当深度 z 为一定值时,在水平距离 $r=0$ 处 σ_z 最大,随着 r 的逐渐增大,K 值愈小,则 σ_z 值也愈小,如图 5-14 所示。

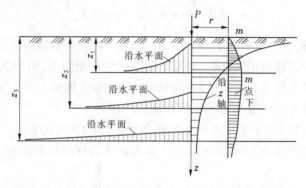

图 5-14　竖直集中力作用下土中一点的应力 σ_z 的分布

4.1.2　集中力作用线上 σ_z 的分布

在集中力 P 的作用线上 $r=0$，当 $z=0$ 时，竖向附加应力 $\sigma_z \to \infty$，随着深度增加，σ_z 逐渐减小，如图 5-14 所示。注意 $z=0$ 时，$\sigma_z \to \infty$，这说明用弹性理论导出的应力计算公式不适用于集中力附近点的附加应力计算，实际上，该点土体已处在塑性状态。因此，再用弹性理论计算将得出不合理的结论。

4.1.3　在 $r>0$ 的竖直线上 σ_z 的分布

在 $r>0$ 的竖直线上，当 $z=0$ 时，$\sigma_z=0$，随着 z 的增加，σ_z 从零逐渐增大，至一定深度又随着 z 值的增加而减小，如图 5-14 所示。

将地基中 σ_z 相同的点连接起来，便可绘出如图 5-15 所示的等应力线，该线形如泡状，故又称应力泡。土中离集中力作用点越远，附加应力越小，这种现象称为应力扩散现象。

若地面上有 n 个相邻的集中力作用，如图 5-16 中的 P_1、P_2，应先分别算出各个集中力在土中某一深度引起的附加应力（图 5-16 中 a、b 线），再根据应力叠加原理把它们叠加起来。图 5-16 中的 c 线即为 P_1 与 P_2 在该平面处引起的附加应力的叠加曲线。这种应力叠加现象称为应力的积聚现象。

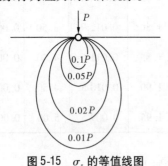

图 5-15　σ_z 的等值线图

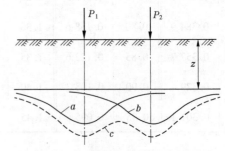

图 5-16　两个竖直集中力作用下
地基中 σ_z 的叠加

在多个相邻的集中力作用下，利用式（5-16）及叠加原理，可求出地基中任意点 M 的附加应力为

$$\sigma_z = K_1 \frac{P_1}{z^2} + K_2 \frac{P_2}{z^2} + \cdots + K_n \frac{P_n}{z^2} \tag{5-17}$$

式中　$K_1,K_2,\cdots,K_n$——集中力 $P_1,P_2,\cdots,P_n$ 作用下的竖向附加应力系数。

因附加应力的扩散和积聚作用，邻近基础将产生互相影响，引起基础附加沉降，如新建筑物可能使相邻的旧建筑物产生裂缝和倾斜，这在软土地基上尤为突出。因此，在工程设计与施工中必须考虑相邻基础的互相影响。

【例 5-3】 在半空间表面作用一竖直集中力 $P=500$ kN，试求：

（1）$z=2$ m，水平距离 $r=0$、1 m、2 m、3 m、4 m 各点的附加应力 σ_z，并绘出 σ_z 应力分布图。

（2）$z=4$ m，水平距离同上的各点附加应力 σ_z，并绘出 σ_z 应力分布图。

（3）$r=0$ 的竖线上，$z=0$、1 m、2 m、3 m、4 m 各点的附加应力 σ_z，并绘出 σ_z 应力分布图。

解：列表计算，见表 5-2。

绘出表 5-2 中各点的 σ_z 分布曲线,如图 5-17 所示。

表 5-2　例 5-3 计算表

$z(m)$	$r(m)$	r/z	K	$\sigma_z = KP/z^2(\text{kPa})$
	0	0	0.477 5	59.69
	1	0.50	0.273 3	34.16
2	2	1.00	0.084 4	10.55
	3	1.50	0.025 1	3.14
	4	2.00	0.008 5	1.06
	0	0	0.477 5	14.92
	1	0.25	0.410 3	12.82
4	2	0.50	0.273 3	8.54
	3	0.75	0.156 5	4.89
	4	1.00	0.084 4	2.64
0				∞
1				238.75
2	0	0	0.477 5	59.69
3				26.53
4				14.92

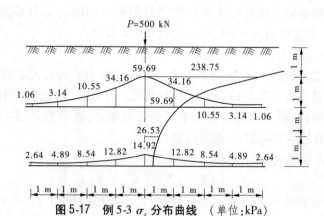

图 5-17　例 5-3 σ_z 分布曲线　(单位:kPa)

4.2　空间问题的附加应力

设基础长度为 l,宽度为 b,当 $l/b < 10$ 时,其地基附加应力与空间坐标位置有关,属于空间问题。以下按不同荷载分布形式计算矩形基底下的竖直向附加应力。

4.2.1　矩形基础受竖直均布荷载作用

4.2.1.1　基础角点下的附加应力

当竖直均布荷载 p 作用于长度为 l,宽度为 b 的矩形基底时,以矩形基底的角点为坐标原点,如图5-18所示,在矩形面积上任取微小面积 $dxdy$,将其上作用荷载以集中力 $dP = pdxdy$ 代替,然后代入式(5-15),并沿基底长度 l 和宽度 b 两个方向进行二重积分,可求得矩形基底面角点下任一深度 z 处 M 点的附加应力 σ_z,即

$$\sigma_z = \int_0^l \int_0^b \frac{3p}{2\pi} \frac{z^3}{(x^2 + y^2 + z^2)^{5/2}} dxdy$$

$$= \frac{p}{2\pi} \left[\arctan \frac{m}{n\sqrt{1 + m^2 + n^2}} + \frac{mn}{\sqrt{1 + m^2 + n^2}} \left(\frac{1}{m^2 + n^2} + \frac{1}{1 + n^2} \right) \right]$$

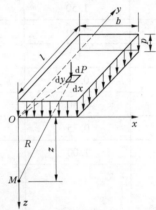

图 5-18　矩形基础受竖直均布荷载
作用时角点下的附加应力

为了计算方便,将上式简写成为

$$\sigma_z = K_c p \tag{5-18}$$

式中　K_c——矩形基础受竖直均布荷载作用时角点下的附加应力系数,它是 m、n 的函数,其值可由 $m = l/b$、$n = z/b$ 查表5-3得出。

4.2.1.2　地基中任意点下的附加应力

对于地基任意点的附加应力,可利用式(5-18)和应力叠加原理求得,常称为角点法。根据计算点的位置可有如图5-19所示的四种情况。计算时,首先通过计算点 N 把荷载面分成若干个矩形面积,使 N 点成为各个矩形的公共角点,然后按式(5-18)计算各个矩形角点下同深度 z 处的附加应力,并求其代数和。

(1)计算点 N 在基底面内,如图5-19(a)所示,则

$$\sigma_z = (K_{c1} + K_{c2} + K_{c3} + K_{c4}) p$$

如果 N 点恰好在矩形基础的形心下,则四块小矩形面积相等。所以,只需求出一个小矩形在中心点下产生的附加应力后再乘以4,即为整个矩形荷载在中心点下产生的附加应力,即

$$\sigma_z = 4K_{c1} p$$

(2)计算点 N 在基底边缘下,如图5-19(b)所示,则

$$\sigma_z = (K_{c1} + K_{c2}) p$$

(3)计算点 N 在基底边缘外侧,如图5-19(c)所示,则

$$\sigma_z = (K_{c1} + K_{c2} - K_{c3} - K_{c4}) p$$

其中下标 1、2、3、4 分别为矩形 $Neag$、$Ngbf$、$Nedh$ 和 $Nhcf$ 的编号。

表 5-3　矩形基础受竖直均布荷载作用时角点下附加应力系数 K_c 值

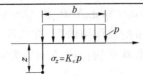

$n=z/b$	$m=l/b$										
	1.0	1.2	1.4	1.6	1.8	2.0	3.0	4.0	5.0	6.0	10.0
0	0.250 0	0.250 0	0.250 0	0.250 0	0.250 0	0.250 0	0.250 0	0.250 0	0.250 0	0.250 0	0.250 0
0.2	0.248 6	0.248 9	0.249 0	0.249 1	0.249 1	0.249 1	0.249 2	0.249 2	0.249 2	0.249 2	0.249 2
0.4	0.240 1	0.242 0	0.242 9	0.243 4	0.243 7	0.243 9	0.244 2	0.244 3	0.244 3	0.244 3	0.244 3
0.6	0.222 9	0.227 5	0.230 0	0.231 5	0.232 4	0.232 9	0.233 9	0.234 1	0.234 2	0.234 2	0.234 2
0.8	0.199 9	0.207 5	0.212 0	0.214 7	0.216 5	0.217 6	0.219 6	0.220 0	0.220 2	0.220 2	0.220 2
1.0	0.175 2	0.185 1	0.191 1	0.195 5	0.198 1	0.199 9	0.203 4	0.204 2	0.204 4	0.204 5	0.204 6
1.2	0.151 6	0.162 6	0.170 5	0.175 8	0.179 3	0.181 8	0.187 0	0.188 2	0.188 5	0.188 7	0.188 8
1.4	0.130 8	0.142 3	0.150 8	0.156 9	0.161 3	0.164 4	0.171 2	0.173 0	0.173 5	0.173 8	0.174 0
1.6	0.112 3	0.124 1	0.132 9	0.143 6	0.144 5	0.148 2	0.156 7	0.159 0	0.159 8	0.160 1	0.160 4
1.8	0.096 9	0.108 3	0.117 2	0.124 1	0.129 4	0.133 4	0.143 4	0.146 3	0.147 4	0.147 8	0.148 2
2.0	0.084 0	0.094 7	0.103 4	0.110 3	0.115 8	0.120 2	0.131 4	0.135 0	0.136 3	0.136 8	0.137 4
2.2	0.073 2	0.083 2	0.091 7	0.098 4	0.103 9	0.108 4	0.120 5	0.124 8	0.126 4	0.127 1	0.127 7
2.4	0.064 2	0.073 4	0.081 2	0.087 9	0.093 4	0.097 9	0.110 8	0.115 6	0.117 5	0.118 4	0.119 2
2.6	0.056 6	0.065 1	0.072 5	0.078 8	0.084 2	0.088 7	0.102 0	0.107 3	0.109 5	0.110 6	0.111 6
2.8	0.050 2	0.058 0	0.064 9	0.070 9	0.076 1	0.080 5	0.094 2	0.099 9	0.102 4	0.103 6	0.104 8
3.0	0.044 7	0.051 9	0.058 3	0.064 0	0.069 0	0.073 2	0.087 0	0.093 1	0.095 9	0.097 3	0.098 7
3.2	0.040 1	0.046 7	0.052 6	0.058 0	0.062 7	0.066 8	0.080 6	0.087 0	0.090 0	0.091 6	0.093 3
3.4	0.036 1	0.042 1	0.047 7	0.052 7	0.057 1	0.061 1	0.074 7	0.081 4	0.084 7	0.086 4	0.088 2
3.6	0.032 6	0.038 2	0.043 3	0.048 0	0.052 3	0.056 1	0.069 4	0.076 3	0.079 9	0.081 6	0.083 7
3.8	0.029 6	0.034 8	0.039 5	0.043 9	0.047 9	0.051 6	0.064 5	0.071 7	0.075 3	0.077 3	0.079 6
4.0	0.027 0	0.031 8	0.036 2	0.040 3	0.044 1	0.047 4	0.060 3	0.067 4	0.071 2	0.073 3	0.075 8
4.2	0.024 7	0.029 1	0.033 3	0.037 1	0.040 7	0.043 9	0.056 3	0.063 4	0.067 4	0.069 6	0.072 4
4.4	0.022 7	0.026 8	0.030 6	0.034 3	0.037 6	0.040 7	0.052 7	0.059 7	0.063 9	0.066 2	0.069 2
4.6	0.020 9	0.024 7	0.028 3	0.031 7	0.034 8	0.037 8	0.049 3	0.056 4	0.060 6	0.063 0	0.066 3
4.8	0.019 3	0.022 9	0.026 2	0.029 4	0.032 4	0.035 2	0.046 3	0.053 3	0.057 6	0.060 1	0.063 5
5.0	0.017 9	0.021 2	0.024 3	0.027 4	0.030 2	0.032 8	0.043 5	0.050 4	0.054 7	0.057 3	0.061 0
6.0	0.012 7	0.015 1	0.017 4	0.019 6	0.021 8	0.023 8	0.032 5	0.038 8	0.043 1	0.046 0	0.050 6
7.0	0.009 4	0.011 2	0.013 0	0.014 7	0.016 4	0.018 0	0.025 1	0.030 6	0.034 6	0.037 6	0.042 8
8.0	0.007 3	0.008 7	0.010 1	0.011 4	0.012 7	0.014 0	0.019 8	0.024 6	0.028 3	0.031 1	0.036 7
9.0	0.005 8	0.006 9	0.008 0	0.009 1	0.010 2	0.011 2	0.016 1	0.020 0	0.023 5	0.026 2	0.031 9
10.0	0.004 7	0.005 6	0.006 5	0.007 4	0.008 3	0.009 2	0.013 2	0.016 7	0.019 8	0.022 2	0.028 0

（4）计算点 N 在基底角点外侧，如图 5-19（d）所示，则

$$\sigma_z = (K_{c1} - K_{c2} - K_{c3} + K_{c4})p$$

其中下标 1、2、3、4 分别为矩形 $Neag$、$Nfbg$、$Nedh$ 和 $Nfch$ 的编号。

需要指出，矩形基础竖直均布荷载作用情况，在应用角点法计算附加应力时，确定每个矩形荷载的 K_c 值，l 始终为矩形基底的长边，b 始终为矩形基底的短边，否则无法查表。

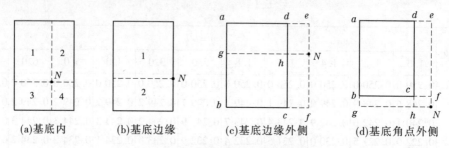

(a)基底内　　　　(b)基底边缘　　　(c)基底边缘外侧　　(d)基底角点外侧

图 5-19　综合角点法的应用示意图

【**例 5-4**】　图 5-20 中有 A、B 两个方形基础，其中 A 基础的基底面积为 4 m×4 m，B 基础的基底面积为 1 m×1 m，它们均承受 $p = 300$ kPa 的均布荷载。设此两基础相距甚远，相互间的附加应力影响可以不计。试分别求出两基础下的最大附加应力 σ_z 的分布图，并比较两者对地基中同一高压缩性土层的影响有何不同，原因何在。

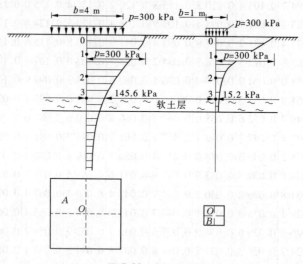

图 5-20　例 5-4 图

解：在均布荷载下，地基中最大附加应力发生在通过基底形心 O 的铅直线上，其计算方法如下：

通过基底中心点 O 分别将 A 基础底面划分为 4 个 2 m×2 m 的方形基础，将 B 基础底面划分为 4 个 0.5 m×0.5 m 的方形基础，利用角点法求得 O 点以下各深度的附加应力，计算结果如表 5-4 所示。

表 5-4　基础中心点下附加应力计算结果

基底以下的深度 $z(\mathrm{m})$	4 m×4 m 的基础(A 基础)				1 m×1 m 的基础(B 基础)			
	$n=z/b$	$m=l/b$	K_c	$\sigma_z=4K_c p$ (kPa)	$n=z/b$	$m=l/b$	K_c	$\sigma_z=4K_c p$ (kPa)
1.0	0.5	1.0	0.231 5	277.8	2.0	1.0	0.084 0	100.8
2.0	1.0	1.0	0.175 2	210.2	4.0	1.0	0.027 0	32.4
3.0	1.5	1.0	0.121 3	145.6	6.0	1.0	0.012 7	15.2

由计算的结果可见,在相等强度的均布荷载作用下,大小不同的两基础在地基下相同深度处所引起的附加应力 σ_z 值是不同的,荷载面(基础)越大,在相同深度处引起的附加应力 σ_z 也越大。因此,在图中高压缩性土层顶面处由 A 基础所引起的附加应力(145.6 kPa)大于由 B 基础在该处所引起的附加应力(15.2 kPa),且 A 基础应力分布的影响深度也较大,故 A 基础的沉降也将大于 B 基础的沉降。

4.2.2　矩形基础受竖直三角形分布荷载作用

设矩形基础上作用的竖直荷载沿宽度 b 方向呈三角形分布,沿 l 方向的荷载不变,最大荷载强度为 p_t,如图 5-21 所示。

4.2.2.1　零值边角点下的 σ_z

零值边角点下任一点 M 处的附加应力,仍可按先在基底面内取一微面积 $\mathrm{d}x\mathrm{d}y$,其上作用荷载以集中力 $\mathrm{d}P=\dfrac{x}{b}p\mathrm{d}x\mathrm{d}y$ 代替,然后积分,即为整个矩形基底面积在 M 点产生的附加应力,表达式为

$$\sigma_z = K_{t1} p_t \tag{5-19}$$

$$K_{t1} = \frac{mn}{2\pi}\Big[\frac{1}{\sqrt{m^2+n^2}} - \frac{n^2}{(1+n^2)\sqrt{1+m^2+n^2}}\Big]$$

式中　K_{t1}——矩形基础受竖直三角形分布荷载作用时零值边角点下的附加应力系数,其值可由 $m=l/b$、$n=z/b$ 查表 5-5 得出,其中 b 为沿三角形分布荷载变化方向的矩形基底的长度,l 为矩形基底另一边的长度。

4.2.2.2　荷载最大值边角点下的 σ_z

同理,荷载最大值边角点下的 σ_z 为

$$\sigma_z = K_{t2} p_t \tag{5-20}$$

式中　K_{t2}——矩形基础受竖直三角形分布荷载作用时最大值边角点下的附加应力系数,其值可由 $m=l/b$、$n=z/b$ 查表 5-5 得出。

4.2.3　矩形基础受水平均布荷载作用

如图 5-22 所示,当矩形基础上作用水平均布荷载 p_h 时,角点下任意深度 z 处的竖向附加应力 σ_z 为

$$\sigma_z = \pm K_h p_h \tag{5-21}$$

$$K_{h} = \frac{m}{2\pi}\left[\frac{1}{\sqrt{m^{2}+n^{2}}} - \frac{n^{2}}{(1+n^{2})\sqrt{1+m^{2}+n^{2}}}\right]$$

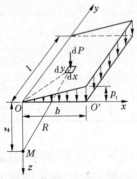

图 5-21　矩形基础受竖直三角形分
布荷载作用时角点下的附加应力

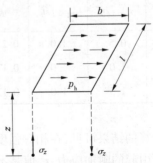

图 5-22　矩形基础受水平均布
荷载作用时角点下的附加应力

式中　K_{h}——矩形基础受水平均布荷载作用时的竖向附加应力系数,可根据 $m = l/b$、$n = z/b$ 查表 5-6 得出,b 为平行于水平荷载方向的矩形基底的长度,l 为基底的另一组边长。

表 5-5　矩形基础受竖直三角形分布荷载作用时角点下附加应力系数 K_{t1} 和 K_{t2} 值

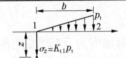

$n = z/b$	$m = l/b$									
	0.2		0.4		0.6		0.8		1.0	
	K_{t1}	K_{t2}	K_{t1}	K_{t2}	K_{t1}	K_{t2}	K_{t1}	K_{t2}	K_{t1}	K_{t2}
0	0.000 0	0.250 0	0.000 0	0.250 0	0.000 0	0.250 0	0.000 0	0.250 0	0.000 0	0.250 0
0.2	0.022 3	0.182 1	0.028 0	0.211 5	0.029 6	0.216 5	0.030 1	0.217 8	0.030 4	0.218 2
0.4	0.026 9	0.109 4	0.042 0	0.160 4	0.048 7	0.178 1	0.051 7	0.184 4	0.053 1	0.187 0
0.6	0.025 9	0.070 0	0.044 8	0.116 5	0.056 0	0.140 5	0.062 1	0.152 0	0.065 4	0.157 5
0.8	0.023 2	0.048 0	0.042 1	0.085 3	0.055 3	0.109 3	0.063 7	0.123 2	0.068 8	0.131 1
1.0	0.020 1	0.034 6	0.037 5	0.063 8	0.050 8	0.085 2	0.060 2	0.099 6	0.066 6	0.108 6
1.2	0.017 1	0.026 0	0.032 7	0.049 1	0.045 0	0.067 3	0.054 6	0.080 7	0.061 5	0.090 1
1.4	0.014 5	0.020 2	0.027 8	0.038 6	0.039 2	0.054 0	0.048 3	0.066 1	0.055 4	0.075 1
1.6	0.012 3	0.016 0	0.023 8	0.031 0	0.033 9	0.044 0	0.042 4	0.054 7	0.049 2	0.062 8
1.8	0.010 5	0.013 0	0.020 4	0.025 4	0.029 4	0.036 3	0.037 1	0.045 7	0.043 5	0.053 4
2.0	0.009 0	0.010 8	0.017 6	0.021 1	0.025 5	0.030 4	0.032 4	0.038 7	0.038 4	0.045 6
2.5	0.006 3	0.007 2	0.012 5	0.014 0	0.018 3	0.025 0	0.023 6	0.065 0	0.028 4	0.031 3
3.0	0.004 6	0.005 1	0.009 2	0.010 0	0.013 5	0.014 8	0.017 6	0.019 2	0.021 4	0.023 3
5.0	0.001 8	0.001 9	0.003 6	0.003 8	0.005 4	0.005 6	0.007 1	0.007 4	0.008 8	0.009 1
7.0	0.000 9	0.001 0	0.001 9	0.001 9	0.002 8	0.002 9	0.003 8	0.003 8	0.004 7	0.004 7
10.0	0.000 5	0.000 4	0.000 9	0.001 0	0.001 4	0.001 4	0.001 9	0.001 9	0.002 3	0.002 4

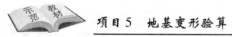

续表 5-5

$n = z/b$	$m = l/b$									
	1.2		1.4		1.6		1.8		2.0	
	K_{t1}	K_{t2}	K_{t1}	K_{t2}	K_{t1}	K_{t2}	K_{t1}	K_{t2}	K_{t1}	K_{t2}
0	0.000 0	0.250 0	0.000 0	0.250 0	0.000 0	0.250 0	0.000 0	0.250 0	0.000 0	0.250 0
0.2	0.030 5	0.214 8	0.030 5	0.218 5	0.030 6	0.218 5	0.030 6	0.218 5	0.030 6	0.218 5
0.4	0.053 9	0.188 1	0.054 3	0.188 6	0.054 5	0.188 9	0.054 6	0.189 1	0.054 7	0.189 2
0.6	0.067 3	0.160 2	0.068 4	0.161 6	0.069 0	0.162 5	0.069 4	0.163 0	0.069 6	0.163 3
0.8	0.072 0	0.135 5	0.073 9	0.138 1	0.075 1	0.139 6	0.075 9	0.140 5	0.076 4	0.141 2
1.0	0.070 8	0.114 3	0.073 5	0.117 6	0.075 3	0.120 2	0.076 6	0.121 5	0.077 4	0.122 5
1.2	0.066 4	0.096 2	0.069 8	0.100 7	0.072 1	0.103 7	0.073 8	0.105 5	0.074 9	0.106 9
1.4	0.060 6	0.081 7	0.064 4	0.086 4	0.067 2	0.089 7	0.069 2	0.092 1	0.070 7	0.093 7
1.6	0.054 5	0.069 6	0.058 6	0.074 3	0.061 6	0.078 0	0.063 9	0.080 6	0.065 6	0.082 6
1.8	0.048 7	0.059 6	0.052 8	0.064 4	0.056 0	0.068 1	0.058 5	0.070 9	0.060 4	0.073 0
2.0	0.043 4	0.051 3	0.047 4	0.056 0	0.050 7	0.059 6	0.053 3	0.062 5	0.055 3	0.064 9
2.5	0.032 6	0.036 5	0.036 2	0.040 5	0.039 3	0.044 0	0.041 9	0.046 9	0.044 0	0.049 1
3.0	0.024 9	0.027 0	0.028 0	0.030 3	0.030 7	0.033 3	0.033 1	0.035 9	0.035 2	0.038 0
5.0	0.010 4	0.010 8	0.012 0	0.012 3	0.013 5	0.013 9	0.014 8	0.015 4	0.016 1	0.016 7
7.0	0.005 6	0.005 6	0.006 4	0.006 6	0.007 3	0.007 4	0.008 1	0.008 3	0.008 9	0.009 1
10.0	0.002 8	0.002 8	0.003 3	0.003 2	0.003 7	0.003 7	0.004 1	0.004 2	0.004 6	0.004 6

$n = z/b$	$m = l/b$									
	3.0		4.0		6.0		8.0		10.0	
	K_{t1}	K_{t2}	K_{t1}	K_{t2}	K_{t1}	K_{t2}	K_{t1}	K_{t2}	K_{t1}	K_{t2}
0	0.000 0	0.250 0	0.000 0	0.250 0	0.000 0	0.250 0	0.000 0	0.250 0	0.000 0	0.250 0
0.2	0.030 6	0.218 6	0.030 6	0.218 6	0.030 6	0.218 6	0.030 6	0.218 6	0.030 6	0.218 6
0.4	0.054 8	0.189 4	0.054 9	0.189 4	0.054 9	0.189 4	0.054 9	0.189 4	0.054 9	0.189 4
0.6	0.070 1	0.163 8	0.070 2	0.163 9	0.070 2	0.164 0	0.070 2	0.164 0	0.070 2	0.164 0
0.8	0.077 3	0.142 3	0.077 6	0.142 4	0.077 6	0.142 6	0.077 6	0.142 6	0.077 6	0.142 6
1.0	0.079 0	0.124 4	0.079 4	0.124 8	0.079 5	0.125 0	0.079 6	0.125 0	0.079 6	0.125 0
1.2	0.077 4	0.109 6	0.077 9	0.110 3	0.078 2	0.110 5	0.078 3	0.110 5	0.078 3	0.110 5
1.4	0.073 9	0.097 3	0.074 8	0.098 2	0.075 2	0.098 6	0.075 2	0.098 7	0.075 3	0.098 7
1.6	0.069 7	0.087 0	0.070 8	0.088 2	0.071 4	0.088 7	0.071 5	0.088 8	0.071 5	0.088 9
1.8	0.065 2	0.078 2	0.066 6	0.079 7	0.067 3	0.080 5	0.067 5	0.080 6	0.067 5	0.080 8

续表 5-5

$n=z/b$	$m=l/b$									
	3.0		4.0		6.0		8.0		10.0	
	K_{t1}	K_{t2}	K_{t1}	K_{t2}	K_{t1}	K_{t2}	K_{t1}	K_{t2}	K_{t1}	K_{t2}
2.0	0.060 7	0.070 7	0.062 4	0.072 6	0.063 4	0.073 4	0.063 6	0.073 6	0.063 6	0.073 8
2.5	0.050 4	0.055 9	0.052 9	0.058 5	0.054 3	0.060 1	0.054 7	0.060 4	0.054 8	0.060 5
3.0	0.041 9	0.045 1	0.044 9	0.048 2	0.046 9	0.050 4	0.047 4	0.050 9	0.047 6	0.051 1
5.0	0.021 4	0.022 1	0.024 8	0.025 6	0.028 3	0.029 0	0.029 6	0.030 3	0.030 1	0.030 9
7.0	0.012 4	0.012 6	0.015 2	0.015 4	0.018 6	0.019 0	0.020 4	0.020 7	0.021 2	0.021 6
10.0	0.006 6	0.006 6	0.008 4	0.008 3	0.011 1	0.011 1	0.021 8	0.013 0	0.013 9	0.014 1

表 5-6　矩形基础受水平均布荷载作用时角点下竖向附加应力系数 K_h 值

$n=z/b$	$m=l/b$										
	1.0	1.2	1.4	1.6	1.8	2.0	3.0	4.0	6.0	8.0	10.0
0	0.159 2	0.159 2	0.159 2	0.159 2	0.159 2	0.159 2	0.159 2	0.159 2	0.159 2	0.159 2	0.159 2
0.2	0.151 8	0.152 3	0.152 6	0.152 8	0.152 9	0.152 9	0.153 0	0.153 0	0.153 0	0.153 0	0.153 0
0.4	0.132 8	0.134 7	0.135 6	0.136 2	0.136 5	0.136 7	0.137 1	0.137 2	0.137 2	0.137 2	0.137 2
0.6	0.109 1	0.112 1	0.113 9	0.115 0	0.115 6	0.116 0	0.116 8	0.116 9	0.117 0	0.117 0	0.117 0
0.8	0.086 1	0.090 0	0.092 4	0.093 9	0.094 8	0.095 5	0.096 7	0.096 9	0.097 0	0.097 0	0.097 0
1.0	0.066 6	0.070 8	0.073 5	0.075 3	0.076 6	0.077 4	0.079 0	0.079 4	0.079 5	0.079 6	0.079 6
1.2	0.051 2	0.055 3	0.058 2	0.060 1	0.061 5	0.062 4	0.064 2	0.065 0	0.065 2	0.065 2	0.065 2
1.4	0.039 5	0.043 3	0.046 0	0.048 0	0.049 4	0.050 5	0.052 8	0.053 4	0.053 7	0.053 7	0.053 8
1.6	0.030 8	0.034 1	0.036 6	0.038 5	0.040 0	0.041 0	0.043 6	0.044 3	0.044 6	0.044 7	0.044 7
1.8	0.024 2	0.027 0	0.029 3	0.031 1	0.032 5	0.033 6	0.036 2	0.037 0	0.037 4	0.037 5	0.037 5
2.0	0.019 2	0.021 7	0.023 7	0.025 3	0.026 6	0.027 7	0.030 3	0.031 2	0.031 7	0.031 8	0.031 8
2.5	0.011 3	0.013 0	0.014 5	0.015 7	0.016 7	0.017 6	0.020 2	0.021 1	0.021 7	0.021 9	0.021 9
3.0	0.007 0	0.008 3	0.009 3	0.010 2	0.011 0	0.011 7	0.014 0	0.015 0	0.015 6	0.015 8	0.015 9
5.0	0.001 8	0.002 1	0.002 4	0.002 7	0.003 0	0.003 2	0.004 4	0.005 0	0.005 7	0.005 9	0.006 0
7.0	0.000 7	0.000 8	0.000 9	0.001 0	0.001 2	0.001 3	0.001 8	0.002 2	0.002 7	0.002 9	0.003 0
10.0	0.000 2	0.000 3	0.000 3	0.000 4	0.000 4	0.000 5	0.000 7	0.000 8	0.001 1	0.001 3	0.001 4

式(5-21)中正负号的选取：当计算点在水平荷载的起始端下时，σ_z 为负值（拉应力），取"－"号；当计算点在水平荷载的终止端下时，σ_z 为正值（压应力），取"＋"号。

同理，可利用角点法计算矩形基底内、外任一点任意深度 z 处的竖向附加应力 σ_z。但必须注意，b 始终为矩形基底平行于水平均布荷载作用方向的长度。

4.2.4　矩形基础受梯形竖直荷载及水平均布荷载作用

这种情况是在水利工程中经常遇到的一种荷载组合。可将荷载分为竖直均布荷载、三角形分布荷载及水平均布荷载，按前述三种情况角点下的附加应力公式分别计算，然后叠加，即可得出地基内任意点的附加应力。

4.3　平面问题的附加应力

理论上，当基础长宽比 $l/b = \infty$ 时，地基内的应力状态属于平面问题，但是实际上并不存在无限长基础。研究表明，当基础的长宽比 $l/b \geqslant 10$（水利工程中 $l/b \geqslant 5$）时，地基的附加应力与按 $l/b = \infty$ 时计算的数值相差甚少，因此土坝、堤、水闸、挡土墙、路基、墙基等条形基础，均按平面问题计算地基中的附加应力。

4.3.1　竖直均布线荷载作用——弗拉曼课题

在土体表面作用竖直均布线荷载 p，如图 5-23 所示，求土中任一点 M 的附加应力。计算时，在线荷载上取微单元 dy，其上作用荷载 pdy 可看成集中力，将它在 M 点产生的附加应力 $d\sigma_z$ 在长度上积分，即得竖直均布线荷载作用下土中任一点 M 的附加应力的弗拉曼解

$$\sigma_z = \int_{-\infty}^{\infty} \frac{3pz^3 dy}{2\pi(\sqrt{x^2 + y^2 + z^2})^5} = \frac{2pz^3}{\pi(x^2 + z^2)^2} \tag{5-22}$$

4.3.2　条形基础受竖直均布荷载作用

宽度为 b 的条形基础上作用竖直均布荷载 p，如图 5-24 所示。将坐标原点 O 取在基础一侧的端点上，荷载作用的一侧为 x 正方向，求地基中任一点 M 的附加应力时，可由式(5-22)在宽度方向从 0 到 b 积分求得，即

$$\sigma_z = \frac{p}{\pi}\left[\arctan\frac{m}{n} - \arctan\frac{m-1}{n} + \frac{mn}{m^2 + n^2} - \frac{n(m-1)}{n^2 + (m-1)^2}\right]$$

简化式为　　　　　　　　　　　　　$\sigma_z = K_z^s p$ 　　　　　　　　　　　　(5-23)

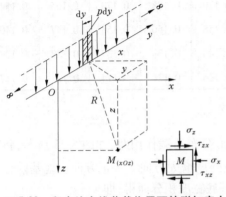
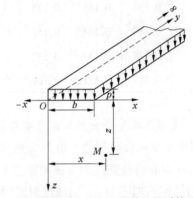

图 5-23　竖直均布线荷载作用下的附加应力　　图 5-24　条形基础受竖直均布荷载作用时的附加应力

式中　K_z^s——条形基础竖直均布荷载作用时的竖向附加应力系数，可根据 $m=x/b$、$n=z/b$ 由表5-7查取。

表5-7　条形基础受竖直均布荷载作用时竖向附加应力系数 K_z^s 值

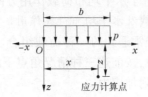

$n=z/b$	$m=x/b$								
	−0.5	−0.25	0	0.25	0.5	0.75	1.00	1.25	1.50
0.01	0.001	0.000	0.500	0.999	0.999	0.999	0.500	0.000	0.001
0.1	0.002	0.011	0.499	0.988	0.997	0.988	0.499	0.011	0.002
0.2	0.011	0.091	0.498	0.936	0.978	0.936	0.498	0.091	0.011
0.4	0.056	0.174	0.489	0.797	0.881	0.797	0.489	0.174	0.056
0.6	0.111	0.243	0.468	0.679	0.756	0.679	0.468	0.243	0.111
0.8	0.155	0.276	0.440	0.586	0.642	0.586	0.440	0.276	0.155
1.0	0.186	0.288	0.409	0.511	0.549	0.511	0.409	0.288	0.186
1.2	0.202	0.287	0.375	0.450	0.478	0.450	0.375	0.287	0.202
1.4	0.210	0.279	0.348	0.400	0.420	0.400	0.348	0.279	0.210
1.6	0.212	0.268	0.321	0.360	0.374	0.360	0.321	0.268	0.212
1.8	0.209	0.255	0.297	0.326	0.337	0.326	0.297	0.255	0.209
2.0	0.205	0.242	0.275	0.298	0.306	0.298	0.275	0.242	0.205
2.5	0.188	0.212	0.231	0.244	0.248	0.244	0.231	0.212	0.188
3.0	0.171	0.186	0.198	0.206	0.208	0.206	0.198	0.186	0.171
3.5	0.154	0.165	0.173	0.178	0.179	0.178	0.173	0.165	0.154
4.0	0.140	0.147	0.153	0.156	0.158	0.156	0.153	0.147	0.140
4.5	0.128	0.133	0.137	0.139	0.140	0.139	0.137	0.133	0.128
5.0	0.117	0.121	0.124	0.126	0.126	0.126	0.124	0.121	0.117

4.3.3　条形基础受竖直三角形分布荷载作用

当条形基础受荷载最大值为 p_t 的竖直三角形分布荷载作用时，如图5-25所示，将坐标原点 O 取在荷载强度为零侧的端点上，以荷载强度增大方向为 x 正方向。地基内任一点 M 的竖向附加应力 σ_z，仍通过对式(5-22)沿基底宽度积分而得，即

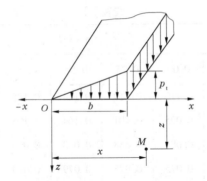

图 5-25　条形基础受竖直三角形分布荷载作用时的附加应力

$$\sigma_z = \frac{p_t}{\pi}\left[m\left(\arctan\frac{m}{n} - \arctan\frac{m-1}{n} \right) - \frac{n(m-1)}{n^2 + (m-1)^2} \right]$$

简化式为　　　　　　　　　　　　　$\sigma_z = K_z^t p_t$　　　　　　　　　　　　　　（5-24）

式中　K_z^t——条形基础受竖直三角形分布荷载作用时的竖向附加应力系数,根据 $m = x/b$、$n = z/b$ 由表 5-8 查取。

表 5-8　条形基础受竖直三角形分布荷载作用时竖向附加应力系数 K_z^t 值

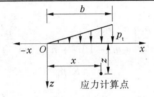

$n = z/b$	$m = x/b$								
	-0.5	-0.25	0.00	0.25	0.50	0.75	1.00	1.25	1.50
0.01	0.000	0.000	0.003	0.249	0.500	0.750	0.497	0.000	0.000
0.1	0.000	0.002	0.032	0.251	0.498	0.737	0.468	0.010	0.002
0.2	0.003	0.009	0.061	0.255	0.489	0.682	0.437	0.050	0.009
0.4	0.010	0.036	0.110	0.263	0.441	0.534	0.379	0.137	0.043
0.6	0.030	0.066	0.140	0.258	0.378	0.421	0.328	0.177	0.080
0.8	0.050	0.089	0.155	0.243	0.321	0.343	0.285	0.188	0.106
1.0	0.065	0.104	0.159	0.224	0.275	0.286	0.250	0.184	0.121
1.2	0.070	0.111	0.154	0.204	0.239	0.246	0.221	0.176	0.126
1.4	0.083	0.114	0.151	0.186	0.210	0.215	0.198	0.165	0.127
1.6	0.087	0.114	0.143	0.170	0.187	0.190	0.178	0.154	0.124
1.8	0.089	0.112	0.135	0.155	0.168	0.171	0.161	0.143	0.120
2.0	0.090	0.108	0.127	0.143	0.153	0.155	0.147	0.134	0.115

续表 5-8

$n = z/b$	$m = x/b$								
	−0.5	−0.25	0.00	0.25	0.50	0.75	1.00	1.25	1.50
2.5	0.086	0.098	0.110	0.119	0.124	0.125	0.121	0.113	0.103
3.0	0.080	0.088	0.095	0.101	0.104	0.105	0.102	0.098	0.091
3.5	0.073	0.079	0.084	0.088	0.090	0.090	0.089	0.086	0.081
4.0	0.067	0.071	0.075	0.077	0.079	0.079	0.078	0.076	0.073
4.5	0.062	0.065	0.067	0.069	0.070	0.070	0.070	0.068	0.066
5.0	0.057	0.059	0.061	0.063	0.063	0.063	0.063	0.062	0.060

4.3.4　条形基础受水平均布荷载作用

当条形基础受水平均布荷载 p_h 作用时,如图 5-26 所示,将坐标原点 O 取在水平荷载起始端点侧,水平荷载作用方向为 x 正方向。地基中任意点 M 的竖向附加应力 σ_z,同样可以利用应力叠加原理,先推导出水平线荷载作用的附加应力公式,然后沿条形基础宽度积分求得,其简化后的表达式为

$$\sigma_z = \frac{p_h}{\pi}\Big[\frac{n^2}{(m-1)^2 + n^2} - \frac{n^2}{m^2 + n^2}\Big]$$

简化式为
$$\sigma_z = K_z^h p_h \tag{5-25}$$

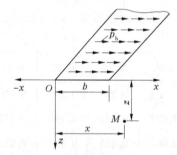

图 5-26　条形基础受水平均布
荷载作用时的附加应力

式中　K_z^h——条形基础受水平均布荷载作用时竖向附加应力系数,根据 $m = x/b$、$n = z/b$
　　　　由表 5-9 查取。

应当指出,在条形基础受竖直均布、三角形分布、水平均布荷载作用,查表计算地基内的附加应力时,坐标系的选择必须分别符合表 5-7、表 5-8、表 5-9 中图例的规定,否则不能查相应的表。

4.3.5　条形基础受梯形竖直荷载及水平荷载作用

土工建筑物中的土坝与土堤,横截面均为梯形。由坝(堤)身自重引起的基底压力呈梯形分布,可将梯形分布荷载分解为三角形分布荷载和均布荷载,分别计算地基中同一点的 σ_z,然后叠加即求得地基中任意点的附加应力。

表 5-9　条形基础受水平均布荷载作用时竖向附加应力系数 K_z^h 值

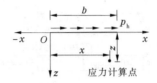

应力计算点

$n = z/b$	$m = x/b$							
	− 0.25	0	0.25	0.50	0.75	1.00	1.25	1.50
0.01	− 0.001	− 0.318	− 0.001	0.000	0.001	0.318	0.001	0.001
0.1	− 0.042	− 0.315	− 0.039	0.000	0.039	0.315	0.042	0.011
0.2	− 0.116	− 0.306	− 0.103	0.000	0.103	0.306	0.116	0.038
0.4	− 0.199	− 0.274	− 0.159	0.000	0.159	0.274	0.199	0.103
0.6	− 0.212	− 0.234	− 0.147	0.000	0.147	0.234	0.212	0.144
0.8	− 0.197	− 0.194	− 0.121	0.000	0.121	0.194	0.197	0.158
1.0	− 0.175	− 0.159	− 0.096	0.000	0.096	0.159	0.175	0.157
1.2	− 0.153	− 0.131	− 0.078	0.000	0.078	0.131	0.153	0.147
1.4	− 0.132	− 0.108	− 0.061	0.000	0.061	0.108	0.132	0.133
1.6	− 0.113	− 0.089	− 0.050	0.000	0.050	0.089	0.113	0.121
1.8	− 0.098	− 0.075	− 0.041	0.000	0.041	0.075	0.098	0.108
2.0	− 0.085	− 0.064	− 0.034	0.000	0.034	0.064	0.085	0.096
2.5	− 0.061	− 0.044	− 0.023	0.000	0.023	0.044	0.061	0.072
3.0	− 0.045	− 0.032	− 0.017	0.000	0.017	0.032	0.045	0.055
3.5	− 0.034	− 0.024	− 0.012	0.000	0.012	0.024	0.034	0.043
4.0	− 0.027	− 0.019	− 0.010	0.000	0.010	0.019	0.027	0.034
4.5	− 0.022	− 0.015	− 0.008	0.000	0.008	0.015	0.022	0.028
5.0	− 0.018	− 0.012	− 0.006	0.000	0.006	0.012	0.018	0.023

　　若实际工程中遇到基础上作用偏心斜向荷载的情况,竖向基底压力呈梯形分布,水平基底压力为均匀分布,对此将基底压力分为竖直均布荷载、竖直三角形荷载和水平均布荷载,再应用上述三种荷载作用下 σ_z 的公式分别计算地基中各点的应力,最后进行应力叠加。

【**例5-5**】　某水闸基础宽度 $b = 15$ m,长度 $l = 150$ m,其上作用偏心竖直荷载与水平荷载,如图 5-27 所示。试绘出基底中点 O 以及 A 点以下 30 m 深度范围内的附加应力的分布曲线(基础埋深不大,可不计埋深的影响)。

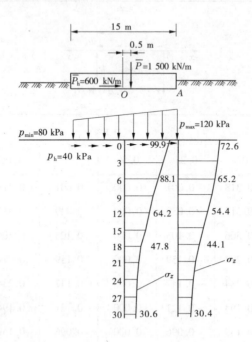

图 5-27　例 5-5 示意图

解:(1)基底压力的计算。

因 $l/b = 150/15 = 10 > 5$,故属条形基础。

竖向基底压力为

$$p_{min}^{max} = \frac{\overline{P}}{b}\left(1 \pm \frac{6e}{b}\right) = \frac{1\,500}{15}\left(1 \pm \frac{6 \times 0.5}{15}\right) = \frac{120}{80}(kPa)$$

水平基底压力为

$$p_h = \frac{\overline{P}_h}{b} = \frac{600}{15} = 40(kPa)$$

(2)基础中心点下竖向附加应力的计算。

①在计算时,应用叠加原理,将梯形分布的竖直基底压力分解为两部分,即均布竖直压力 $p = 80$ kPa 和三角形分布竖直压力 $p_t = 40$ kPa,另有水平向基底压力 $p_h = 40$ kPa。

②该基础属于条形基础,可按平面问题计算。

③列表计算基础中心点下不同深度的附加应力如表 5-10 所示。

表 5-10　基础中心点下附加应力计算

基底以下深度 z(m)	$\dfrac{z}{b}$	竖直均布荷载 $p=80$ kPa $x/b=7.5/15=0.5$		三角形荷载 $p_{t}=40$ kPa $x/b=7.5/15=0.5$		水平均布荷载 $p_{h}=40$ kPa $x/b=7.5/15=0.5$		总附加应力 $\sum\sigma_{z}$ (kPa)
		K_{z}^{s}	σ_{z}	K_{z}^{t}	σ_{z}	K_{z}^{h}	σ_{z}	
0.15	0.01	0.999	79.92	0.500	20.00	0	0	99.9
1.5	0.1	0.997	79.76	0.498	19.92	0	0	99.7
3.0	0.2	0.978	78.24	0.489	19.56	0	0	97.8
6.0	0.4	0.881	70.48	0.441	17.64	0	0	88.1
9.0	0.6	0.756	60.48	0.378	15.12	0	0	75.6
12.0	0.8	0.642	51.36	0.321	12.84	0	0	64.2
15.0	1.0	0.549	43.92	0.275	11.00	0	0	54.9
18.0	1.2	0.478	38.24	0.239	9.56	0	0	47.8
21.0	1.4	0.420	33.60	0.210	8.40	0	0	42.0
30.0	2.0	0.306	24.48	0.153	6.21	0	0	30.7

④根据计算结果绘出 O 点下的 σ_{z} 沿深度分布曲线。

(3)基底 A 点下竖向附加应力的计算。

计算步骤同上,σ_{z} 结果详见表 5-11。

表 5-11　基底 A 点下附加应力计算

基底以下深度 z(m)	$\dfrac{z}{b}$	竖直均布荷载 $p=80$ kPa $x/b=15/15=1$		三角形荷载 $p_{t}=40$ kPa $x/b=15/15=1$		水平均布荷载 $p_{h}=40$ kPa $x/b=15/15=1$		总附加应力 $\sum\sigma_{z}$ (kPa)
		K_{z}^{s}	σ_{z}	K_{z}^{t}	σ_{z}	K_{z}^{h}	σ_{z}	
0.15	0.01	0.500	40.00	0.497	19.88	0.318	12.72	72.6
1.5	0.1	0.499	39.92	0.468	18.72	0.315	12.60	71.2
3.0	0.2	0.498	39.84	0.437	17.48	0.306	12.24	69.6
6.0	0.4	0.489	39.12	0.379	15.16	0.274	10.96	65.2
9.0	0.6	0.468	37.44	0.328	13.12	0.234	9.36	59.9
12.0	0.8	0.440	35.20	0.285	11.40	0.194	7.76	54.4
15.0	1.0	0.409	32.72	0.250	10.00	0.159	6.36	49.1
18.0	1.2	0.375	30.00	0.221	8.84	0.131	5.24	44.1
21.0	1.4	0.348	27.84	0.198	7.92	0.108	4.32	40.1
30.0	2.0	0.275	22.00	0.147	5.88	0.064	2.56	30.4

5　工作任务

练习题

(1)如图 5-28 给出的资料,试计算和绘制地基中的自重应力沿深度的分布曲线。

（参考答案:高程 38.0 m 处为 115.0 kPa）

(2)资料同练习题(1),若地下水位由于某种原因骤然下降至细砂层底面,问:此时地基中的自重应力分布情况有何变化? 并用图表示它。(提示:地下水位骤降时,细砂层成为非饱和状态,其重度 $\gamma = 17.8$ kN/m^3,黏土和粉土均因渗透性小,来不及排水,它们的含水情况不变)。

（参考答案:高程 38.0 m 处为 206.2 kPa）

(3)有一渡槽,其上部结构、基础尺寸(10 m×2.8 m)及作用荷载如图 5-29 所示。风荷载 $P_{h1} = 20$ kN,$P'_{h1} = 1.1$ kN,$P_{h2} = 17$ kN,$P'_{h2} = 1.0$ kN,槽身满水重和排架重 $P_1 = 4\,058$ kN,基础和基础上土重 $P_2 = 1\,120$ kN。试计算基底压力。

（参考答案:$p_{max} = 189.57$ kPa,$p_{min} = 180.29$ kPa,$p_h = 1.4$ kPa）

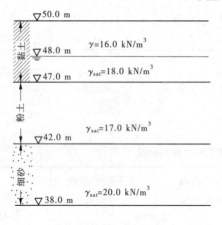

图 5-28　练习题(1)附图

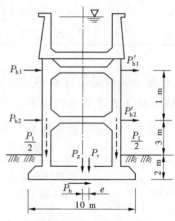

图 5-29　练习题(3)附图

(4)一矩形基础,基底尺寸为 4 m×2 m,基础埋深 $d = 1.5$ m,埋深范围内土的重度为 17.5 kN/m^3,作用在基础上的竖向中心荷载 $P = 1\,250$ kN。试绘制基础中心线下 6 m 深度内的竖向附加应力分布曲线。

（参考答案:6 m 深处 $\sigma_z = 15.2$ kPa）

(5)某挡土墙埋深 2 m,尺寸如图 5-30 所示。墙受上部荷载和墙身自重 $F_v = 1\,000$ kN/m 作用,其作用位置距墙前趾 A 点 3.83 m,墙背受水平推力 $F_h = 350$ kN/m,其作用位置距墙底 3.5 m。不计墙后填土的影响,试求:①M、N 点的竖向自重应力;②M、N 点的竖向附加应力。

（参考答案:$\sigma_{czM} = 74$ kPa,$\sigma_{czN} = 99.5$ kPa;$\sigma_{zM} = 79.77$ kPa,$\sigma_{zN} = 61.14$ kPa）

(6)有两相邻荷载面 A、B,其尺寸、相对位置及所受的荷载如图 5-31 所示。试求 A 基础中心点以下深度 $z = 2$ m 处的竖直附加应力。

（参考答案:53.1 kPa）

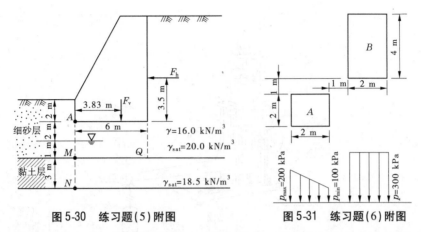

图 5-30　练习题(5)附图　　　　　　图 5-31　练习题(6)附图

（7）一条形基础底面尺寸及荷载情况如图 5-32 所示，求荷载面中心线下 20 m 深度内的竖向附加应力分布，并绘出附加应力分布曲线。

（参考答案：10 m 深处为 38.4 kPa，20 m 深处为 21.4 kPa）

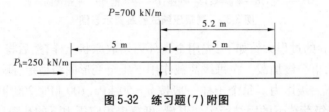

图 5-32　练习题(7)附图

任务 2　确定土的压缩性

土的压缩性是指土在压力的作用下体积变小的性能。由土的三相组成分析，土产生压缩的原因包括三个方面：①土粒受压缩；②土孔隙中水和气体受压缩；③土孔隙中水和气体被挤出。研究表明，在工程常见压力（一般为 100～600 kPa）作用下，土粒和水本身的压缩变形都很小，可以忽略不计；土中气体一般都与大气相通，不受外荷载作用，只有封闭气体可产生压缩变形，但由于变形量太小，一般也忽略不计。因此，土体体积减小是由于在外荷载作用下土中一部分水和气体被挤至土体之外，同时土粒发生相对移动，互相挤紧，土的孔隙体积缩小。

土体在压力作用下，其压缩量随时间增长的过程，称为土的固结。对于无黏性土，固结过程所需的时间较短；对于饱和黏性土，由于土的渗透性较弱，水被挤出的速度较慢，固结过程所需的时间相当长，需几年甚至几十年才能压缩固结稳定。

1　侧限压缩试验

1.1　侧限压缩试验

土的压缩性大小和特征可通过室内侧限压缩试验测定。侧限压缩试验，即土体侧向受限制不能变形，只有竖直方向产生压缩变形，通常采取天然原状土样进行侧限压缩试验，主要仪器为侧限压缩仪（固结仪），如图 5-33 所示。

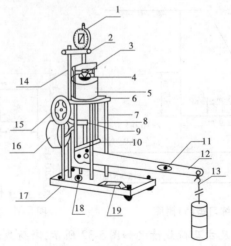

1—测微表;2—表夹;3—钢珠;4—加压上盖;5—容器;6—容器底板;7—立柱;
8—拉杆;9—牙箱;10—升降杆;11—长水泡;12—横杆;13—加压吊钩;14—表夹杆;
15—手轮;16—平衡锤;17—底座;18—圆水泡;19—平衡锤固定夹

图 5-33　侧限压缩试验装置示意图

　　侧限压缩试验的过程大致如下:先用金属环刀切取原状土样,然后将土样连同环刀一起放入压缩仪内,再分级加载。在每级荷载作用下压至变形固结稳定,测出土样固结稳定变形量后,再加下一级压力。每个土样一般按 $p = 50$ kPa、100 kPa、200 kPa、300 kPa、400 kPa 加载,根据每级荷载下的固结稳定变形量,可算出相应压力下的孔隙比。

1.2　土的压缩曲线

　　如前所述,土体在压缩变形过程中,土颗粒的体积 V_s 是不变的,土的压缩变形仅是由于孔隙体积的减小,因此土的压缩变形常用孔隙比 e 的变化来表示。

　　图 5-34 表示压缩试验中土体孔隙比的变化,设原状土样的高度为 H_0,土颗粒体积 $V_s = 1$,此时土样的孔隙体积 $V_v = e_0$;压缩后土样高度为 $H = H_0 - s$,土颗粒体积不变,即 $V_s = 1$,孔隙体积压缩为 $V_v = e$,假设土样的受压面积 A 不变,则有:

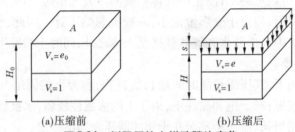

(a)压缩前　　　　　　　　　　(b)压缩后

图 5-34　侧限压缩土样孔隙比变化

压缩前土样的体积为

$$H_0 A = e_0 + 1$$

压缩后土样的体积为

$$HA = (H_0 - s)A = e + 1$$

由于以上两式中面积 A 相等,得

$$\frac{1 + e_0}{H_0} = \frac{1 + e}{H_0 - s}$$

整理可得任一级荷载作用下土体稳定后的孔隙比为

$$e_i = e_0 - (1 + e_0) \frac{s_i}{H_0} \quad\quad\quad (5\text{-}26)$$

根据某级荷载下的稳定变形量 s_i，按式（5-26）即可求出该级荷载下的孔隙比 e_i。然后以横坐标表示压力 p、纵坐标表示孔隙比 e，绘出 $e \sim p$ 关系曲线，称为压缩曲线。压缩曲线有两种绘制方式：一种是按普通直角坐标系绘制的 $e \sim p$ 曲线，如图 5-35 所示；另一种是用半对数直角坐标系绘制的 $e \sim \lg p$ 曲线，如图 5-36 所示。

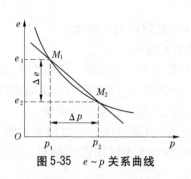

图 5-35 $e \sim p$ 关系曲线

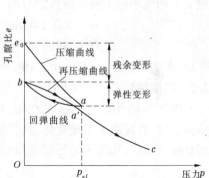

图 5-36 $e \sim \lg p$ 关系曲线

1.3 土的回弹曲线与再压缩曲线

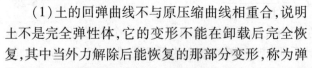

图 5-37 土的回弹再压缩曲线

如图 5-37 所示，土样逐级加载可得到压缩曲线 $e_0 a$。若加载至 a 点开始逐级卸载，土样将逐渐膨胀而恢复一部分变形，此时土样将沿 ab 曲线回弹，曲线 ab 称为回弹曲线。如果卸载至 b 点后再逐级加载，土样又开始沿 ba' 再压缩，至 a' 后与压缩曲线重合。曲线 ba' 称为再压缩曲线。从土的回弹曲线和再压缩曲线可以看出：

（1）土的回弹曲线不与原压缩曲线相重合，说明土不是完全弹性体，它的变形不能在卸载后完全恢复，其中当外力解除后能恢复的那部分变形，称为弹性变形，不能恢复的那部分变形，称为残余变形，也称塑性变形。

（2）土的再压缩曲线比原压缩曲线斜率要小得多，说明土体经过压缩后，卸载再压时，其压缩性明显降低。根据这一原理，为了减小高压缩性地基的沉降量，往往在修建筑物前对其进行预压处理。

2 压缩性指标

2.1 压缩系数 a

由图 5-35 可以看出，$e \sim p$ 曲线越陡，说明随着压力的增加，土的孔隙比减小得越显著，土产生的压缩变形越大，土的压缩性越高。$e \sim p$ 曲线上任一点切线的斜率 a 也可反应土体在该压力 p 作用下土体压缩性的大小，即曲线平缓，其斜率小，土的压缩性低；反之,曲线陡,其斜率大,土的压缩性高。

在工程上,一般建筑物的荷载在地基中引起的应力变化不大,仅为压缩曲线上的一小段。因此,在图 5-35 中从 p_1 到 p_2,压缩曲线上相应的 M_1M_2 段可近似地看做直线,即用割线 M_1M_2 代替曲线,土在此段的压缩性可用该割线的斜率来反映,则直线 M_1M_2 的斜率称为土体在该段的压缩系数,即

$$a = \frac{e_1 - e_2}{p_2 - p_1} = -\frac{\Delta e}{\Delta p} \tag{5-27}$$

式中　a——土的压缩系数,kPa^{-1};

　　　p_1——增压前使土样压缩稳定的压力强度,kPa;

　　　p_2——增压后土样所受的压力强度,kPa;

　　　e_1、e_2——增压前、后土体在 p_1 和 p_2 作用下压缩稳定后的孔隙比。

式(5-27)中负号表示土体孔隙比随压力 p 的增加而减小。

由式(5-27)可看出,压缩系数表示单位压力增量作用下土的孔隙比的减小量,故压缩系数 a 越大,土的压缩性就越大,但压缩系数不是一个常数,它随着所取压力增量段的位置和大小不同,其割线的斜率不同,则压缩系数也不同,因此压缩系数是变量。

为了便于统一比较,我国《建筑地基基础设计规范》(GB 50007—2011)中规定,取压力 $p_1 = 100$ kPa、$p_2 = 200$ kPa 对应的压缩系数 a_{1-2} 作为判别土压缩性的标准。规范中按照 a_{1-2} 的大小将土的压缩性划分如下:

$$a_{1-2} < 0.1 \text{ MPa}^{-1} \qquad\qquad 低压缩性土$$
$$0.1 \text{ MPa}^{-1} \leqslant a_{1-2} < 0.5 \text{ MPa}^{-1} \qquad\qquad 中压缩性土$$
$$a_{1-2} \geqslant 0.5 \text{ MPa}^{-1} \qquad\qquad 高压缩性土$$

2.2　压缩指数 C_c

由图 5-36 中的 $e \sim \lg p$ 曲线可以看出,曲线的初始段较平缓,而当压力逐渐增加到一定值 p 时,曲线曲率明显变化,其后曲线又近似地呈现为坡度较大的斜直线。$e \sim \lg p$ 曲线斜直线的坡度,称为土的压缩指数 C_c,用下式表示

$$C_c = \frac{e_1 - e_2}{\lg p_2 - \lg p_1} \tag{5-28}$$

压缩指数 C_c 是无因次数值,它在相当大的压力范围内可视为一个常数,压缩指数越大,土的压缩性也越大。按《水工设计手册》规定,$C_c < 0.2$ 为低压缩性土,$0.2 \leqslant C_c \leqslant 0.35$ 为中压缩性土,$C_c > 0.35$ 为高压缩性土。

在高层建筑设计中为了较准确地判定土的压缩性,可以采用高压固结仪进行压缩试验。高压固结仪的试验原理和方法与常规固结仪完全相同,其最高压力可以达到 4 000 kPa。

2.3　压缩模量 E_s

土的压缩模量 E_s 是指在完全侧限条件下,土的竖向应力的变化增量 Δp 与相应竖向应变 ε 的比值,即

$$E_s = \frac{\Delta p}{\varepsilon} = \frac{p_2 - p_1}{\dfrac{H_1 - H_2}{H_1}} = \frac{p_2 - p_1}{\dfrac{e_1 - e_2}{1 + e_1}} = \frac{1 + e_1}{\dfrac{e_1 - e_2}{p_2 - p_1}} = \frac{1 + e_1}{a} \tag{5-29}$$

土的压缩模量 E_s 是表示土压缩性高低的又一个指标。从式(5-29)可见,E_s 与 a 成反比,即 a 愈大,E_s 愈小,土愈软弱。同样可以用相应于 $p_1 = 100$ kPa、$p_2 = 200$ kPa 范围内的压缩模量 E_s 值评价地基土的压缩性。

$$E_s < 4 \text{ MPa} \qquad\qquad \text{高压缩性土}$$
$$4 \text{ MPa} \leqslant E_s \leqslant 15 \text{ MPa} \qquad\qquad \text{中压缩性土}$$
$$E_s > 15 \text{ MPa} \qquad\qquad \text{低压缩性土}$$

3　应力历史对土体压缩性的影响

3.1　不同情况的应力历史

土的应力历史是指土体历史上曾经受过的应力状态。为了讨论应力历史对土压缩性的影响,我们将土在历史上曾经受到过的最大有效固结压力称为先期固结压力,以 p_c 表示。将土体在地质历史时期所受的最大固结压力 p_c 与目前现有固结应力 p_0 的比值称为超固结比,以 OCR 表示。根据 OCR 可将土分为正常固结土($OCR = 1$)、超固结土($OCR > 1$)和欠固结土($OCR < 1$)三种类型。

(1)正常固结土:一般土体的固结是在自重应力作用下伴随土的沉积过程逐渐达到的,当土体达到固结稳定后,土层中的应力未发生明显变化,也就是说,先期固结压力为目前土层的自重应力,这种状态的土被称为正常固结土,如图 5-38(a)所示情况的土层。工程中大多数建筑物地基均为正常固结土。

(2)超固结土:当土层在历史上经受过较大固结应力作用而达到固结稳定后,由于受到强烈的侵蚀、冲刷等,使其目前的自重应力小于先期固结压力,这种状态的土称为超固结土,如图 5-38(b)所示情况的土层。

(3)欠固结土:土层沉积历史短,在自重应力作用下尚未达到固结稳定,这种状态的土称为欠固结土,如图 5-38(c)所示情况的土层。

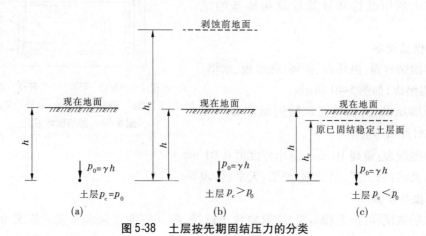

图 5-38　土层按先期固结压力的分类

3.2　先期固结压力的确定

先期固结压力通常采用作图法确定。图 5-39 为卡萨格兰德(Cacagrande. A)经验作图法,具体步骤如下:

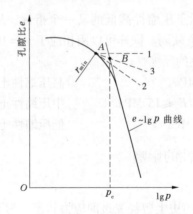

图 5-39　卡萨格兰德法确定先期固结压力

(1)作 $e \sim \lg p$ 压缩曲线。

(2)过曲率半径最小点 A 作水平线 $A1$ 和切线 $A2$。

(3)作 $\angle 1A2$ 的角平分线 $A3$。

(4)将 $e \sim \lg p$ 曲线中的直线段反向延长交 $\angle 1A2$ 的角平分线 $A3$ 于 B 点,则 B 点对应的压力即为先期固结压力 p_c。

4　工作任务

4.1　压缩试验指导

4.1.1　试验目的

压缩试验目的是测定试样在侧限条件下变形和压力的关系曲线,从而求出土的压缩性指标,判断土的压缩性和计算建筑物地基的沉降量。

4.1.2　仪器设备

(1)固结容器:由环刀、护环、透水板、水槽、加压上盖组成,如图 5-40 所示。

(2)加压设备:能垂直地瞬间施加各级压力,并没有冲击力。

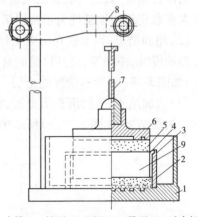

1—水槽;2—护环;3—环刀;4—导环;5—透水板;
6—加压上盖;7—位移计导杆;8—位移计架;9—试样

图 5-40　固结仪示意图

(3)测微表:量程 10 mm,最小分度值 0.01 mm。

(4)其他:修土刀、钢丝锯、滤纸、天平、秒表等。

4.1.3　操作步骤

(1)切取试样:按工程需要,切取原状土试样,测其密度及含水率或制备成预定密度与含水率的扰动土试样。

(2)安装试样:在固结容器内顺次放上透水板、滤纸和护环,将装有试样的环刀刃口向下放入护环内,在试样上面依次放上滤纸、透水板和加压上盖,将压缩容器置于加压框架下,并对准加压框架的正中。

（3）安装量表：安装测微表，并调节其距离不小于 8 mm 的量程，检查测微表是否灵活与垂直。

（4）施加预压荷载：为保证试样与仪器上下各部件之间接触良好，应施加 1 kPa 的预压荷载，然后调整测微表，使指针读数为零。

（5）加载测记：去掉预压荷载，根据需要确定施加的各级压力，加压等级一般为 25 kPa，50 kPa，100 kPa，200 kPa，400 kPa，…最后一级压力应大于上覆土层的计算压力 100～200 kPa（如是饱和试样，则在施加第一级压力后，立即向水槽中注水至满；非饱和试样须用湿棉纱围住加压盖板四周，避免水分蒸发），测记在各级压力下固结稳定后的测微表读数，固结稳定标准为每级压力下固结 24 h（学生上课时可适当减少固结时间或采用快速测定法）。

快速测定法：

加压后测记各级压力下固结时间为 1 h 的测微表读数，仅在最后一级压力下，除测记 1 h 的测微表读数外，还应测读固结稳定时的测微表读数。

（6）卸载取试样：试验结束后，卸除仪器各部件，取出带环刀试样（如是饱和试样，则用干滤纸吸去试样两端表面水分，并测定含水率）。

4.1.4　计算与制图

（1）计算试样的初始孔隙比 e_0

$$e_0 = \frac{\rho_w G_s (1 + \omega_0)}{\rho_0} - 1$$

式中　G_s——土粒比重；

　　　ρ_w——水的密度，g/cm^3；

　　　ρ_0——试样的初始密度，g/cm^3；

　　　ω_0——试样的初始含水率。

（2）计算各压力下固结稳定后的孔隙比 e_i

$$e_i = e_0 - (1 + e_0) \frac{\sum \Delta h_i}{H_0}$$

式中　e_0——初始孔隙比；

　　　H_0——试样的初始高度，mm；

　　　$\sum \Delta h_i$——某一级压力下试样稳定后的总变形量减去仪器变形量，mm。

对快速测定法试验结果需要计算试样校正的变形量

$$\sum s_i = s_i K$$

$$K = \frac{(h_n)_T}{(h_n)_t}$$

式中　$\sum s_i$——某一级压力下校正后试样变形量，mm；

　　　s_i——某一级压力下 1 h 的试样总变形量减去仪器变形量，mm；

　　　K——校正系数；

　　　$(h_n)_T$——最后一级压力达到稳定标准的总变形量减去该压力下的仪器变形量，mm；

$(h_n)_t$——最后一级压力下固结 1 h 的总变形量减去该压力下的仪器变形量,mm。

（3）计算该试样的压缩系数 a_{1-2}

$$a_{1-2} = \frac{e_1 - e_2}{p_2 - p_1}$$

式中　p_1、p_2——100 kPa、200 kPa 的压力值,kPa;

　　　e_1、e_2——对应 100 kPa、200 kPa 的孔隙比。

（4）计算压缩模量 E_s

$$E_s = \frac{1 + e_1}{a_{1-2}}$$

（5）以孔隙比 e 为纵坐标、压力 p 为横坐标,绘制孔隙比与压力的关系曲线,如图 5-41 所示。

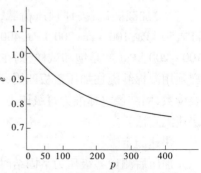

图 5-41　孔隙比与压力关系曲线

4.1.5　试验记录

固结试验记录及快速测定法固结试验记录见表 5-12 及表 5-13。

表 5-12　固结试验记录

工程编号＿＿＿＿＿　试样编号＿＿＿＿＿　试验日期＿＿＿＿＿
计 算 者＿＿＿＿＿　校 核 者＿＿＿＿＿　试 验 者＿＿＿＿＿

含水率 ω_0 = ＿＿＿＿　密度 ρ_0 = ＿＿＿＿　比重 G_s = ＿＿＿＿

试样高 H_0 = ＿＿＿＿　初始孔隙比 e_0 = ＿＿＿＿　a_{1-2} = ＿＿＿＿　E_s = ＿＿＿＿

压力历时 (h)	压力 p (kPa)	测微表读数 (0.01 mm)	仪器变形量 (0.01mm)	试样变形量 (mm)	孔隙比
	(1)	(2)	(3)	(4) = 0.01 × [(2) − (3)]	$e_i = e_0 - (1 + e_0)\dfrac{\sum \Delta h_i}{H_0}$

表 5-13　快速测定法固结试验记录

工程编号＿＿＿＿＿　试样编号＿＿＿＿＿　试验日期＿＿＿＿＿
计 算 者＿＿＿＿＿　校 核 者＿＿＿＿＿　试 验 者＿＿＿＿＿

含水率 ω_0 = ＿＿＿＿　初始孔隙比 e_0 = ＿＿＿＿　试样高 H_0 = ＿＿＿＿　比重 G_s = ＿＿＿＿
密度 ρ_0 = ＿＿＿＿　K = ＿＿＿＿　a_{1-2} = ＿＿＿＿　E_s = ＿＿＿＿

压力历时(h)	压力 p(kPa)	测微表读数 (0.01 mm)	仪器变形量 (0.01 mm)	校正前试样变形量(mm)	校正后试样变形量(mm)	孔隙比 e
	(1)	(2)	(3)	(4) = 0.01 × [(2) − (3)]	(5) = K(4)	$e_i = e_0 - (1 + e_0)\dfrac{\sum s_i}{H_0}$

4.2 练习题

(1)土样压缩稳定的标准是多少？为什么可以进行快速压缩试验？

(2)对一土样做压缩试验，已知试样的天然重度为 18.2 kN/m³，天然含水率为 38%，土粒的比重为 2.75，试样高度为 20 mm，试样在各级荷载作用下压缩稳定后的总变形量如表 5-14 所示。试绘制 $e \sim p$ 曲线，求出土的压缩系数，并判断土的压缩性。

表 5-14　各级荷载作用下压缩稳定后的总变形量

压力(kPa)	0	50	100	200	300	400
试样总变形量(mm)	0	0.926	1.308	1.886	2.310	2.564

（参考答案：$a_{1-2} = 0.6$ MPa^{-1}，高压缩性土）

任务 3　验算地基的变形

1　地基最终沉降量计算

地基最终沉降量是指地基土层在荷载作用下压缩变形稳定后的沉降量。计算地基最终沉降量的目的在于确定建筑物可能产生的最大沉降量、沉降差、倾斜及局部倾斜，判断是否超过允许范围，为建筑物设计和地基处理提供依据，保证建筑物的安全。

地基最终沉降量的计算方法有多种，这里仅介绍常用的分层总和法和规范法。

1.1　分层总和法

分层总和法是在地基沉降计算深度范围内将地基土体分成若干个分层，分别计算每一分层的变形量，然后求和作为地基土的最终沉降量。

1.1.1　基本原理和单一土层沉降量计算

如图 5-42 所示，压缩前土层厚度为 H_1，取断面面积为 A 的土体为分析体，其体积 $V_1 = AH_1$。根据土的三相草图，则有 $V_1 = V_{v1} + V_s$，即

$$AH_1 = V_{v1} + V_s = V_s(1 + e_1) \tag{5-30a}$$

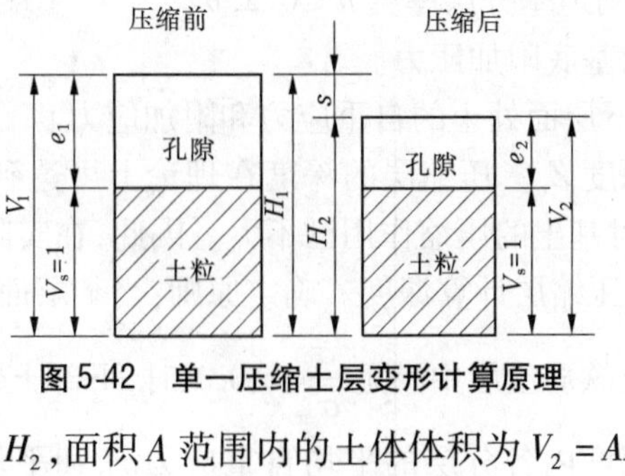

图 5-42　单一压缩土层变形计算原理

土体压缩后的厚度为 H_2，面积 A 范围内的土体体积为 $V_2 = AH_2$，由于土体内土颗粒的体积 V_s 未发生变化，则

$$AH_2 = V_{v2} + V_s = V_s(1 + e_2) \tag{5-30b}$$

分层总和法假定土体在荷载作用下不会产生侧向变形，即与室内侧限压缩试验时土

样的受力条件相同,如图 5-42 所示。因此,单层土体的变形量 s 为

$$s = H_1 - H_2 \tag{5-31}$$

式中　H_1——压缩前土层厚度,m;

　　　H_2——土层在压力增量 Δp 作用下压缩稳定后的厚度,m。

由式(5-30a)、式(5-30b)可得

$$H_2 = \frac{1 + e_2}{1 + e_1}H_1 \tag{5-32}$$

将式(5-32)代入式(5-31),得

$$s = H_1 - H_2 = \frac{e_1 - e_2}{1 + e_1}H_1 \tag{5-33}$$

将式(5-27)代入式(5-33),可得

$$s = \frac{a}{1 + e_1}\Delta p H_1 \tag{5-34}$$

若将式(5-29)代入式(5-34),还可得

$$s = \frac{1}{E_s}\Delta p H_1 \tag{5-35}$$

式(5-33)~式(5-35)均为侧限条件下地基单层土体变形量的计算公式。e_1 为附加应力作用前土体的孔隙比,e_2 为自重应力与附加应力共同作用下土层稳定后的孔隙比,均可以根据自重应力平均值 $\overline{\sigma}_{cz}$、自重应力与附加应力之和的平均值 $\overline{\sigma}_{cz} + \overline{\sigma}_z$ 查 $e \sim p$ 曲线得到。

天然地基完全无侧胀的情况是不可能的,但人们发现,在基础中心下的土层压缩量最接近无侧胀的情况。实践证明,当基底面积尺寸较土层厚度大得多时,按前述公式计算出的沉降量与实际沉降量的差值是为工程所允许的。

1.1.2　计算方法及步骤

(1)收集上部结构和地基土层资料,绘制地基土层分布图和基础剖面图。

(2)地基土分层。其原则为:①地基土中的天然土层的层面必须作为分层界面;②平均地下水位作为分层界面;③每分层内的附加应力分布曲线接近于直线,要求分层厚度 $h \leqslant 0.4b$(b 为基础宽度),水闸地基分层厚度 $h \leqslant 0.25b$。

(3)计算基底压力及基底附加压力。

(4)计算各分层上、下层面处土的自重应力和附加应力。

(5)确定压缩层的深度 Z_n。压缩层的深度在理论上可达到无限深,但达到一定深度后,附加应力已很小,它对基土的压缩作用已不大。因此,在实际工程中,可采用基底以下某一深度 Z_n 作为地基的压缩层计算深度。确定原则:当某层面处的附加应力和自重应力的比值满足 $\dfrac{\sigma_z}{\sigma_{cz}} \leqslant 0.2$,或软弱土层中满足 $\dfrac{\sigma_z}{\sigma_{cz}} \leqslant 0.1$ 时,下部土体可不计算变形量。

(6)计算压缩土层深度内各分层的平均自重应力 $\overline{\sigma}_{cz}$ 和平均附加应力 $\overline{\sigma}_z$,计算式为:

$\overline{\sigma}_{cz} = \dfrac{\sigma_{czi-1} + \sigma_{czi}}{2}$;$\overline{\sigma}_z = \dfrac{\sigma_{zi-1} + \sigma_{zi}}{2}$。

(7)计算各分层的变形量。在 $e \sim p$ 曲线上依据 $p_1 = \overline{\sigma}_{czi}$ 和 $p_2 = \overline{\sigma}_{czi} + \overline{\sigma}_{zi}$ 查出相应的孔

隙比 e_{1i} 和 e_{2i}，按照式(5-33)计算各分层的变形量；若是已知土层的压缩模量或压缩系数，可以按照式(5-34)或式(5-35)计算各层土的变形量。

(8)将各分层沉降量 s_i 总和起来求出总沉降量 $s = \sum s_i$。

【例5-6】 某水闸基底长 200 m，宽 20 m，作用在基底上的荷载如图 5-43 所示，沿宽度方向的轴向偏心荷载 $P = 360\,000$ kN(偏心距 $e = 0.5$ m)，水平荷载 $P_h = 30\,000$ kN，基底埋深 $d = 3$ m，地基土体为正常固结黏性土，地下水位在基底以下 3 m 处，基底以下 $0 \sim 3$ m、$3 \sim 8$ m、$8 \sim 15$ m 范围内土体的压缩性分别如图 5-44 曲线 Ⅰ、Ⅱ、Ⅲ 所示，基底 15 m 以下为中砂。地下水位以上土体的重度 $\gamma_1 = 19.62$ kN/m³，地下水位以下土体浮重度 $\gamma' = 9.81$ kN/m³。计算基础中心线下(点 2)和两侧边点(点 1、3)的最终沉降量(不计砂土层的变形)。

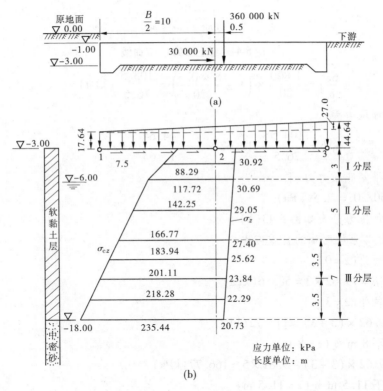

图 5-43　例 5-6 图

解：(1)地基土分层。

以基底为计算零点，取层底深度分别为 $z_1 = 3$ m、$z_2 = 8$ m、$z_3 = 11.5$ m、$z_4 = 15$ m，最大分层厚度为 5 m $= 0.25b$，符合闸基要求的最大分层厚度 $h \leqslant 0.25b$。

(2)计算基底压力及附加压力。

因为 $l/b = 200 \div 20 = 10 > 5$，故可按条形基础计算。基础每米宽度上所受的竖直荷载 $\overline{P} = 360\,000 \div 200 = 1\,800$(kN/m)，所受水平荷载 $\overline{P}_h = 30\,000 \div 200 = 150$(kN/m)。因此，基底竖直压力为

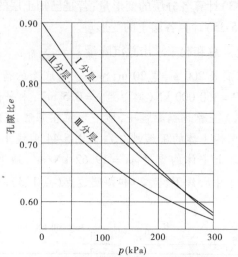

图 5-44　黏土层的 $e \sim p$ 曲线

$$p^{max}_{min} = \frac{\overline{P}}{b}\left(1 \pm \frac{6e}{b}\right) = \frac{1\ 800}{20} \times \left(1 \pm \frac{6 \times 0.5}{20}\right) = \frac{103.5}{76.5}\ (\text{kPa})$$

基底附加压力为

$$p^{0max}_{0min} = p^{max}_{min} - \gamma_1 d = \frac{103.5}{76.5} - 19.62 \times 3 = \frac{44.64}{17.64}(\text{kPa})$$

基底水平基底压力为

$$p_h = 150/20 = 7.5(\text{kPa})$$

基底附加压力分布如图 5-43(b)所示。

(3)计算各分层面处的自重应力。

基础底面处($z = 0$)

$$\sigma_{cz0} = \gamma_1 d = 19.62 \times 3 = 58.86(\text{kPa})$$

地下水位处($z = 3$ m)

$$\sigma_{cz3} = 19.62 \times (3 + 3) = 117.72(\text{kPa})$$

基底以下 8 m 处($z = 8$ m)

$$\sigma_{cz8} = 19.62 \times (3 + 3) + 9.81 \times 5 = 166.77(\text{kPa})$$

基底以下 11.5 m 处($z = 11.5$ m)

$$\sigma_{cz11.5} = 19.62 \times (3 + 3) + 9.81 \times 8.5 = 201.11(\text{kPa})$$

中密砂层顶面处($z = 15$ m)

$$\sigma_{cz15} = 19.62 \times (3 + 3) + 9.81 \times (5 + 7) = 235.44(\text{kPa})$$

自重应力 σ_{cz} 分布如图 5-43(b)所示。

(4)各层面处附加应力计算。

将基底竖直附加应力分为均布荷载和三角形荷载,其中三角形竖直荷载为

$$p_t = 44.64 - 17.64 = 27(\text{kPa})$$

均布竖直荷载 $p_0 = 17.64$ kPa,此外水平荷载 $p_h = 7.50$ kPa,各荷载在地基中引起的附加应力计算见表 5-15,附加应力分布见图 5-43(b)。

表 5-15 基础中心点下(2 点)的附加应力计算

z (m)	z/b	$b = 20$ m		$x/b = 0.5$				$\sum\sigma_z$ (kPa)
		$p_0 = 17.64$ kPa		$p_t = 27.00$ kPa		$p_h = 7.5$ kPa		
		K_z^s	σ_z	K_z^t	σ_z	K_z^h	σ_z	
0	0	1.00	17.64	0.50	13.50	0	0	31.14
3	0.15	0.99	17.46	0.49	13.23	0	0	30.69
8	0.40	0.88	15.52	0.44	11.88	0	0	27.40
11.5	0.58	0.77	13.58	0.38	10.26	0	0	23.84
15	0.75	0.67	11.82	0.33	8.91	0	0	20.73

(5)确定压缩层计算深度。

由题意可知,中密砂土层的压缩量可以忽略不计,软黏土底部($z = 15$ m)处的附加应力 $\sigma_z = 20.73$ kPa $< 0.1\sigma_{cz}$,故压缩层计算深度可取为 15 m。

(6)计算各土层自重应力平均值和附加应力平均值。

计算结果见表 5-16,其中第一层应力平均值为

$$\overline{\sigma}_{cz} = \frac{1}{2} \times (58.86 + 117.72) = 88.29\,(\text{kPa})$$

$$\overline{\sigma}_z = \frac{1}{2} \times (31.14 + 30.69) = 30.92\,(\text{kPa})$$

同理,计算出其他各土层的应力平均值。

(7)计算基础中心点的变形量。

由初始应力平均值 $\overline{\sigma}_{cz}$ 查出初始孔隙比 e_1,由最终应力平均值 $\overline{\sigma}_{cz} + \overline{\sigma}_z$ 查出最终孔隙比 e_2,代入式(5-33)计算各层的变形量 s_i,然后求和得到基础中心点的沉降量为 21.1 cm。计算结果如表 5-16 所示。

表 5-16 基础中心点下地基变形量计算

分层编号	分层厚度 (cm)	初始应力平均值 (kPa)	压缩应力平均值 (kPa)	最终应力平均值 (kPa)	e_{1i}	e_{2i}	$\dfrac{e_{1i} - e_{2i}}{1 + e_{1i}}$	s_i (cm)
Ⅰ	300	88.29	30.92	119.21	0.783	0.745	0.021 3	6.4
Ⅱ	500	142.25	29.05	171.30	0.695	0.665	0.017 7	8.9
Ⅲ₁	350	183.94	25.62	209.56	0.619	0.604	0.009 3	3.2
Ⅲ₂	350	218.28	22.29	240.57	0.602	0.590	0.007 5	2.6
$s = \sum s_i = 21.1$ cm								

按上述同样方法可以计算出点 1 和点 3 的沉降量分别为 4.3 cm 和 7.2 cm。

1.2　规范法

　　规范法计算地基最终沉降量的公式是从分层总和法公式导出的一种简化形式。若按分层总和法对同一天然土层须将地基按 $0.4b$ 分层，计算工作量繁重，故规范法只对不同的天然土层分层，而对同一天然土层不再分层，并采用平均附加应力系数 $\overline{\alpha_i}$ 以简化计算，同时还提出经验系数 ψ_s，以修正沉降计算值与实测值之间的误差。

1.2.1　基本原理和土层沉降量计算

　　在分层总和法中，按式(5-36)计算第 i 层土的沉降量为

$$s = \frac{\overline{\sigma}_{zi}}{E_{si}} h_i \tag{5-36}$$

式中，$\overline{\sigma}_{zi} h_i$ 代表第 i 层土的附加应力面积，如图 5-45 中 $cdfe$ 所示，此面积是曲线面积 $abfe$ 与曲线面积 $abdc$ 之差。曲线面积 $abfe$ 可用矩形面积 $p_0\,\overline{\alpha_i}z_i$ 表示，另一曲线面积 $abdc$ 可用矩形面积 $p_0\,\overline{\alpha}_{i-1}z_{i-1}$ 表示。代入式(5-36)中便得单一土层沉降量计算公式，即

$$s_i = \frac{p_0}{E_{si}}(\overline{\alpha}_i z_i - \overline{\alpha}_{i-1} z_{i-1}) \tag{5-37}$$

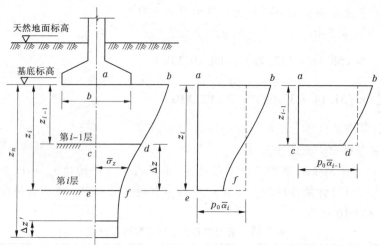

图 5-45　规范法计算图

　　地基变形量等于各层土变形量之和，即

$$s' = \sum_{i=1}^{n} s_i = \sum_{i=1}^{n} \frac{p_0}{E_{si}}(\overline{\alpha}_i z_i - \overline{\alpha}_{i-1} z_{i-1})$$

　　《建筑地基基础设计规范》(GB 50007—2011)规定，按上述公式计算得到的沉降值尚应乘以经验系数 ψ_s，以提高计算准确度，即

$$s = \psi_s \sum_{i=1}^{n} s_i = \psi_s \sum_{i=1}^{n} \frac{p_0}{E_{si}}(\overline{\alpha}_i z_i - \overline{\alpha}_{i-1} z_{i-1}) \tag{5-38}$$

式中　　s——地基最终沉降量，mm；

　　　　ψ_s——沉降计算经验系数，根据地区沉降观测资料及经验确定，也可采用表 5-17 中的数值；

　　　　n——地基沉降计算深度范围内所划分的土层数；

p_0——基础底面处的附加压力，kPa；

E_{si}——基础底面下第 i 层土的压缩模量，MPa；

z_i、z_{i-1}——基础底面至第 i 层和第 $i-1$ 层底面的距离，m；

$\overline{\alpha}_i$、$\overline{\alpha}_{i-1}$——基础底面至第 i 层和第 $i-1$ 层范围内的平均附加应力系数，对于均布矩形荷载，按 l/b 及 z/b 查表 5-18，对于均布条形荷载，可按 $l/b > 10$ 及 z/b 查表 5-18，l 与 b 分别为基础的长边与短边。

表 5-17　沉降计算经验系数 ψ_s

基底附加压力	$\overline{E}_s$ (MPa)				
	2.5	4.0	7.0	15.0	20.0
$p_0 \geqslant f_{ak}$	1.4	1.3	1.0	0.4	0.2
$p_0 \leqslant 0.75 f_{ak}$	1.1	1.0	0.7	0.4	0.2

注：1. 表列数值可内插。

2. f_{ak} 为地基承载力特征值。

3. $\overline{E}_s$ 为沉降计算深度范围内压缩模量当量值，应按 $\overline{E}_s = \dfrac{\sum A_i}{\sum \dfrac{A_i}{E_{si}}}$ 计算，其中 A_i 及 E_{si} 分别为第 i 层土附加应力系数沿土层厚度的积分值及压缩模量。

1.2.2　沉降计算深度 z_n 的确定

地基沉降计算深度 z_n 可通过试算确定，一般地基应符合下式要求

$$\Delta s'_n \leqslant 0.025 \sum s'_i \tag{5-39}$$

式中　$\Delta s'_n$——计算深度向上取厚度为 Δz 的土层变形量计算值，Δz 见图 5-45 并由表 5-19 确定；

s'_i——在计算深度范围内，第 i 层土的计算变形值。

当确定的计算深度下部仍有较软土层时应继续计算。若无相邻荷载影响，基础宽度在 $1 \sim 30$ m，基础中心点的变形计算深度也可按下列简化公式计算

$$z_n = b(2.5 - 0.4 \ln b) \tag{5-40}$$

式中　b——基础宽度，m。

对于地基中较坚硬的黏性土层，其孔隙比小于 0.5、压缩模量大于 50 MPa，或压缩模量大于 80 MPa 的密实砂卵石层可以不计算变形量。

【例 5-7】　图 5-46 所示为某厂房柱下独立方形基础，已知基础底面尺寸为 4 m × 4 m，基础埋深 $d = 1$ m，上部结构传至基础顶面的荷载 $F = 1\,440$ kN，地基为粉质黏土，其天然重度 $\gamma = 16.0$ kN/m³，地下水位埋深 3.4 m，地下水位以下土体的饱和重度 $\gamma_{sat} = 18.2$ kN/m³。土层压缩模量为：地下水位以上 $E_{s1} = 5.5$ MPa，地下水位以下 $E_{s2} = 6.5$ MPa，地基土的承载力特征值 $f_{ak} = 94$ kPa。试用规范法计算柱基中心点的沉降量。

表 5-18　矩形面积均布荷载作用下基础中心点下地基的平均附加应力系数值$\overline{\alpha_i}$

z/b	l/b												
	1.0	1.2	1.4	1.6	1.8	2.0	2.4	2.8	3.2	3.6	4.0	5.0	>10
0	1.000	1.000	1.000	1.000	1.000	1.000	1.000	1.000	1.000	1.000	1.000	1.000	1.000
0.2	0.987	0.990	0.991	0.992	0.992	0.992	0.993	0.993	0.993	0.993	0.993	0.993	0.993
0.4	0.936	0.947	0.953	0.956	0.958	0.960	0.961	0.962	0.962	0.963	0.963	0.963	0.963
0.6	0.858	0.878	0.890	0.898	0.903	0.906	0.910	0.912	0.913	0.914	0.914	0.915	0.915
0.8	0.775	0.801	0.810	0.831	0.839	0.844	0.851	0.855	0.857	0.858	0.859	0.860	0.860
1.0	0.689	0.738	0.749	0.764	0.775	0.783	0.792	0.798	0.801	0.803	0.804	0.806	0.807
1.2	0.631	0.663	0.686	0.703	0.715	0.725	0.737	0.744	0.749	0.752	0.754	0.756	0.758
1.4	0.573	0.605	0.629	0.648	0.661	0.672	0.687	0.696	0.701	0.705	0.708	0.711	0.714
1.6	0.524	0.556	0.580	0.599	0.613	0.625	0.614	0.651	0.658	0.663	0.666	0.670	0.675
1.8	0.482	0.513	0.537	0.556	0.571	0.583	0.600	0.611	0.619	0.624	0.629	0.633	0.638
2.0	0.446	0.475	0.499	0.518	0.533	0.545	0.563	0.575	0.584	0.590	0.594	0.600	0.606
2.2	0.414	0.443	0.466	0.484	0.499	0.511	0.530	0.543	0.552	0.558	0.563	0.570	0.577
2.4	0.387	0.414	0.436	0.454	0.469	0.481	0.500	0.513	0.523	0.530	0.535	0.543	0.551
2.6	0.362	0.389	0.410	0.428	0.442	0.455	0.473	0.487	0.496	0.504	0.509	0.518	0.528
2.8	0.341	0.366	0.387	0.404	0.418	0.430	0.449	0.463	0.472	0.480	0.486	0.495	0.506
3.0	0.322	0.346	0.366	0.383	0.397	0.409	0.427	0.441	0.451	0.459	0.465	0.477	0.487
3.2	0.305	0.328	0.348	0.364	0.377	0.389	0.407	0.420	0.431	0.439	0.445	0.455	0.468
3.4	0.289	0.312	0.331	0.346	0.359	0.371	0.388	0.402	0.412	0.420	0.427	0.437	0.452
3.6	0.276	0.297	0.315	0.330	0.343	0.353	0.372	0.385	0.395	0.403	0.410	0.421	0.436
3.8	0.263	0.284	0.301	0.316	0.328	0.339	0.356	0.369	0.379	0.388	0.394	0.405	0.422
4.0	0.251	0.271	0.288	0.302	0.314	0.325	0.342	0.355	0.365	0.373	0.379	0.391	0.408
4.2	0.241	0.260	0.276	0.290	0.300	0.312	0.328	0.341	0.352	0.359	0.366	0.377	0.396
4.4	0.231	0.250	0.265	0.278	0.290	0.300	0.316	0.329	0.339	0.347	0.353	0.365	0.384
4.6	0.222	0.240	0.255	0.268	0.279	0.289	0.305	0.317	0.327	0.335	0.341	0.353	0.373
4.8	0.214	0.231	0.245	0.258	0.269	0.279	0.294	0.300	0.316	0.324	0.330	0.342	0.362
5.0	0.206	0.223	0.237	0.249	0.260	0.269	0.284	0.296	0.306	0.313	0.320	0.332	0.352

注:l、b 为矩形的长边与短边,z 为基底以下的深度。

表 5-19　Δz 取值表

$b(m)$	$b \leqslant 2$	$2 < b \leqslant 4$	$4 < b \leqslant 8$	$8 < b$
$\Delta z(m)$	0.3	0.6	0.8	1.0

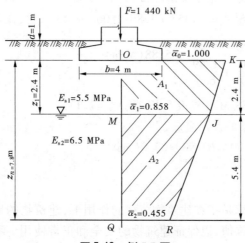

图 5-46　例 5-7 图

解: (1)计算基底附加压力。

$$p_0 = \frac{F + \gamma_G A d}{A} - \gamma d = \frac{F}{lb} + \overline{\gamma}_G d - \gamma d$$

$$= \frac{1\,440}{4 \times 4} + 20 \times 1 - 16.0 \times 1 = 94.0(\text{kPa})$$

(2)确定地基压缩层深度 z_n 并分层。

由式(5-40)得

$$z_n = b(2.5 - 0.4\ln b)$$

$$= 4 \times (2.5 - 0.4\ln 4) = 7.8(\text{m})$$

分层:由于压缩模量不同,将地基分为两层。从基础底面到地下水位面为第一层,土层厚度为 $z_1 = 3.4 - 1.0 = 2.4(\text{m})$;从地下水位面到压缩层深度处为第二层,厚度 $z_2 = 7.8 - 2.4 = 5.4(\text{m})$。

(3)列表计算各层沉降量 s'。

由式 $s' = \sum\limits_{i=1}^{n} s_i' = \sum\limits_{i=1}^{n} \dfrac{p_0}{E_{si}}(\overline{\alpha}_i z_i - \overline{\alpha}_{i-1} z_{i-1})$ 计算确定,见表 5-20。

表 5-20　基础中心点沉降量计算表

$z(m)$	l/b	z/b	$\overline{\alpha}_i$	$\overline{\alpha}_i z_i$ (m)	$\overline{\alpha}_i z_i - \overline{\alpha}_{i-1} z_{i-1}$ (m)	E_{si} (kPa)	s_i' (mm)	s' (mm)
2.4		0.6	0.858	2.059	2.059	5 500	35.19	
7.8	4/4 =1	1.95	0.455	3.549	1.490	6 500	21.55	56.74
7.2		1.80	0.482	3.470	0.079	6 500	1.14	

由表 5-19 中查得 $\Delta z = 0.6\,\text{m}$,相应的 $\Delta s_n' = 1.14\,\text{mm}$,则

$$\Delta s_n' / s' = 1.14/56.74 = 0.02 < 0.025$$

满足式(5-39)要求。

（4）确定修正系数 ψ_s。

第一土层的附加应力系数分布图的面积 $A_1 = 0.858 \times 2.4 = 2.06(\text{m}^2)$，第二层土的附加应力系数分布图的面积 $A_2 = 0.455 \times 7.8 - 2.06 = 1.49(\text{m}^2)$，压缩模量当量值为

$$\overline{E}_s = \frac{\sum A_i}{\sum \dfrac{A_i}{E_{si}}} = \frac{2.06 + 1.49}{\dfrac{2.06}{5.5} + \dfrac{1.49}{6.5}} = 5.88(\text{MPa})$$

由 $p_0 = f_{ak}$ 和 $\overline{E}_s = 5.88$ MPa 查表 5-17 得：$\Psi_s = 1.11$。

（5）计算柱基中心点的沉降量。

$$s = \psi_s s' = 1.11 \times 56.74 = 62.98 \approx 63.0(\text{mm})$$

2　地基变形验算

土质地基的变形验算是指在建筑物荷载的作用下，建筑物的地基变形计算值不能超过建筑物的地基变形允许值，以保证建筑物的安全和正常使用。不同类型的建筑物要求的地基变形允许值各不相同，计算时应注意。

2.1　地基的变形特征

地基的变形特征可分为沉降量、沉降差、倾斜和局部倾斜，如图 5-47 所示。

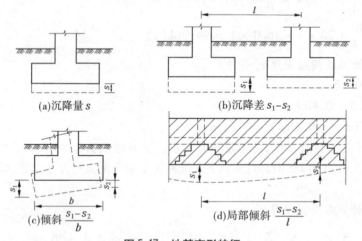

图 5-47　地基变形特征

（1）沉降量：指基础中心的沉降量 s。

（2）沉降差：指两相邻独立基础沉降量的差值 $\Delta s = s_1 - s_2$。

（3）倾斜：指基础倾斜方向两端点的沉降差与其距离的比值 $(s_1 - s_2)/b$。

（4）局部倾斜：指砌体承重结构沿纵墙 6~10 m 内基础两点间的沉降差与其距离的比值 $(s_1 - s_2)/l$。

2.2　水闸土质地基的变形验算

水闸土质地基的沉降可只计算最终沉降量。计算时，应根据土质条件和工程设计需

要,选择有代表性的计算点。按分层总和法计算出每个计算点的沉降量 $s_{\text{计}}$ 后再乘地基沉降量修正系数 m,得水闸基础的最终沉降量 s_{∞},即 $s_{\infty} = m s_{\text{计}}$,地基沉降量修正系数可采用 1.0 ~ 1.6(坚实地基取较小值,软土地基取较大值),然后考虑水闸基础结构刚性的影响进行适当调整,具体确定方法参见《水闸设计规范》(SL 265—2001)。

　　水闸土质地基沉降量的验算可只验算最终沉降量是否超过地基允许沉降量。

　　土质地基允许最大沉降量和最大沉降差,应以保证水闸安全和正常使用为原则,根据具体情况研究确定。一般情况下,天然土质地基上水闸地基最大沉降量不宜超过 15 cm,相邻部位的最大沉降差不宜超过 5 cm。

2.3　土石坝的变形验算

2.3.1　土石坝的沉降计算

　　土石坝的沉降计算,需估算在土体自重及其他外荷载作用下,坝体和坝基竣工时的沉降量和最终沉降量,计算方法一般采用分层总和法,但对 1 级、2 级高坝及建于复杂和软弱地基上的坝应采用有限元计算。有限元计算需要时可查其他相关资料。

2.3.1.1　用分层总和法计算时的几点注意事项

　　(1)计算施工期沉降量时,坝体土宜采用非饱和状态的压缩曲线,坝基材料应根据实际的饱和情况,采用非饱和状态或饱和状态下的压缩曲线。计算最终沉降量应采用饱和状态下的压缩曲线。

　　(2)分层原则:坝体每一分层的最大厚度为坝高的 1/10 ~ 1/5;均质坝基的分层厚度不大于坝底宽度的 1/4;非均质坝基,按坝基土的性质和类别分层,但每层厚度不大于坝底宽度的 1/4。

　　(3)每一分层土的计算压缩曲线应取其平均压缩曲线。

2.3.1.2　最终沉降量计算

　　(1)黏性土坝体和坝基竣工时的沉降量和最终沉降量可按下式计算

$$s_t = \sum_{i=1}^{n} \frac{e_{i0} - e_{it}}{1 + e_{i0}} h_i \tag{5-41}$$

式中　s_t——竣工时或最终的坝体和坝基总沉降量;

　　　　e_{i0}——第 i 层的起始孔隙比;

　　　　e_{it}——第 i 层相应于竣工时或最终的竖向有效应力作用下的孔隙比;

　　　　h_i——第 i 层土层厚度;

　　　　n——土层分层数。

　　(2)非黏性土坝体和坝基的最终沉降量可用下式估算

$$s_{\infty} = \sum_{i=1}^{n} \frac{p_i}{E_i} h_i \tag{5-42}$$

式中　s_{∞}——坝体或坝基的最终沉降量;

　　　　p_i——第 i 计算土层由坝体荷载产生的竖向应力;

　　　　E_i——第 i 计算土层的变形模量。

　　(3)混凝土面板堆石坝坝顶沉降量可利用材料相似的已建坝原型观测成果,按下式估算

$$s_2 = \left(\frac{H_2}{H_1}\right)^2 \left(\frac{E_1}{E_2}\right) s_1 \tag{5-43}$$

式中　s_2——待建坝的坝顶预计沉降值；

　　　s_1——已建坝的坝顶原型观测的沉降值；

　　　H_2——待建坝的坝高；

　　　H_1——已建坝的坝高；

　　　E_2——待建坝的变形模量；

　　　E_1——已建坝的变形模量。

若计算待建坝不同时期的坝顶沉降量，E_2 应为相应时期的变形模量。

2.3.2　确定土石坝坝顶竣工后的沉降预留超高

土石坝的坝顶高程，会因其坝体和坝基的沉降而降低，为解决这一问题，则土石坝在施工时，其坝顶高程需增加一个预留超高，该超高称竣工后的沉降预留超高。

竣工后的坝顶沉降量应为最终沉降量减去竣工时沉降量的差值。而坝顶竣工后的预留沉降超高，应根据计算的竣工后坝顶沉降量、施工期沉降观测和工程类比等综合分析确定。

2.3.3　土石坝的变形验算

土石坝的变形验算，一般验算计算的竣工后坝顶沉降量与坝高的比值不大于1%，当大于1%时，应在分析计算成果的基础上，论证选择的坝料填筑标准的合理性和是否采取其他必要工程措施，还需计算坝体各部位的不均匀沉降量和不均匀沉降梯度，初步判断是否可能发生坝体裂缝，该部分内容需要时参考其他资料。

2.4　工业与民用建筑物地基的变形验算

2.4.1　地基基础的设计等级

《建筑地基基础设计规范》（GB 50007—2011）根据建筑物地基复杂程度、建筑物规模和功能特征以及由于地基问题可能造成建筑物破坏或影响正常使用的程度，将地基基础设计分为三个等级，设计时应根据具体情况按表 5-21 选用。

表 5-21　地基基础设计等级

设计等级	建筑类型
甲级	重要的工业与民用建筑物；30 层以上的高层建筑；体型复杂，层数相差超过 10 层以上的高低层连成一体建筑物；大面积的多层地下建筑物（如地下车库、商场、运动场等）；对地基变形有特殊要求的建筑物；复杂地质条件下的坡上建筑物（包括高边坡）；对原有建筑物影响较大的新建筑物；场地和地基条件复杂的一般建筑物；位于复杂地质条件及软土地区的 2 层及 2 层以上的地下室的基坑工程；开挖深度大于 15 m 的基坑工程；周边环境条件复杂、环境保护要求高的基坑工程
乙级	除甲级、丙级外的工业与民用建筑
丙级	场地和地基条件简单、荷载分布均匀的 7 层及 7 层以下的民用建筑及一般工业建筑物；次要的轻型建筑物；非软土地区且场地地质条件简单、基坑周边环境条件简单、环境保护要求不高，且开挖深度小于 5.0 m 的基坑工程

2.4.2　地基变形要求

设计等级为甲级、乙级的建筑物,均应进行地基变形验算;表5-22 所列范围内设计等级为丙级的建筑物可不作变形验算,当有下列情况之一时,仍应进行变形验算:①地基承载力特征值小于 130 kPa,且体型复杂的建筑;②在基础上及其附近有地面堆载或相邻基础荷载差异较大,可能引起地基产生过大的不均匀沉降时;③软弱地基上的建筑物存在偏心荷载时;④相邻建筑物距离过近,可能发生倾斜时;⑤地基内有厚度较大或厚薄不均的填土,其自重固结未完成时。

表 5-22　可不作地基变形验算设计等级为丙级的建筑物范围

地基主要受力层情况	地基承载力特征值 f_{ak}(kPa)		$80 \leqslant f_{ak}$<100	$100 \leqslant f_{ak}$<130	$130 \leqslant f_{ak}$<160	$160 \leqslant f_{ak}$<200	$200 \leqslant f_{ak}$<300
	各土层坡度(%)		≤5	≤10	≤10	≤10	≤10
建筑类型	砌体承重结构、框架结构(层数)		≤5	≤5	≤6	≤6	≤7
	单层排架结构(6 m柱距)	单跨 吊车额定起重量(t)	10 ~ 15	15 ~ 20	20 ~ 30	30 ~ 50	50 ~ 100
		单跨 厂房跨度(m)	≤18	≤24	≤30	≤30	≤30
		多跨 吊车额定起重量(t)	5 ~ 10	10 ~ 15	15 ~ 20	20 ~ 30	30 ~ 75
		多跨 厂房跨度(m)	≤18	≤24	≤30	≤30	≤30
	烟囱	高度(m)	≤40	≤50	≤75		≤100
	水塔	高度(m)	≤20	≤30	≤30		≤30
		容积(m³)	50 ~ 100	100 ~ 200	200 ~ 300	300 ~ 500	500 ~ 1 000

注:1. 地基主要受力层是指条形基础底面下深度为 3b(b 为基础底面宽度),独立基础下为 1.5b,厚度均不小于 5 m 的范围(2 层以下的民用建筑除外)。

2. 地基主要受力层中当有承载力标准值小于 130 kPa 的土层时,表中砌体承重结构的设计,应符合《建筑地基基础设计规范》(GB 50007—2011)第七章的有关要求。

3. 表中砌体承重结构和框架结构均指民用建筑,对于工业建筑可按厂房高度、荷载情况折合成与其相当的民用建筑层数。

4. 表中吊车额定起重量、烟囱高度和水塔容积的数值是指最大值。

地基变形应满足如下要求

$$s \leqslant [s] \tag{5-44}$$

式中　s——建筑物的地基变形计算值;

　　　$[s]$——建筑物的地基变形特征允许值,由表5-23 查得。

表5-23　建筑物地基变形特征允许值

变形特征	地基土的类别	
	中、低压缩性土	高压缩性土
砌体承重结构基础的局部倾斜	0.002	0.003
工业与民用建筑相邻柱基的沉降差：		
（1）框架结构	0.002l	0.003l
（2）砌体墙填充的边排柱	0.000 7l	0.001l
（3）当基础不均匀沉降时不产生附加应力的结构	0.005l	0.005l
单层排架结构（柱距为6 m）柱基的沉降量（mm）	（120）	200
桥式吊车轨面的倾斜（按不调整轨道考虑）：		
纵向	0.004	
横向	0.003	
多层和高层建筑的整体倾斜：		
$H_g \leqslant 24$	0.004	
$24 < H_g \leqslant 60$	0.003	
$60 < H_g \leqslant 100$	0.002 5	
$H_g > 100$	0.002	
体型简单的高层建筑基础的平均沉降量（mm）	200	
高耸结构基础的倾斜：		
$H_g \leqslant 20$	0.008	
$20 < H_g \leqslant 50$	0.006	
$50 < H_g \leqslant 100$	0.005	
$100 < H_g \leqslant 150$	0.004	
$150 < H_g \leqslant 200$	0.003	
$200 < H_g \leqslant 250$	0.002	
高耸结构基础的沉降量（mm）：		
$H_g \leqslant 100$	400	
$100 < H_g \leqslant 200$	300	
$200 < H_g \leqslant 250$	200	

注：1. 本表数值为建筑物地基实际最终变形允许值。

2. 有括号者仅适用于中压缩性土。

3. l 为相邻柱基的中心距离，mm，H_g 为自室外地面起算的建筑物高度。

4. 倾斜指基础倾斜方向两端点的沉降差与其距离的比值。

5. 局部倾斜指砌体承重结构沿纵向6～10 m内基础两点的沉降差与其距离的比值。

3　工作任务

练习题

（1）有一矩形基础，置于均质黏性土上，基础的尺寸为10 m×5 m，埋深为1.5 m，其

上作用着中心荷载 $P = 10\ 000$ kN。地基土的天然重度为 20 kN/m^3,饱和重度为 21 kN/m^3,地下水位距基底 2.5 m,土的压缩曲线如图 5-48 所示。试求基础中心点的沉降量。

（参考答案:185.2 mm）

（2）基础底面如图 5-49 所示,基底压力为 222.8 kPa,呈均匀分布,基础埋深为 1.2 m,从地面向下至 7.2 m 深为砂层,砂的重度为 19 kN/m^3,砂层下面为 4 m 厚黏土层,黏土层下面为密实砂卵石层,其压缩性很低,可忽略。已知黏土初始孔隙比 $e_1 = 0.82$,压缩系数 $a_v = 0.000\ 4$ kPa^{-1}。试用规范法计算 A 点下黏土层最终沉降量。

（参考答案:128 mm）

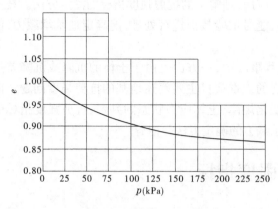

图 5-48　练习题(1)附图

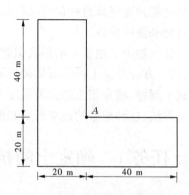

图 5-49　练习题(2)附图

项目 6　地基强度验算

本项目的主要任务是确定土的抗剪强度指标；确定地基承载力，进行地基强度验算。知识目标是掌握土的抗剪强度定律，掌握地基强度破坏的形式和破坏特征，掌握地基承载力的确定方法，理解土的极限平衡条件的应用，理解土的抗剪强度指标的测定方法。技能目标是能独立完成直接快剪试验的操作，能对试验数据进行处理，能确定地基承载力，能进行地基强度验算。

建筑物由于地基土的因素引起的工程事故中，一方面是由于土体的沉降或沉降差过大，另一方面是由土体的剪切破坏而引起的。本项目主要阐述地基的抗剪强度问题。围绕这个问题，将介绍土的抗剪强度及其变化规律、土体应力状态的判定、抗剪强度指标的测定方法、各种地基的破坏形式和地基承载力的确定方法等内容。

任务 1　确定土的抗剪强度指标

1　土的抗剪强度指标

1.1　土的抗剪强度规律

1.1.1　土的抗剪强度的基本概念

土与其他建筑材料类似，在一定条件下也会发生破坏。大量的试验研究与对破坏土体的实际观察分析表明，土体的破坏形式除渗透破坏外，都属于强度破坏。如基坑和堤坝的滑坡（见图 6-1（a））、挡土墙的倾斜或滑动（见图 6-1（b））、建筑物地基失稳（见图 6-1（c））等，都是由于土体中某些面上的剪应力超过了土体本身的抗剪强度，引起剪切破坏。一旦土体发生剪切破坏，剪切破坏面两侧的土体就会产生较大的相对位移，形成一个滑动面，这种由一部分土体相对于另一部分土体产生滑动破坏的现象也称土体丧失了稳定性。显然，土体丧失稳定的危害性要比土体发生压缩变形的危害性严重得多。为了保证地基与土工建筑物具有足够的稳定性，必须研究土的抗剪强度。

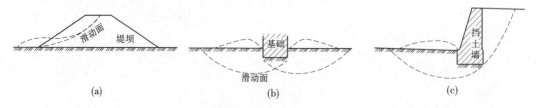

图 6-1　土体强度破坏形式

土的抗剪强度是指土体抵抗剪切破坏的极限能力，其数值等于剪切破坏时滑动面上的剪应力。而土的抗剪强度又与一般材料的抗剪强度不同,因为土是松散颗粒的集合体,它的破坏主要表现在土粒间的联结强度受到破坏,土粒本身的破坏一般较少考虑;其次,土的抗剪强度随剪切面上所受的法向应力 σ 而变,不是一个常数,这是土区别于其他建筑材料的一个重要特征。

1.1.2　土的抗剪强度规律——库仑定律

1.1.2.1　土的库仑定律

1776 年,法国学者库仑通过对砂土进行大量的试验研究得出,砂土的抗剪强度的表达式为

$$\tau_{\mathrm{f}} = \sigma\tan\varphi \tag{6-1}$$

式中　τ_{f}——土的抗剪强度,kPa;

　　　　σ——剪切面上的正应力,kPa;

　　　　φ——土的内摩擦角(°)。

后来又通过试验进一步提出了黏性土的抗剪强度表达式为

$$\tau_{\mathrm{f}} = C + \sigma\tan\varphi \tag{6-2}$$

式中　C——土的黏聚力,kPa。

式(6-1)和式(6-2)分别表示砂土和黏性土的抗剪强度规律,通常统称为库仑定律。根据库仑定律可以绘出如图 6-2 所示的库仑直线,其中库仑直线与横轴的夹角称为土的内摩擦角 φ,库仑直线在纵轴上的截距 C 为黏聚力。

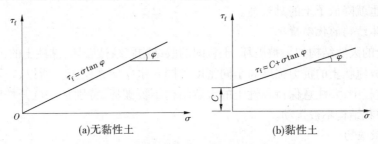

(a)无黏性土　　　　　　　　　　(b)黏性土

图 6-2　抗剪强度与法向压应力之间的关系

由库仑定律可以看出,在剪切面上的法向应力 σ 不变时,试验测出的 φ、C 值能反映土的抗剪强度 τ_{f} 的大小,故称 φ、C 为土的抗剪强度指标。但是抗剪强度指标 φ、C 不仅与土的性质有关,而且与测定方法有关。同一种土体在不同试验条件下测出的强度指标不同,但同一种土在同一方法下测定的强度指标基本是相同的。因此,谈及强度指标 φ、C 时,应注明它的试验条件。

1.1.2.2　土的抗剪强度的构成

库仑定律还表明,砂土的抗剪强度由土的内摩擦力 $\sigma\tan\varphi$ 构成,而黏性土的抗剪强度则由土的内摩擦力和黏聚力 C 构成。

土的内摩擦力包括剪切面上土粒之间的表面摩擦力和由于土粒之间的相互嵌入、连锁作用产生的粒间咬合力。粒间咬合力是指当土体相对滑动时,将嵌在其他颗粒之间的土粒拔出所需要的力,如图 6-3 所示。一般土愈密实,颗粒越粗,φ 值愈大;反之,φ 值就愈小。

土的黏聚力是指由于黏土颗粒之间的胶结作用、结合水膜以及分子引力作用等形成的内在联结力。土的颗粒愈细小,塑性愈大,愈紧密,其黏聚力也愈大。砂土的黏聚力$C=0$,故又称无黏性土。

图6-3　土的粒间咬合力

1.2　影响土的抗剪强度的因素

影响土的抗剪强度的因素是多方面的,主要有以下几个方面。

1.2.1　土粒的矿物成分、形状、颗粒大小与颗粒级配

土颗粒大,形状不规则,表面粗糙以及颗粒级配良好的土,由于其内摩擦力大,抗剪强度也高。黏土矿物成分中的微晶高岭石(土)含量越多时,黏聚力越大。土中胶结物的成分及含量对土的抗剪强度也有影响。

1.2.2　土的密度

土的初始密度愈大,土粒间接触愈紧密,土粒间的表面摩擦力和咬合力也愈大,剪切试验时需要克服的摩阻力也愈大,则土的抗剪强度就愈大。黏性土的密度大,则表现出的黏聚力也较大。

1.2.3　含水率

土中含水率的大小对土的抗剪强度的影响十分明显。土中的含水率增大时,会降低土粒表面上的摩擦力,使土的内摩擦角φ值减小;黏性土的含水率增大时,会使结合水膜加厚,因而也就降低了土的黏聚力。

1.2.4　土体结构的扰动情况

黏性土的天然结构如果被破坏,土粒间的胶结物联结被破坏,黏性土的抗剪强度将会显著下降,故原状土的抗剪强度高于同密度和同含水率的重塑土。所以,在现场取样、试验和施工过程中,要注意保持黏性土的天然结构不被破坏,特别是基坑开挖时,更应保持持力层的原状结构不被扰动。

1.2.5　有效应力

由有效应力原理可知,土中某点所受的总应力等于该点的有效应力与孔隙水压力之和。随着孔隙水压力的消散,有效应力的增加,土体受到压缩,土的密度增大,使土的φ、C值变大,抗剪强度增高。

2　土的强度理论(极限平衡条件)

2.1　土中一点的应力状态

在土力学中,常把土体作为半无限体来研究。在半无限土体中任意点M处取一微小单元体,设作用在该单元体上的大、小主应力为σ_1和σ_3。为了简化分析,下面仅研究平面问题,如图6-4(a)所示。在单元体内取一与大主应力σ_1的作用面成任意角α的mn斜平面,斜平面mn上作用的法向应力和剪应力分别为σ、τ,为了建立σ、τ和σ_1、σ_3之间的关系,取楔形脱离体abc如图6-4(b)所示。

根据静力平衡条件可得

$$\sum x = 0: \quad \sigma \sin\alpha ds - \tau \cos\alpha ds - \sigma_3 \sin\alpha ds = 0 \tag{6-3}$$

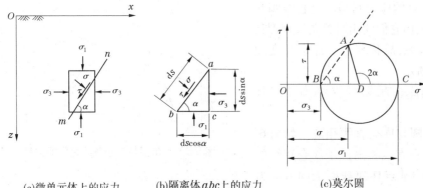

| (a)微单元体上的应力 | (b)隔离体 abc 上的应力 | (c)莫尔圆 |

图6-4　土体中任意点的应力

$$\sum y = 0：\quad \sigma\cos\alpha ds + \tau\sin\alpha ds - \sigma_3\cos\alpha ds = 0 \tag{6-4}$$

联立求解以上方程可得 mn 斜平面上的应力为

$$\sigma = \frac{\sigma_1 + \sigma_3}{2} + \frac{\sigma_1 - \sigma_3}{2}\cos2\alpha \tag{6-5}$$

$$\tau = \frac{\sigma_1 - \sigma_3}{2}\sin2\alpha \tag{6-6}$$

若将式(6-5)移项后两端平方,再与式(6-6)的两端平方后分别相加,即得

$$\left[\sigma - \frac{1}{2}(\sigma_1 + \sigma_3)\right]^2 + \tau^2 = \left[\frac{1}{2}(\sigma_1 - \sigma_3)\right]^2 \tag{6-7}$$

不难看出式(6-7)是一个圆的方程。在 $\tau \sim \sigma$ 直角坐标系中,绘出以圆心坐标为 $(\frac{\sigma_1 + \sigma_3}{2}, 0)$,半径为 $\frac{\sigma_1 - \sigma_3}{2}$ 的圆,绘出的圆称为莫尔应力圆或莫尔圆,如图6-4(c)所示。莫尔圆也可以用来求土中任一点的应力状态,具体方法如下:

在莫尔圆上,从 DC 开始逆时针方向转 2α 角,得 DA 线与圆周的交点 A,A 点的横坐标即为 mn 斜平面上的正应力 σ,A 点的纵坐标即为 mn 斜平面上的剪应力 τ。显然,土体中任一点只要已知其大、小主应力 σ_1 与 σ_3,便可用莫尔圆求出该点不同斜平面上的法向应力 σ 与剪应力 τ。

2.2 土的极限平衡条件

2.2.1 土的极限平衡状态

如果已知通过土体某点的某一平面上的法向应力与剪应力,又测得该土的抗剪强度指标 φ 值和 C 值,就可用库仑定律算出该平面上的抗剪强度 τ_f。当 $\tau_f > \tau$ 时,土体不会沿该平面剪破,称该平面处于弹性平衡状态;当 $\tau_f < \tau$ 时,该平面已剪破,称该平面处于塑性平衡状态;当 $\tau_f = \tau$ 时,该平面处于濒于剪破的极限平衡状态。极限平衡状态下该剪切面上各应力之间的关系式称为极限平衡条件式。由此可知,土中某一剪切面上的极限平衡条件式为

$$\tau = \tau_f = C + \sigma\tan\varphi \tag{6-8}$$

由于莫尔圆和库仑直线的坐标相同,都是以法向应力为横坐标,以剪应力为纵坐标,所

以可将土中一点的应力圆与库仑直线画在
同一坐标系中,由它们的相对关系来判别其
所处的应力状态,故称莫尔－库仑强度理
论,如图6-5所示。

　　莫尔圆与库仑直线之间存在如下三种
关系:

　　(1)莫尔圆与库仑直线相离。如图6-
5中圆Ⅰ与库仑直线相离位于库仑直线的
下方,表示土中某点任何截面上的剪应力

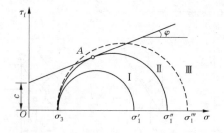

图6-5　莫尔圆与库仑直线之间的关系

都小于该点的抗剪强度($\tau_f > \tau$),该点不会发生剪切破坏,该点处于弹性平衡状态。

　　(2)莫尔圆与库仑直线相割。如图6-5中圆Ⅲ与库仑直线相割,表示过该点的某些截
面上的剪应力大于土的抗剪强度($\tau_f < \tau$),该点已经破坏。因为该点土体已经破坏,实际
上圆Ⅲ是不可能画出的,而是理想的情况。

　　(3)莫尔圆与库仑直线相切。如图6-5中圆Ⅱ与库仑直线在 A 点相切,说明在 A 点所
代表的截面上,剪应力正好等于土的抗剪强度($\tau_f = \tau$),该点处于极限平衡状态。

2.2.2　土的极限平衡条件式

　　土中某一点达到极限平衡状态时,其微单元土体上作用的大、小主应力 σ_1、σ_3 之间
的关系式,称为该点土的极限平衡条件式。可用莫尔圆与库仑直线相切时的几何关系
推得。

　　当土中某一点处于极限平衡状态时,莫尔圆与库仑直线的切点 D 所代表的截面即为
剪切破坏面,如图6-6所示,由几何条件可以得出下列关系式

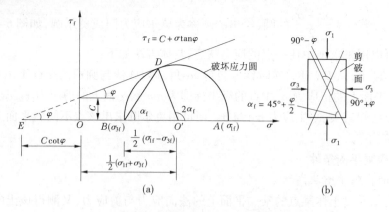

图6-6　极限平衡的几何条件

$$\sin\varphi = \frac{\sigma_1 - \sigma_3}{\sigma_1 + \sigma_3 + 2C\cot\varphi} \tag{6-9}$$

　　式(6-9)经三角函数变换后,可得土的极限平衡条件式为

$$\sigma_{1f} = \sigma_3 \tan^2\left(45° + \frac{\varphi}{2}\right) + 2C\tan\left(45° + \frac{\varphi}{2}\right) \tag{6-10}$$

或 $$\sigma_{3f} = \sigma_1 \tan^2\left(45° - \frac{\varphi}{2}\right) - 2C\tan\left(45° - \frac{\varphi}{2}\right) \qquad (6-11)$$

对于 $C = 0$ 的无黏性土,极限平衡条件式可以简化。

土体中某点处于极限平衡状态时,其破裂面与大主应力作用面的夹角为 α_f,由图6-6中的几何关系可得

$$2\alpha_f = 90° + \varphi$$
$$\alpha_f = 45° + \varphi/2 \qquad (6-12)$$

由此可知,土体剪切破坏面的位置是发生在与大主应力作用面成 $(45° + \varphi/2)$ 角的斜面上,而不是发生在剪应力最大的斜面上,即 $\alpha = 45°$ 的斜面上。

已知土体中一点的实际大、小主应力 σ_1 和 σ_3 及实测的 φ、C 值,可以用式(6-9)~式(6-11)中的任何一个公式判别土中该点的应力状态,其判别结果是一致的。判别方法如下:

(1)用式(6-9)判别。将实际的 σ_1、σ_3、C 值代到式(6-9)中,计算出的内摩擦角 φ_f,即为土体处在极限平衡状态时所具有的内摩擦角。将极限平衡状态时的内摩擦角 φ_f 与实际土的内摩擦角 $\varphi_{实}$ 比较,若 $\varphi_{实} > \varphi_f$,说明库仑直线与莫尔圆相离,该点稳定;若 $\varphi_{实} < \varphi_f$,说明库仑直线与莫尔圆相割,该点破坏;若 $\varphi_{实} = \varphi_f$,说明库仑直线与莫尔圆相切,该点处于极限平衡状态。

(2)用式(6-10)判别。将实际的 σ_3、φ、C 值代到式(6-10)中,计算出的大主应力 σ_{1f},即为土体处在极限平衡状态时所承受的大主应力。将极限平衡状态时的大主应力 σ_{1f} 与实际土的大主应力 $\sigma_{1实}$ 比较,若 $\sigma_{1f} > \sigma_{1实}$,库仑直线与莫尔圆相离,该点不破坏;若 $\sigma_{1f} < \sigma_{1实}$,该点破坏;若 $\sigma_{1f} = \sigma_{1实}$,该点处于极限平衡状态,如图6-7(a)所示。

(3)用式(6-11)判别。将实际的 σ_1、φ、C 值代到式(6-11)中,计算出的小主应力 σ_{3f},即为土体处在极限平衡状态时所承受的小主应力。将极限平衡状态时的小主应力 σ_{3f} 与实际土的小主应力 $\sigma_{3实}$ 比较,若 $\sigma_{3f} < \sigma_{3实}$,该点不破坏;若 $\sigma_{3f} > \sigma_{3实}$,该点破坏;若 $\sigma_{3f} = \sigma_{3实}$,该点处于极限平衡状态,如图6-7(b)所示。

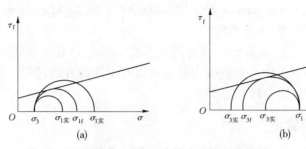

图6-7 土中一点的应力状态的判别

【例6-1】 某土层的抗剪强度指标 $\varphi = 20°$,$C = 20$ kPa,其中某一点的 $\sigma_1 = 300$ kPa,$\sigma_3 = 120$ kPa。①问该点是否破坏? ②若保持 σ_3 不变,该点不破坏的 σ_1 最大为多少?

解:(1)判别该点所处的状态。

①利用 φ 判别。

$$\sin\varphi = \frac{\sigma_1 - \sigma_3}{\sigma_1 + \sigma_3 + 2C\cot\varphi_{实}} = \frac{300 - 120}{300 + 120 + 2 \times 20 \times \cot 20°} = 0.34$$

$$\varphi = 19.86° < \varphi_{实} = 20°$$

因此,该点稳定。

②用 σ_1 判别。

将 $\sigma_3 = 120$ kPa, $\varphi = 20°$, $C = 20$ kPa 代入式(6-10)得

$$\sigma_{1f} = \sigma_1 \tan^2\left(45° + \frac{\varphi}{2}\right) + 2C\tan\left(45° + \frac{\varphi}{2}\right)$$

$$= 120\tan^2\left(45° + \frac{20°}{2}\right) + 2 \times 20\tan\left(45° + \frac{20°}{2}\right) = 301.88(\text{kPa}) > \sigma_1 = 300 \text{ kPa}$$

因此,该点稳定。

③用 σ_3 判别。

将 $\sigma_1 = 300$ kPa, $\varphi = 20°$, $C = 20$ kPa 代入式(6-11)得

$$\sigma_{3f} = \sigma_1 \tan^2\left(45° - \frac{\varphi}{2}\right) - 2C\tan\left(45° - \frac{\varphi}{2}\right)$$

$$= 300\tan^2\left(45° - \frac{20°}{2}\right) - 2 \times 20\tan\left(45° - \frac{20°}{2}\right)$$

$$= 119.08(\text{kPa}) < \sigma_3 = 120 \text{ kPa}$$

因此,该点稳定。

④用库仑定律判别。

由前述可知破坏角 $\alpha_f = 45° + 20°/2 = 55°$,土体若破坏则应沿与第一主平面成55°夹角的平面破坏,该面上的应力如下

$$\sigma_\alpha = \frac{\sigma_1 + \sigma_3}{2} + \frac{\sigma_1 - \sigma_3}{2}\cos2\alpha = \frac{300 + 120}{2} + \frac{300 - 120}{2}\cos110° = 179.22(\text{kPa})$$

$$\tau_\alpha = \frac{\sigma_1 - \sigma_3}{2}\sin2\alpha = \frac{300 - 120}{2}\sin110° = 84.57(\text{kPa})$$

破坏面的抗剪强度 τ_f 可以由库仑定律计算得到

$$\tau_f = C + \sigma\tan\varphi = C + \varphi_\alpha\tan\alpha = 20 + 179.22\tan20° = 85.23(\text{kPa}) > \tau_\alpha = 84.57 \text{ kPa}$$

因此,最危险面不破坏,该点稳定。

(2)若 σ_3 不变,由上述计算可知,保持该点不破坏时 σ_1 的最大值为301.88 kPa。

由例6-1可知,判别土中一点的应力状态可以有不同的方法,但其判别结果是一致的,在实际应用中只需要用一种方法即可。

3　抗剪强度指标的确定

土的抗剪强度指标 φ 和 C 是通过剪切试验测定的,剪切试验方法一般分室内试验和现场试验两类。室内试验常用的仪器有直接剪切仪(简称直剪仪)、三轴剪切仪(又称三轴压缩仪,简称三轴仪)、无侧限抗压强度仪等,现场试验常用的有十字板剪切仪等。

3.1　直接剪切试验

3.1.1　直剪仪及试验原理

直接剪切试验通常简称直剪试验,是测定土体抗剪强度指标最简单的试验方法。

直剪试验所用的主要仪器为直剪仪,直剪仪可分为应力控制式直剪仪和应变控制式

直剪仪两种。试验中通常采用应变控制式直剪仪,其结构如图6-8所示。它主要由可相互错动的上、下剪切盒,垂直和水平加载系统及测量系统等部分组成。

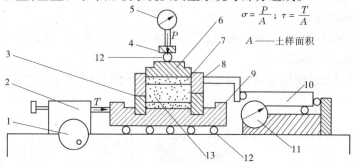

$$\sigma = \frac{P}{A} \; ; \; \tau = \frac{T}{A}$$

A——土样面积

1—旋转手轮;2—推动器;3—下剪切盒;4—垂直加压框架;5—垂直位移量表;6—传压板;
7—透水板;8—上剪切盒;9—储水盒;10—量力环;11—水平位移量表;12—滚珠;13—试样

图6-8　直剪仪结构示意图

试验时先用环刀切取原状土样,将上、下剪切盒对齐,把土样放在上、下剪切盒中间,通过传压板和滚珠对土样施加法向应力 σ,然后通过均匀旋转手轮对下剪切盒施加水平剪切力 τ,使土样沿上、下剪切盒的接触面发生剪切位移,随着上、下剪切盒的相对位移不断增加,剪切面上的剪应力也不断增加,剪应力与剪切位移关系曲线如图6-9(a)所示。当土样将要剪切破坏时,剪切面上的剪应力达最大值(即峰值点),此时的剪应力即为土的抗剪强度 τ_f;如果剪应力不出现峰值点,则取剪切位移4 mm对应的剪应力为土的抗剪强度,如图6-9(b)所示。通过对同一种土3~4个土样在不同的竖向应力 σ 作用下进行剪切试验,测出相应的抗剪强度 τ_f,然后以 σ 为横坐标,以 τ_f 为纵坐标,点绘出 $\sigma \sim \tau_f$ 库仑曲线,由此求出土的抗剪强度指标 φ、C。

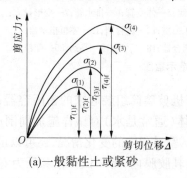

(a)一般黏性土或紧砂

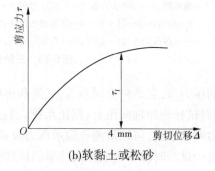

(b)软黏土或松砂

图6-9　剪应力与剪切位移关系曲线

3.1.2　直剪试验的优缺点

直剪仪构造简单,土样制备安装方便,操作方法便于掌握,至今仍为一般工程单位广泛采用。但该试验存在着如下缺点:剪切过程中试样内的剪应变分布不均匀,应力条件复杂,但仍按均匀分布计算,其结果有误差;剪切面只能人为地限制在上、下剪切盒的接触面上,而不是沿土样最薄弱的剪切面剪坏;试验时不能严格控制土样的排水条件;不能量测土样中孔隙水压力;剪切过程中土样剪切面逐渐减小,且垂直荷载发生偏心,而分析计算时仍按受剪面积不变考虑。因此,直剪试验不宜用来对土的抗剪强度特性作深入研究。

3.2　三轴剪切试验

三轴剪切试验也称三轴压缩试验,是测定土抗剪强度的一种较为完善的试验方法。

3.2.1　三轴仪及试验原理

三轴剪切试验使用的仪器为三轴仪,其构造如图6-10所示。它的主要工作部分是放

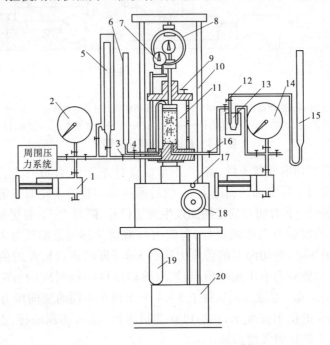

1—调压筒;2—周围压力表;3—周围压力阀;4—排水阀;5—体变管;6—排水管;7—变形量表;
8—量力环;9—排水孔;10—轴向加压设备;11—压力室;12—量管阀;13—零位指示器;
14—孔隙压力表;15—量管;16—孔隙压力阀;17—离合器;18—手轮;19—马达;20—变速箱

图6-10　三轴仪构造示意图

置试样的压力室,它是由金属顶盖、底座和透明有机玻璃筒组装起来的密闭容器;轴压系统,用以对试样施加轴向压力;侧压系统,通过液体(通常是水)对试样施加周围压力;孔隙水压力测试系统,可以量测孔隙水压力及其在试验过程中的变化情况,还可以量测试样的排水量。试验时将切削成正圆柱形的试样套在乳胶膜内,置于试样帽和压力室底座之间,必要时在试样两端安放滤纸和透水石,如图6-11所示,然后在试样周围通过液体施加压力 σ_3,此时,试样在径向和轴向均受到同样的压力 σ_3 作用,因此试样不会受剪应力作用,再由轴向加压设备不断加大轴向力 $\Delta\sigma$ 使试样剪坏。此时,试样在径向受 σ_3 作用,轴向受 $\sigma_3 + \Delta\sigma = \sigma_1$ 作用。根据破坏时的 σ_3 和 σ_1 可绘出极限莫尔圆。若同一种土的3~4个试样,在不同的 σ_3 作用下将试样剪坏,就可得出几个不同的极限莫尔圆。这些极限莫尔圆的公切线即为库仑直线,如图6-12所示,在库仑直线上便可确定抗剪强度指标 φ 和 C。

3.2.2　三轴剪切试验的优缺点

与直剪试验比较,三轴剪切试验的优点是:试样中的应力分布比较均匀;试样破坏时剪切破坏面就发生在土样的最薄弱处,应力状态比较明确;试验时还可根据工程需要,严格控制孔隙水的排出,并能准确地测定土样在剪切过程中孔隙水压力的变化,从而可以定量地获得土中有效应力的变化情况。三轴剪切试验可供在复杂应力条件下研究土的抗剪强度特性之用。

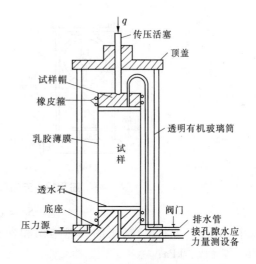

图6-11　压力室构造示意图

三轴剪切试验的缺点:三轴仪设备复杂,试样制备比较麻烦,土样易受扰动;试样中模拟的主应力为 $\sigma_2 = \sigma_3$ 的轴对称情况,而实际土体的受力状态并非都是这类轴对称情况,故其应力状态不能与实际情况完全一致。

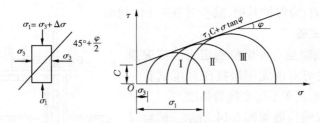

图6-12　三轴剪切试验原理

3.3　无侧限抗压强度试验

无侧限抗压强度试验是将正圆柱形土样放在如图6-13(a)所示的无侧限压力仪中,在无侧向压力和不排水的情况下,对它施加垂直的轴向压力,土样剪切破坏时所承受的最大轴向压力称为土的无侧限抗压强度 q_u。无侧限抗压强度试验相当于在三轴仪上进行 $\sigma_3 = 0$ 的不排水剪试验。由于 $\sigma_3 = 0$,试验结果只能作出一个极限莫尔圆($\sigma_1 = q_u$,$\sigma_3 = 0$),如图6-13(b)所示。对于饱和软黏土,在三轴不固结不排水的剪切条件下,测出的抗剪强度包线为一条水平线,即 $\varphi_u = 0$,故可利用无侧限抗压强度试验来测定饱和软黏土的不排水抗剪强度指标 C_u 值,即

$$\tau_f = C_u = q_u/2 \tag{6-13}$$

式中　τ_f——土的不排水抗剪强度,kPa;

C_u——土的不排水黏聚力,kPa;

q_u——无侧限抗压强度,kPa。

无侧限抗压试验除可以测定饱和软黏土的不排水强度 C_u 外,还可以用来测定土的灵敏度 S_t。土的灵敏度是指原状土与重塑土的无侧限抗压强度的比值。它可反映天然状态下的黏性土,当受到扰动,土的结构遭到破坏时,其强度降低的程度的计算公式为

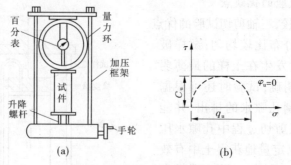

图 6-13　无侧限抗压强度试验

$$S_t = q_u/q_0 \tag{6-14}$$

式中　q_u——原状土样(土的天然结构和含水率保持不变的试样)的无侧限抗压强度,
　　　　　kPa;

　　　　q_0——扰动土样(土的天然结构遭到破坏但含水率保持不变的试样)的无侧限抗压
　　　　　强度,kPa。

　　根据灵敏度可将饱和黏性土分为:低灵敏度($1<S_t\leqslant2$)、中灵敏度($2<S_t\leqslant4$)和高灵
敏度($S_t>4$)三类。土的灵敏度愈高,称土的结构性愈强,受扰动后其强度降低就愈多。
所以,在基础施工时,应保护基槽,减少对基底土的扰动。

3.4　十字板剪切试验

　　十字板剪切试验是一种原位测定土的抗剪强
度的试验方法,它与室内无侧限抗压强度试验一
样,所测得的成果相当于不排水抗剪强度。

　　十字板剪切仪的构造如图 6-14 所示。试验时
在钻孔中放入十字板,并压入土中 75 cm,通过地面
上的扭力设备对钻杆施加扭矩,带动十字板旋转,
直至土体剪切破坏,记录土体破坏时的最大扭转力
矩 M_{max},据此算出土的抗剪强度。

　　从图 6-14 中可以看出土的抗扭力矩由两部分
组成:

　　(1)圆柱形土体侧面上的抗扭力矩

$$M_1 = \tau_f\left(\pi DH\frac{D}{2}\right) \tag{6-15}$$

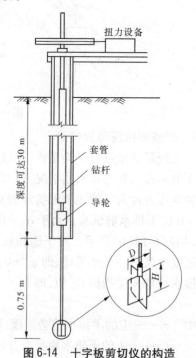

图 6-14　十字板剪切仪的构造

式中　D——十字板的宽度(即圆柱体直径);

　　　　H——十字板的高度;

　　　　τ_f——土的抗剪强度,公式推导中假设土的
　　　　　强度各向相同。

　　(2)圆柱形土体上、下两个剪切面上的抗扭力矩

$$M_2 = 2\tau_f\left(\frac{\pi D^2}{4}\times\frac{2}{3}\times\frac{D}{2}\right) \tag{6-16}$$

根据扭转力矩等于抗扭力矩得

$$M_{max} = M_1 + M_2 = \tau_f(\pi DH \frac{D}{2}) + 2\tau_f(\frac{\pi D^2}{4} \times \frac{2}{3} \times \frac{D}{2})$$

$$\tau_f = \frac{2M_{max}}{\pi D^2(H + \frac{D}{3})} \tag{6-17}$$

与前同理，十字板剪切试验所得成果也属于不排水抗剪强度 C_u。它具有无须钻孔取样试验和使土少受扰动的优点。但所得 C_u 主要反映垂直面上的强度，一般易得偏高的成果，且这种原位测试方法中剪切面上的应力条件十分复杂，排水条件又不能控制得很严格。因此，十字板剪切试验所得 C_u 值与原状土室内的不排水剪试验成果有一定差别。

4　总应力强度指标和有效应力强度指标及其测定方法

前面已经指出，饱和土的固结是孔隙水压力 u 消散和有效应力 σ' 增长的过程。而饱和土的剪切过程也是伴随着孔隙水逐渐排出，有效应力逐渐增长，土体逐渐固结的过程，从而必然使得土的抗剪强度随着土体固结压密程度的增大而不断增大。这也说明，孔隙水压力消散的过程，就是土的抗剪强度增大的过程。土中孔隙水压力的消散程度不同，则土的抗剪强度大小也就不同。因此，在剪切试验中，为了考虑孔隙水压力对抗剪强度的影响，将抗剪强度的分析表达方法分为总应力法和有效应力法。

4.1　总应力法

总应力法是指用剪切面上的总应力来表示土的抗剪强度的方法，其表达式为式(6-2)。

在总应力法中，孔隙水压力对抗剪强度的影响，是通过在试验中控制土样的排水条件来体现的。根据排水条件的不同，在三轴剪切试验中分为排水剪(CD)、不排水剪(UU)和固结不排水剪(CU)三种，相应的在直剪试验中分为慢剪(S)、快剪(Q)和固结快剪(CQ)三种。

(1)排水剪和慢剪是指在整个试验过程中，使土样保持充分排水固结(即在孔隙水压力始终为零)的条件下进行剪切试验的方法。当用三轴试验时，在围压 σ_3 作用下，打开排水阀，使土样充分排水固结，当孔隙水压力降为零时才增大竖向压力 σ_1，在保持孔隙水压力为零(充分排水)的条件下，使土样慢慢剪切破坏。由排水剪测得的抗剪强度指标用 C_d 和 φ_d 表示。

当用直剪试验时，在土样的上、下面与透水石之间放上滤纸，便于排水，等土样在垂直压力作用下充分排水固结稳定后，再缓慢施加水平剪力，且在土样充分排水固结条件下，直至剪坏。由于需时很长，故称慢剪。由慢剪测得的抗剪强度指标用 C_s 和 φ_s 表示。

(2)不排水剪和快剪是指在整个试验过程中，均不让土样排水固结(即在不使孔隙水压力消散)的条件下进行剪切试验的方法。当用三轴试验时，无论是施加围压 σ_3，还是施加竖向压力 σ_1，始终关闭排水阀，使土样在不排水的条件下剪坏。由不排水剪测得的抗剪强度指标用 C_u 和 φ_u 表示。

当用直剪试验时，在土样的上、下面与透水石之间用不透水薄膜隔开，在施加垂直压力后随即施加水平剪力,使试样在 3～5 min 内剪坏,故称为快剪。由快剪测得的抗剪强度指标用 C_q 和 φ_q 表示。

(3)固结不排水剪和固结快剪是指土样在围压或竖向压力作用下,充分排水固结,但在剪切过程中不让土样排水固结的条件下进行剪切试验的方法。当采用三轴试验,在施加围压 σ_3 时,打开排水阀,让土样充分排水固结后,再关闭排水阀,使土样在不排水的条件下施加竖向压力 σ_1,直至剪坏。由固结不排水剪测得的强度指标用 C_{cu} 和 φ_{cu} 表示。

当用直剪试验时,在土样的上、下面与透水石之间放上滤纸,先施加竖向压力,待土样排水固结稳定后,再施加水平剪力,将土样在 3～5 min 内剪坏,故称固结快剪。由固结快剪测得的抗剪强度指标用 C_{cq} 和 φ_{cq} 表示。

上述三种剪切试验方法,对于同一种土,施加相同的总应力时,由于试验时土样的排水条件和固结程度不同,故测得的抗剪强度指标也不相同,一般情况下,三种试验方法测得的内摩擦角有如下关系:$\varphi_s > \varphi_{cq} > \varphi_q (\varphi_d > \varphi_{cu} > \varphi_u)$,测得的黏聚力 C 值也有差别,如图 6-15 所示。

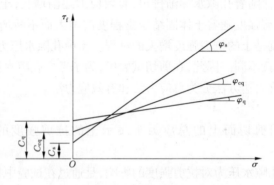

图 6-15　总应力测得的抗剪强度指标

4.2　有效应力法

如前所述,土的抗剪强度与总应力之间并没有唯一对应的关系。实质上,土的抗剪强度是由受剪面上的有效法向应力所决定的。所以,库仑定律应该用有效应力来表达才接近于实际,有效应力库仑定律表达式为

$$\tau_f = \sigma'\tan\varphi' + C' = (\sigma - u)\tan\varphi' + C' \tag{6-18}$$

式中　σ'——剪切破坏面上的法向有效应力,kPa;

　　　φ'、C'——有效内摩擦角和有效黏聚力,二者统称为有效应力强度指标。

有效应力强度指标通常用三轴仪测定。取同一种土的 3～4 个试样,分别在不同围压 σ_3 下进行试验,测出剪切破坏时的最大主应力 σ_1 和孔隙水压力 u,则有效大主应力 $\sigma'_1 = \sigma_1 - u$,有效小主应力 $\sigma'_3 = \sigma_3 - u$。以有效主应力为横坐标、抗剪强度 τ_f 为纵坐标,根据试验结果可绘出 3～4 个极限莫尔圆,并作公切线(强度包线),即可确定 φ' 和 C',如图 6-16 中虚线圆所示。在实际应用中,有效应力强度指标用有效应力强度公式(6-18)来分析土体的稳定性。分析时需要知道土体中孔隙水压力实际分布情况。

试验表明,用直接剪切仪做慢剪试验测得的慢剪强度指标 φ_s、C_s 与有效应力强度指

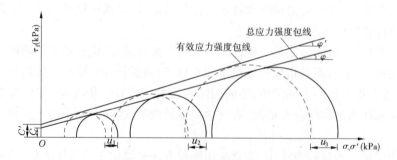

图 6-16　有效应力强度指标的确定

标 φ'、C' 很一致。这是因为慢剪时的孔隙水压力为零,此时总应力就等于有效应力。所以,在没有三轴仪时,可以 φ_s、C_s 代替 φ'、C'。

【例 6-2】　某饱和黏性土做固结不排水剪试验,三个土样所施加的围压和剪坏时的轴向应力及孔隙水压力等试验数据和计算结果见表 6-1。试求该土的固结不排水剪强度指标和有效应力强度指标。

解:根据表 6-1 中的测试数据,在 $\tau_f \sim \sigma$ 坐标中分别绘出三个极限总应力圆和极限有效应力圆(见图 6-17),分别作总应力圆和有效应力圆的强度包线,量得总应力强度指标 $C_{cu} = 10$ kPa、$\varphi_{cu} = 18°$,有效应力强度指标 $C' = 6$ kPa、$\varphi' = 27°$。

表 6-1　三轴固结不排水剪试验结果

试样编号	σ_3(kPa)	σ_1(kPa)	u(kPa)	$\sigma'_3 = \sigma_3 - u$(kPa)	$\sigma'_1 = \sigma_1 - u$(kPa)
1	<u>50</u>	<u>142</u>	<u>23</u>	27	119
2	<u>100</u>	<u>220</u>	<u>40</u>	60	180
3	<u>150</u>	<u>314</u>	<u>67</u>	83	247

注:表中带下划线数据为试验所测得的数据。

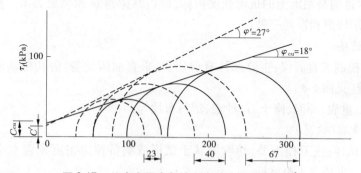

图 6-17　总应力强度包线和有效应力强度包线

5　强度指标的选定

　　土的强度指标对地基或土工建筑物的稳定分析起主要作用,如果指标选择不当,将会使稳定分析计算结果严重偏离实际情况。所以,在选择强度指标这个问题上,要紧密结合工程实际,考虑土体的实际受力情况和排水条件等因素,尽量选用试验条件与实际工程条件相一致的强度指标。

在实际工程中,有效应力法是一种比较合理的分析方法,其优点在于能够确定任何固结情况下土的抗剪强度,而且指标比较稳定和有规律,能够较好地模拟土体的实际固结情况,可较精确地分析土体中不同部位、不同固结程度的稳定性。但在应用时,需要计算或实测土中孔隙水压力的实际分布情况,有时这些不易做到,这在一定程度上限制了有效应力法的使用。

在总应力法的三种试验方法中,究竟选用哪种方法来测定土的强度指标,主要应根据土的实际受力情况和排水条件而具体分析。例如:

(1)如地基为饱和黏性土,且土层厚度较大,渗透性较弱,排水条件不好(无夹砂层),当建筑物施工进度快,估计在施工期间地基来不及固结就可能失去稳定时,应考虑采用不排水剪或快剪测定的强度指标。

(2)如地基的饱和黏土层厚度较薄或有夹砂层,其渗透性较强,排水条件较好,当施工速度较慢,施工期较长,估计在施工期间地基可能充分固结时,则可采用排水剪或慢剪测定的强度指标。

(3)如建筑物已完工很久或在施工期固结已基本完成,但在运用过程中可能突然施加荷载,如水闸完工后挡水情况,可采用固结不排水剪或固结快剪测定的强度指标。

(4)当分析土坝坝身的稳定性时,施工期一般采用不饱和快剪强度指标,正常运用期则采用饱和固结快剪强度指标。分析水库水位骤然下降时的坝体稳定性,也应采用饱和固结快剪强度指标。

6   工作任务

6.1   直剪试验

6.1.1   试验目的

直剪试验目的是测定土的抗剪强度指标,即内摩擦角 φ 和黏聚力 C。直剪试验方法分为快剪、固结快剪和慢剪三种。

6.1.2   仪器设备

(1)应变控制式直剪仪:主要部件有剪切盒、垂直加压设备、剪切传动装置、量力环、位移量测系统(见图 6-8)。

(2)其他:量表、环刀、修土刀、秒表、塑料布片等。

6.1.3   操作步骤(快剪)

(1)切取试样:按工程需要,切取原状土试样或制备预定密度及含水率的扰动土试样,每组试验至少切取 4 个试样。

(2)试样装入剪切盒:对准上、下剪切盒,插入固定销钉,在下盒内放入透水板,并在透水板与试样之间放一塑料片,然后将试样(环刀平口向下)小心推入剪切盒内,移去环刀。

(3)量表对零:转动手轮,使上盒前端钢球刚好与量力环接触,顺次在试样上放一塑料片、透水板,加上传压板、钢球、垂直加压框架,调整量力环中的量表读数为零。

（4）施加压力：根据工程实际和土的软硬程度施加各级垂直压力，一般采用使试样承受 100 kPa、200 kPa、300 kPa、400 kPa 的垂直压力，各垂直压力可一次轻轻施加，若土质松软，也可分次施加。

（5）剪切试样：施加垂直压力后，立即拔去固定销钉，以 0.8 mm/min（4 r/min 的均匀速率转动手轮）的速率剪切试样，当量力环中量表指针不再前进，或有显著后退，表示试样已剪损时，一般宜剪至剪切变形达到 4 mm；若量表指针继续前进，则剪切变形应达到 6 mm。测记试样刚刚剪损时量力环中量表读数 R。

（6）卸载：剪切结束后，吸去剪切盒中积水，倒转手轮，尽快移去垂直加压框架、钢球、传压板，并取出试样。

6.1.4　计算与制图

（1）计算各级垂直压力下所测得的抗剪强度 τ

$$\tau = CR$$

式中　C——量力环率定系数，kPa/0.01 mm；

　　　R——量力环表量力读数，0.01 mm。

（2）以土的抗剪强度为纵坐标、垂直压力为横坐标，用相同的比例尺绘制关系曲线（即库仑强度曲线），直线的倾角（与水平线的夹角）即为土的内摩擦角 φ，直线在纵坐标轴上的截距为土的黏聚力 C（见图6-18）。

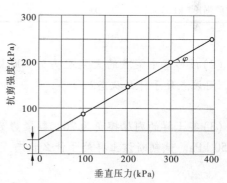

图6-18　抗剪强度与垂直压力关系曲线

6.1.5　试验记录

直剪试验记录见表6-2。

表6-2　直剪试验记录

工程编号＿＿＿＿＿＿　　试样编号＿＿＿＿＿＿　　试验日期＿＿＿＿＿＿
试　验　者＿＿＿＿＿＿　　校　核　者＿＿＿＿＿＿　　计　算　者＿＿＿＿＿＿

量力环率定系数(kPa/0.01 mm):					
垂直压力(kPa)	50	100	200	300	400
量力环读数(0.01 mm)					
抗剪强度(kPa)					
土的内摩擦角 φ					
土的黏聚力 C					

说明：

（1）快剪：在施加法向应力后立即快速施加水平剪力，剪切速率 0.8 mm/min，在 3～5 min 内将试样剪破。试验中试样的含水率基本不变，有较大的孔隙水压力，其强度指标 φ_q、C_q 较小，主要用于分析地基排水条件不好、加载速度较快的建筑物地基。

（2）固结快剪：施加法向应力后，让试样充分排水固结，待固结稳定后，再快速（0.8 mm/min）施加水平剪力，在不排水的条件下，使土样在 3～5 min 内被剪坏。施加剪力时所产生的孔隙水压力几乎不消散，其抗剪强度指标用 φ_{cq}、C_{cq} 表示。固结快剪强度指标可用于验算水库水位骤降时土坝边坡的稳定安全系数，或使用期建筑物地基的稳定问题。

（3）慢剪：施加法向应力后，让试样充分排水固结，待固结稳定后，再以缓慢速率（0.2 mm/min）施加水平剪力，在充分排水的条件下，直至试样剪切破坏。其抗剪强度指标用 φ_s、C_s 表示，通常用于透水性较好、施工速度较慢的建筑物地基的稳定分析。

6.2　练习题

（1）某土样剪切试验成果如表 6-3 所示，试画出库仑强度线，求 C、φ 值。

表6-3　练习题（1）附表

试样编号	1	2	3	4
法向应力（kPa）	100	200	300	400
抗剪强度（kPa）	101	155	210	264

（参考答案：$C=50$ kPa，$\varphi=29°$）

（2）设砂基中某点的大主应力为 300 kPa，小主应力为 200 kPa，砂土的内摩擦角为 20°。问该点处于什么状态？

（参考答案：稳定状态）

（3）某土样的内摩擦角为 26°，黏聚力为 20 kPa，承受大主应力为 480 kPa，小主应力为 150 kPa。试判断该土样处于什么状态。

（参考答案：破坏状态）

（4）试判别土中 A、B 两点是否会沿剪应力的方向剪坏。

已知土体的 $C=26$ kPa，$\varphi=30°$，土体中 A 点的剪应力 $\tau=80$ kPa、法向应力 $\sigma=125$ kPa，B 点的剪应力 $\tau=160$ kPa、法向应力 $\sigma=200$ kPa。

（参考答案：A 点未剪坏，B 点剪坏）

（5）某饱和黏土进行三轴固结不排水剪试验，测得 4 个试样剪损时的最大主应力、最小主应力和孔隙水压力如表 6-4 所示。试用总应力法和有效应力法确定土的抗剪强度指标。

（参考答案：16.5°，15 kPa；33°，5 kPa）

表6-4　练习题（5）附表

σ_1（kPa）	145	228	310	401
σ_3（kPa）	60	100	150	200
u（kPa）	31	55	92	120

任务 2　确定地基承载力

所谓地基承载力，是指地基单位面积上所能承受荷载的能力。地基承载力一般可分为地基极限承载力和地基容许承载力两种。地基极限承载力是指地基发生剪切破坏丧失整体稳定时的地基承载力,是地基所能承受的基底压力极限值(极限荷载),以 p_u 表示;地基容许承载力则是满足土的强度稳定和变形要求时的地基承载能力,以 f 表示。将地基极限承载力除以安全系数 K,即为地基容许承载力。

要研究地基承载力,首先要研究地基在荷载作用下的破坏形式和破坏过程。

1　地基的破坏形式与变形阶段

现场载荷试验和室内模型试验表明:在荷载作用下,建筑物地基的破坏通常是由于承载力不足而引起的剪切破坏,地基剪切破坏随着土的性质不同而不同,一般可分为整体剪切破坏、局部剪切破坏和冲切剪切破坏三种形式。三种不同破坏形式的地基作用荷载 p 和沉降量 s 之间的关系,即 $p \sim s$ 曲线,如图 6-19 所示。

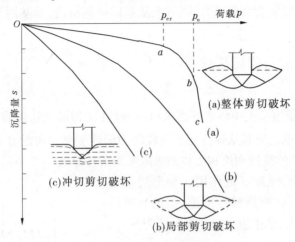

图 6-19　地基破坏形式

1.1　整体剪切破坏

对于比较密实的砂土或较坚硬的黏性土,常发生这种破坏形式。其特点是地基中产生连续的滑动面一直延续到地表,基础两侧土体有隆起现象,破坏时基础急剧下沉或向一侧突然倾斜,$p \sim s$ 曲线有明显拐点,如图 6-19(a)所示。

1.2　局部剪切破坏

在中等密实砂土或中等强度的黏土地基中都可能发生这种破坏形式。局部剪切破坏的特点是基底边缘的一定区域内有滑动面,类似于整体剪切破坏,但滑动面没有发展到地表,基础两侧土体微有隆起现象,基础下沉比较缓慢,一般无明显倾斜,$p \sim s$ 曲线拐点不易确定,如图 6-19(b)所示。

1.3　冲切剪切破坏

当地基为压缩性较高的松砂或软黏土时,基础在荷载作用下,会连续下沉,破坏时地基无明显滑动面,基础侧面土体无隆起现象也无明显倾斜,基础只是下陷,就像"切入"土中一样,故称冲切剪切破坏,或称刺入剪切破坏。该破坏形式的 $p \sim s$ 曲线也无明显的拐点,如图 6-19(c)所示。

1.4　地基变形的三个阶段

根据地基从加载到整体剪切破坏的过程,地基的变形一般经过三个阶段。

(1)弹性变形阶段:当基础上的荷载较小时,地基主要产生压密变形,$p \sim s$ 曲线接近于直线,如图 6-19(a)曲线的 Oa 段,此时地基中任意点的剪应力均小于抗剪强度,土体处于弹性平衡状态。

(2)塑性变形阶段:在图 6-19(a)曲线中,拐点 a 所对应的荷载称临塑荷载,以 p_{cr} 表示。当作用荷载超过临塑荷载 p_{cr} 时,首先在基础边缘地基中开始出现剪切破坏,剪切破坏随着荷载的增大而逐渐形成一定的区域,称为塑性区。$p \sim s$ 呈曲线关系,如图 6-19(a)曲线的 ab 段。

(3)破坏阶段:在图 6-19(a)曲线中,拐点 b 所对应的荷载称极限荷载,以 p_u 表示。当作用荷载达到极限荷载 p_u 时,地基土体中的塑性区发展到形成一连续的滑动面,若荷载略有增加,基础变形就会突然增大,同时土从基础两侧挤出,地基因发生整体剪切破坏而丧失稳定。

2　地基的临塑荷载与临界荷载

2.1　临塑荷载

临塑荷载 p_{cr} 是指地基土中将要而尚未出现塑性区(即基础边缘将要出现剪切破坏)时对应的基底压力,也是地基从弹性变形阶段转为塑性变形阶段的分界荷载。临塑荷载可根据土中应力计算的弹性理论和土体的极限平衡条件导出。

设在均质地基中,埋深 d 处作用一条形均布竖直荷载 p,如图 6-20 所示,根据弹性理论,在地基中任一深度 M 点处产生的大、小主应力的计算公式为

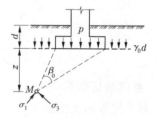

$$\begin{matrix} \sigma_1 \\ \sigma_3 \end{matrix} = \frac{p - \gamma_0 d}{\pi}(\beta_0 \pm \sin\beta_0) + \gamma_0 d + \gamma z \quad (6\text{-}19)$$

式中　β_0——任一深度 M 点与基底两侧连线的夹角,rad;

　　　γ_0——基底以上土的加权平均重度,kN/m^3;

　　　γ——基底以下土的重度,地下水位以下用有效重度,kN/m^3。

图 6-20　条形均布荷载
作用下地基中的主应力

当 M 点达到极限平衡状态时,该点的大、小主应力应满足式(6-9)的极限平衡条件。将式(6-19)代入式(6-9),整理后得

$$z = \frac{p - \gamma_0 d}{\gamma\pi}\left(\frac{\sin\beta_0}{\sin\varphi} - \beta_0\right) - \frac{C}{\gamma\tan\varphi} - \frac{\gamma_0}{\gamma}d \quad (6\text{-}20)$$

式(6-20)为塑性区的边界方程,它表示塑性区边界上任一点的 z 与 β_0 之间的关系。如果基础的埋深 d、荷载 p 以及土的性质指标 γ、C、φ 均已知,根据式(6-20)可绘出塑性区的边界线,如图 6-21 所示。

在实际应用时,一般只需要了解在一定的荷载 p 作用下塑性区开展的最大深度 z_{max}。塑性区开展的最大深度 z_{max} 可由 $dz/d\beta_0 = 0$ 的条件求得,即

$$\frac{\mathrm{d}z}{\mathrm{d}\beta_0} = \frac{p - \gamma_0 d}{\gamma\pi}\left(\frac{\cos\beta_0}{\sin\varphi} - 1\right) = 0 \qquad (6\text{-}21)$$

由式(6-21)得出 $\cos\beta_0 = \sin\varphi$，所以当 $\beta_0 = \pi/2 - \varphi$ 时，式(6-20)有极值。将 $\beta_0 = \pi/2 - \varphi$ 代回原式(6-20)中，即可得到塑性变形区开展的最大深度为

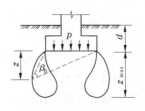

图 6-21　条形基础底面
边缘的塑性区

$$z_{\max} = \frac{p - \gamma_0 d}{\gamma\pi}\left(\cot\varphi - \frac{\pi}{2} + \varphi\right) - \frac{C}{\gamma\tan\varphi} - \frac{\gamma_0}{\gamma}d \tag{6-22}$$

由式(6-22)可见，在其他条件不变的情况下，p 增大时，$z_{\max}$ 也增大(即塑性区发展)。若 $z_{\max} = 0$，则表示地基即将出现塑性区，与此相应的基底压力 p 即为临塑荷载 p_{cr}。因此，令 $z_{\max} = 0$，得临塑荷载的计算式为

$$p_{\mathrm{cr}} = \frac{\pi(\gamma_0 d + C\cot\varphi)}{\cot\varphi - \dfrac{\pi}{2} + \varphi} + \gamma_0 d = N_{\mathrm{c}}C + N_{\mathrm{q}}\gamma_0 d \tag{6-23}$$

式中　　N_{c}、N_{q}——承载力系数，是内摩擦角的函数。

$$N_{\mathrm{c}} = \frac{\pi\cot\varphi}{\cot\varphi - \dfrac{\pi}{2} + \varphi}; \quad N_{\mathrm{q}} = \frac{\cot\varphi + \dfrac{\pi}{2} + \varphi}{\cot\varphi - \dfrac{\pi}{2} + \varphi}$$

临塑荷载可作为地基容许承载力，即

$$f = p_{\mathrm{cr}} \tag{6-24}$$

2.2　临界荷载

一般情况下将临塑荷载 p_{cr} 作为地基容许承载力是偏于保守和不经济的。经验表明，在大多数情况下，即使地基中发生局部剪切破坏，存在塑性变形区，但只要塑性区的范围不超过某一容许限度，就不会影响建筑物的安全和正常使用。地基的塑性区的容许界限深度与建筑类型、荷载性质及土的特性等因素有关。一般认为，在中心荷载作用下，塑性区的最大深度 $z_{\max}$ 可控制在基础宽度的 1/4，即 $z_{\max} = b/4$，相应的基底压力用 $p_{1/4}$ 表示。在偏心荷载作用下，令 $z_{\max} = b/3$，相应的基底压力用 $p_{1/3}$ 表示。$p_{1/4}$ 和 $p_{1/3}$ 统称临界荷载，临界荷载可作为地基承载力的设计值。

将 $z_{\max} = b/3$ 或 $z_{\max} = b/4$ 代入式(6-22)，整理得相应的临界荷载 $p_{1/3}$ 或 $p_{1/4}$ 为

$$p_{1/3} = \frac{\pi\left(\gamma_0 d + C\cot\varphi + \dfrac{1}{3}\gamma b\right)}{\cot\varphi - \dfrac{\pi}{2} + \varphi} = N_{1/3}\gamma b + N_{\mathrm{c}}C + N_{\mathrm{q}}\gamma_0 d \tag{6-25}$$

$$p_{1/4} = \frac{\pi\left(\gamma_0 d + C\cot\varphi + \dfrac{1}{4}\gamma b\right)}{\cot\varphi - \dfrac{\pi}{2} + \varphi} = N_{1/4}\gamma b + N_{\mathrm{c}}C + N_{\mathrm{q}}\gamma_0 d \tag{6-26}$$

$$N_{1/3} = \frac{\pi}{3\left(\cot\varphi - \dfrac{\pi}{2} + \varphi\right)}$$

$$N_{1/4} = \cfrac{\pi}{4\left(\cot\varphi - \cfrac{\pi}{2} + \varphi\right)}$$

式中 $N_{1/3}$、$N_{1/4}$——承载力系数,是内摩擦角的函数;

其余符号意义同前。

临塑荷载 p_{cr}、临界荷载 $p_{1/3}$ 和 $p_{1/4}$ 的计算式是在条形均布荷载作用下导出的,对于矩形和圆形基础,其结果偏于安全。

【例6-3】 有一条形基础,宽度 $b = 3$ m,埋深 $d = 1$ m。地基土的重度,水上 $\gamma = 19$ kN/m³,水下饱和重度 $\gamma_{sat} = 20$ kN/m³,土的抗剪强度指标 $C = 10$ kPa,$\varphi = 10°$。试求:①无地下水时的临界荷载 $p_{1/4}$、$p_{1/3}$;②若地下水位升至基础底面,地基承载力有何变化。

解:(1)由 $\varphi = 10°$,计算得 $N_{1/3} = 0.24$,$N_{1/4} = 0.18$,$N_q = 1.73$,$N_c = 4.17$。代入式(6-25)、式(6-26)得到

$$p_{1/3} = N_{1/3}\gamma b + N_c C + N_q \gamma_0 d = 0.24 \times 19 \times 3 + 4.17 \times 10 + 1.73 \times 19 \times 1$$
$$= 88.3(kPa)$$

$$p_{1/4} = N_{1/4}\gamma b + N_c C + N_q \gamma_0 d = 0.18 \times 19 \times 3 + 4.17 \times 10 + 1.73 \times 19 \times 1$$
$$= 84.8(kPa)$$

(2)当地下水位上升至基础底面时,若假设土的强度指标 C、φ 值不变,承载力系数同上。地下水位以下土的重度采用有效重度 $\gamma' = 20 - 9.8 = 10.2(kN/m³)$。将 γ' 及承载力系数等值代入式(6-25)、式(6-26)中,即可得出地下水位上升后的地基承载力为

$$p_{1/3} = N_{1/3}\gamma' b + N_c C + N_q \gamma_0 d = 0.24 \times 10.2 \times 3 + 4.17 \times 10 + 1.73 \times 19 \times 1$$
$$= 81.9(kPa)$$

$$p_{1/4} = N_{1/4}\gamma' b + N_c C + N_q \gamma_0 d = 0.18 \times 10.2 \times 3 + 4.17 \times 10 + 1.73 \times 19 \times 1$$
$$= 80.1(kPa)$$

从计算可以看出,当有地下水时,会降低地基承载力值,故当地下水位升高较大时,对地基的稳定不利。

3 地基的极限荷载

地基的极限荷载 p_u(即极限承载力)是指地基濒于发生整体破坏时的最大基底压力,即地基从塑性变形阶段转为破坏阶段的分界荷载。极限荷载的计算理论,根据地基不同的破坏形式有所不同,但目前的计算公式均是按整体剪切破坏模式推导的,只是有的计算公式可根据经验修正后,用于其他破坏模式的计算。下面介绍工程界常用的太沙基公式和汉森公式。

3.1 太沙基公式

太沙基在作极限荷载计算公式推导时,假定条件为:①基础为条形浅基;②基础两侧埋深 d 范围内的土重被视为边荷载 $q = \gamma_0 d$,而不考虑这部分土的抗剪强度;③基础底面是粗糙的;④在极限荷载 p_u 作用下,地基中的滑动面如图6-22所示,滑动土体共分为五个区(左右对称):

Ⅰ区——基底下的楔形压密区($a'ab$),因基底与土体之间的摩擦力能阻止基底处土

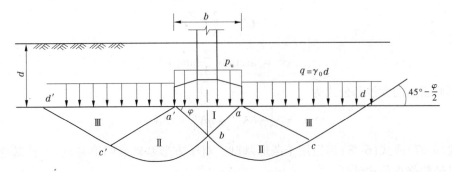

图 6-22 太沙基承载力理论假设的滑动面

体发生剪切位移,因此直接位于基底下的土不会处于塑性平衡状态,而是处于弹性平衡状态。楔体与基底面的夹角为 φ,在地基破坏时,该区随基础一同下沉。

Ⅱ区——辐射受剪区,滑动面 bc 及 bc' 是按对数螺旋线变化所形成的曲面。

Ⅲ区——朗肯被动土压力区,滑动面 cd 及 $c'd'$ 为直线,它与水平面的夹角为 $45° - \varphi/2$,作用于 ab 和 $a'b$ 面上的力是被动土压力。

根据弹性楔形体 $a'ab$ 的静力平衡条件求得的太沙基极限荷载 p_u 的计算公式为

$$p_u = \frac{1}{2}\gamma b N_\gamma + q N_q + C N_c \tag{6-27}$$

$$q = \gamma_0 d$$

式中　b——基础宽度,m;

　　　γ——基础底面以下土的重度,kN/m^3;

　　　q——基础的旁侧荷载,kPa;

　　　γ_0——基础底面以上土的重度加权平均值,kN/m^3;

　　　d——基础埋深,m;

　　　N_γ、N_q、N_c——承载力系数,仅与土的内摩擦角有关,可由表 6-5 查得。

表 6-5 太沙基公式承载力系数

$\varphi(°)$	N_c	N_{qq}	N_γ	N_c'	N_q'	N_γ'
0	5.7	1.0	0	5.7	1.0	0
5	7.3	1.6	0.5	6.7	1.4	0.2
10	9.6	2.7	1.2	8.0	1.9	0.5
15	12.9	4.4	2.5	9.7	2.7	0.9
20	17.7	7.4	5.0	11.8	3.9	1.7
25	25.1	12.7	9.0	14.8	5.6	3.2
30	37.2	22.5	19.7	19.0	8.3	5.7
34	52.6	36.5	35.0	23.7	11.7	9.0
35	57.8	41.4	42.4	25.2	12.6	10.1
40	95.7	81.3	100.4	34.9	20.5	18.8

式(6-27)适用于条形荷载作用下地基土整体剪切破坏情况,即适用于坚硬黏土和密实砂土。对于局部剪切破坏,太沙基建议用调整后的 C'、φ' 值来计算,由此得出的承载力系数 N_γ'、N_q'、N_c' 亦可查表 6-5 确定。

$$C' = \frac{2}{3}C$$

$$\varphi' = \arctan\left(\frac{2}{3}\tan\varphi\right)$$

则修正后的太沙基公式为

$$p_u = \frac{1}{2}\gamma b N_\gamma' + q N_q' + C' N_c' \tag{6-28}$$

式(6-27)或式(6-28)仅适用于条形基础。对于方形基础或圆形基础,太沙基建议按下列半经验修正公式计算:

圆形基础 $\quad p_u = 0.6\gamma R N_\gamma + q N_q + 1.2 C N_c \quad$（整体破坏）$\tag{6-29}$

$\qquad\qquad\quad p_u = 0.6\gamma R N_\gamma' + q N_q' + 1.2 C' N_c' \quad$（局部破坏）$\tag{6-30}$

方形基础 $\quad p_u = 0.4\gamma b N_\gamma + q N_q + 1.2 C N_c \quad$（整体破坏）$\tag{6-31}$

$\qquad\qquad\quad p_u = 0.4\gamma b N_\gamma' + q N_q' + 1.2 C' N_c' \quad$（局部破坏）$\tag{6-32}$

式中　R——圆形基础的半径,m;

　　　b——方形基础的边长,m;

　　　其余符号意义同前。

对宽度为 b、长度为 l 的矩形基础,可按 b/l 值,在条形基础($b/l = 0$)和方形基础($b/l = 1$)的极限荷载之间以插入法求得。

上述各理论公式算出的极限荷载是指地基处于极限平衡状态时的承载力,为了保证建筑物的安全和正常使用,地基承载力的设计值应按极限承载力除以安全系数 F_s,对太沙基公式,安全系数一般取 $2 \sim 3$。

【例 6-4】　有一条形基础,宽度 $b = 6$ m,埋深为 1.5 m,其上作用中心荷载 $\overline{P} = 1\ 500$ kN/m。地基土质均匀,重度 $\gamma = 19$ kN/m^3,土的抗剪强度指标 $C = 20$ kPa,$\varphi = 20°$,若安全系数 $F_s = 2.5$,试验算:①地基的稳定性;②当 $\varphi = 15°$ 时地基的稳定性。

解:(1)当 $\varphi = 20°$ 时的稳定性验算。

基底压力为

$$p = \frac{\overline{P}}{b} = \frac{1\ 500}{6} = 250(\text{kPa})$$

由 $\varphi = 20°$ 查表 6-5 得 $N_\gamma = 5.0$、$N_q = 7.4$ 和 $N_c = 17.7$。将以上各值代入式(6-27),得到地基的极限承载力为

$$p_u = \frac{1}{2}\gamma b N_\gamma + q N_q + C N_c$$

$$= \frac{1}{2} \times 19 \times 6 \times 5.0 + 19 \times 1.5 \times 7.4 + 20 \times 17.7 = 849.9(\text{kPa})$$

地基的容许承载力为

$$f_a = \frac{p_u}{F_s} = \frac{849.9}{2.5} = 340.0(\text{kPa})$$

因为基底压力 p 小于地基容许承载力 f_a,所以地基是稳定的。

(2)验算 $\varphi = 15°$ 时的地基稳定性。

由 $\varphi = 15°$ 查表 6-5 得 $N_\gamma = 2.5, N_q = 4.4, N_c = 12.9$。将各值代入式(6-27),得到地基的极限承载力为

$$p_u = \frac{1}{2}\gamma b N_\gamma + q N_q + C N_c = \frac{1}{2} \times 19 \times 6 \times 2.5 + 19 \times 1.5 \times 4.4 + 20 \times 12.9$$

$$= 525.9(\text{kPa})$$

地基的容许承载力为

$$f_a = \frac{p_u}{F_s} = \frac{525.9}{2.5} = 210.36(\text{kPa})$$

此时因为 p 大于 f_a,所以地基失去稳定。

通过计算可以看出,当其他条件不变,仅 φ 由 20°减小为 15°时,地基容许承载力几乎减小一半,可见地基土的内摩擦角 φ 值对地基承载力影响极大。

3.2　汉森公式

汉森公式是半经验公式,由于适用范围较广,对水利工程有实用意义。

汉森公式的基本形式与太沙基公式类似,所不同的是汉森公式考虑了荷载倾斜、基础形状及基础埋深等影响,但承载力系数与太沙基公式不同。

汉森公式的普遍形式为

$$p_{uv} = \frac{1}{2}\gamma b' N_\gamma i_\gamma S_\gamma d_\gamma g_\gamma + q N_q i_q S_q d_q g_q + C N_c i_c S_c d_c g_c \tag{6-33}$$

式中　γ——基础底面下土的重度,kN/m^3,水下用浮重度;

　　　b'——基础的有效宽度,m,$b' = b - 2e_b$;

　　　e_b——荷载的偏心距,m;

　　　b——基础实际宽度,m;

　　　q——基础底面以上的边荷载,kPa;

　　　C——地基土的黏聚力,kPa;

　　　N_γ、N_q、N_c——汉森承载力系数,可查表 6-6;

　　　S_γ、S_q、S_c——与基础形状有关的形状系数,其值查表 6-7;

　　　d_γ、d_q、d_c——与基础埋深有关的深度系数,$d_\gamma = 1$,$d_q \approx d_c \approx 1 + 0.35\dfrac{d}{b'}$,此式适用

　　　　　　　于 $d/b' < 1$ 的情况,当 d/b' 很小时,可不考虑此系数;

　　　d——基础埋深;

　　　i_γ、i_q、i_c——与荷载倾角有关的荷载倾斜系数,按土的内摩擦角 φ 与荷载倾角 δ(荷载作用线与竖直线的夹角)由表 6-8 查得;

　　　g_γ、g_q、g_c——与基础以外地基表面倾斜有关的倾斜修正系数(见图 6-23),$g_c = 1 - \dfrac{\beta}{147°}$,$g_q = g_\gamma = (1 - 0.5\tan\beta)^5$。

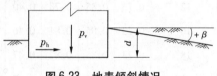

图 6-23　地表倾斜情况

表 6-6　汉森承载力系数

$\varphi(°)$	N_γ	N_q	N_c	$\varphi(°)$	N_γ	N_q	N_c
0	0	1.00	5.14	24	6.90	9.61	19.33
2	0.01	1.20	5.69	26	9.53	11.83	22.25
4	0.05	1.43	6.17	28	13.13	14.71	25.80
6	0.14	1.72	6.82	30	18.09	18.40	30.15
8	0.27	2.06	7.52	32	24.95	23.18	35.50
10	0.47	2.47	8.35	34	34.54	29.45	42.18
12	0.76	2.97	9.29	36	48.08	37.77	50.61
14	1.16	3.58	10.37	38	67.43	48.92	61.36
16	1.72	4.34	11.62	40	95.51	64.23	75.36
18	2.49	5.25	13.09	42	136.72	85.36	93.69
20	3.54	6.40	14.83	44	198.77	115.35	118.41
22	4.96	7.82	16.89	45	240.95	134.86	133.86

表 6-7　基础形状系数

基础形状	形状系数	
	$S_c、S_q$	S_γ
条形	1.0	1.0
矩形	$1+0.3b'/l$	$1-0.4b'/l$
方形及圆形	1.2	0.6

表 6-8　汉森倾斜系数 $i_\gamma、i_q、i_c$

$\varphi(°)$	$\tan\delta$											
	0.1			0.2			0.3			0.4		
	i_γ	i_q	i_c	i_γ	i_q	i_c	i_γ	i_q	i_c	i_γ	i_q	i_c
6	0.64	0.80	0.53									
10	0.72	0.85	0.75									
12	0.73	0.85	0.78	0.40	0.63	0.44						
16	0.73	0.85	0.81	0.46	0.68	0.58						
18	0.73	0.85	0.82	0.47	0.69	0.61	0.23	0.48	0.36			
20	0.72	0.85	0.82	0.47	0.69	0.63	0.26	0.51	0.42			
22	0.72	0.85	0.82	0.47	0.69	0.64	0.27	0.52	0.45	0.10	0.32	0.22

续表 6-8

$\varphi(°)$	tanδ											
	0.1			0.2			0.3			0.4		
	i_γ	i_q	i_c	i_γ	i_q	i_c	i_γ	i_q	i_c	i_γ	i_q	i_c
26	0.70	0.84	0.82	0.46	0.68	0.65	0.28	0.53	0.48	0.15	0.38	0.32
28	0.69	0.83	0.82	0.45	0.67	0.65	0.27	0.52	0.49	0.15	0.39	0.34
30	0.69	0.83	0.82	0.44	0.67	0.65	0.27	0.52	0.49	0.15	0.39	0.35
32	0.68	0.82	0.81	0.43	0.66	0.64	0.26	0.51	0.49	0.15	0.39	0.36
34	0.67	0.82	0.81	0.42	0.65	0.64	0.25	0.50	0.49	0.14	0.38	0.36
36	0.66	0.81	0.81	0.41	0.64	0.63	0.25	0.50	0.48	0.14	0.37	0.36
38	0.65	0.80	0.80	0.40	0.63	0.62	0.24	0.49	0.47	0.13	0.37	0.35
40	0.64	0.80	0.79	0.36	0.62	0.62	0.23	0.48	0.47	0.13	0.36	0.35
44	0.61	0.78	0.78	0.36	0.60	0.59	0.20	0.45	0.44	0.11	0.33	0.32
45	0.61	0.78	0.78	0.35	0.60	0.59	0.19	0.44	0.44	0.11	0.33	0.32

相应水平极限荷载的汉森公式为

$$p_{uh} = p_{uv} \tan\delta \qquad (6-34)$$

地基的容许承载力为

$$f = \frac{p_{uv}}{F_s} \qquad (6-35)$$

式中　f——地基的容许承载力，kPa；

　　　F_s——安全系数，一般取 2～3，对于软弱地基或大型建筑物取大值。

对于水闸建筑物，《水闸设计规范》（SL 265—2001）中规定：在竖向对称荷载作用下，可按临界荷载 $p_{1/3}$ 或 $p_{1/4}$ 确定地基容许承载力；在竖向荷载和水平荷载共同作用下，用汉森公式确定地基容许承载力。

4　水闸闸室地基的强度验算

水闸的闸室是指顺水流方向两相邻永久缝之间的闸段，在水闸的设计计算中，都是以每个闸室为计算单元的。

4.1　土质地基上闸室的强度验算

土质地基上闸室的强度验算应满足以下条件：

（1）在各种计算情况下（一般控制在完建情况下），要求闸室的平均基底压力不大于地基容许承载力，最大基底压力不大于地基容许承载力的 1.2 倍。

（2）在各种计算情况下（多数控制在设计洪水位情况下、校核洪水位情况下或正常挡水位遭遇地震的情况下），要求闸室基底压力最大值与最小值之比不大于表 6-9 中规定的容许值，以减小和防止由于闸室的基底压力分布不均匀而发生过大的沉降差，避免闸室结构因此发生倾覆。

表 6-9   土质地基上闸室基底压力最大值与最小值之比的容许值

地基土质	荷载组合	
	基本组合	特殊组合
松软	1.50	2.00
中等坚实	2.00	2.50
坚实	2.50	3.00

注:1. 对于特别重要的大型水闸,其闸室基底压力最大值与最小值之比的容许值可按表列数值适当减小。

2. 对于地震区的水闸,闸室基底压力最大值与最小值之比的容许值可按表列数值适当减小。

3. 对于地基特别坚实或可压缩土层甚薄的水闸,可不受本表的规定限制,但要求闸室基底不出现拉应力。

4.2   岩基上闸室的强度验算

岩石地基上闸室的强度验算应满足以下条件:

(1)在各种计算情况下,闸室最大基底压力不大于岩基的容许承载力。

(2)在非地震情况下,闸室基底不出现拉应力;在地震情况下,闸室基底拉应力不大于 100 kPa。

【例 6-5】   某条形水闸基础,地基土的饱和重度 $\gamma_{sat} = 21$ kN/m³,湿重度 $\gamma = 20$ kN/m³,地下水位与基底齐平,基土的内摩擦角 $\varphi = 16°$,黏聚力 $C = 18$ kPa,基础宽度 $b = 18$ m,基础埋深 $d = 1.6$ m,闸前后地形平整(即不考虑地面倾斜系数)。水闸刚建成未挡水时,垂直总荷载 $P = 2\,055$ kN/m,偏心距 $e_b = 0.21$ m。在设计水位时,垂直总荷载 $P = 1\,530$ kN/m,偏心距 $e_b = 0.78$ m。总水平荷载为 300 kN/m。试按汉森公式分别求出水闸刚建成未挡水时及设计水位情况下地基的容许承载力,并验算该水闸是否安全。

解:(1)水闸刚建成未挡水时,由 $\varphi = 16°$,查表 6-6 得 $N_q = 4.34$,$N_c = 11.62$,$N_\gamma = 1.72$。因偏心距 $e_b = 0.21$ m,故有效宽度 $b' = b - 2e_b = 18 - 2 \times 0.21 = 17.58$(m)。由于 d/b' 很小,可不作深度修正。对于条形基础,形状系数 $S_\gamma = S_q = S_c = 1.0$。

由式(6-33)得极限荷载为

$$p_{uv} = \frac{1}{2} \times (21 - 10) \times 17.58 \times 1.72 + 1.6 \times 20 \times 4.34 + 18 \times 11.62 = 514(kPa)$$

取安全系数 $F_s = 2$,则

$$f_a = \frac{p_{uv}}{F_s} = \frac{514}{2} = 257(kPa)$$

而地基实际所受的最大压力为

$$p_{max} = \frac{2\,055}{18} \times \left(1 + \frac{6 \times 0.21}{18}\right) = 122(kPa)$$

因地基容许承载力为 257 kPa,远大于基底最大压力 122 kPa,故水闸安全。

(2)当水闸挡水至设计水位时,各承载力系数 N 值不变,但此时须作偏心荷载及水平荷载两种修正。因 $e_b = 0.78$,故 $b' = b - 2e_b = 18 - 2 \times 0.78 = 16.44$(m)。

这时 $\tan\delta = \frac{300}{1\,530} = 0.2$,根据 $\varphi = 16°$ 查表 6-8 得 $i_\gamma = 0.46$,$i_q = 0.68$,$i_c = 0.58$;按

式(6-33)得

$$p_{uv} = \frac{1}{2} \times (21 - 10) \times 16.44 \times 1.72 \times 0.46 + 20 \times 1.6 \times 4.34 \times 0.68 +$$

$$18 \times 11.62 \times 0.58$$

$$= 287.29(kPa)$$

仍取安全系数 $F_s = 2$，得

$$f_a = \frac{p_{uv}}{F_s} = \frac{287.29}{2} = 143.65(kPa)$$

而此时地基所受的最大基底压力为

$$p_{max} = \frac{1\,530}{18} \times \left(1 + \frac{6 \times 0.78}{18}\right) = 107.1(kPa)$$

因此时地基容许承载力 f_a 仍大于基底最大压力 p_{max}，故水闸安全。

5　根据《建筑地基基础设计规范》(GB 50007—2011)确定地基承载力特征值

地基承载力特征值是指由载荷试验测定的地基土压力变形曲线线性变形内规定的变形所对应的压力值，其最大值为比例界限值。地基承载力特征值与地基容许承载力在概念上有所不同，但在使用含义上相当。

《建筑地基基础设计规范》(GB 50007—2011)规定：地基承载力特征值可由载荷试验或其他原位试验、公式计算，并结合工程实践经验等方法确定。

5.1　按载荷试验确定地基承载力特征值

对于设计等级为甲级的建筑物或地质条件复杂，土质不均，难以取得原状土样的杂填土、松砂、风化岩石等，采用现场荷载试验法，可以取得较精确可靠的地基承载力数值。

现场载荷试验是用一块承压板代替基础，承压板的面积不应小于 0.25 m^2，对于软土，不应小于 0.5 m^2。在承压板上施加荷载，观测荷载与承压板的沉降量，根据测试结果绘出荷载与沉降量关系曲线，即 $p \sim s$ 曲线，如图 6-24 所示，并依据下列规定确定地基承载力特征值：

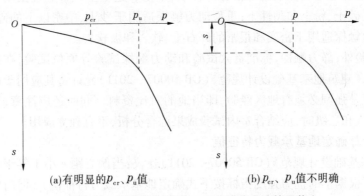

(a)有明显的 p_{cr}、p_u 值　　　　　　　(b) p_{cr}、p_u 值不明确

图 6-24　按静载荷试验 $p \sim s$ 曲线确定地基承载力

(1)当 $p \sim s$ 曲线上有比例界限时，取该比例界限所对应的荷载值。

(2)当极限荷载小于对应比例界限的荷载值的 2 倍时，取极限荷载值的一半。

（3）若不能按上述两条要求确定,当承压板面积为 0.25 ~ 0.50 m^2 时,可取 $s/b = 0.01 \sim 0.015$ 所对应的荷载,但其值不应大于最大加载量的一半。

（4）同一土层参加统计的试验点不应少于三点,当试验实测值的极差不超过其平均值的 30% 时,取此平均值作为该土层的地基承载力特征值。

5.2　按其他原位试验确定地基承载力特征值

5.2.1　静力触探试验

静力触探试验是利用机械或油压装置将一个内部装有传感器的探头匀速压入土中,由于地层中各土层的强度不同,探头在贯入过程中所受到的阻力也不同,用电子量测仪器测出土的比贯入阻力。土愈软,探头的比贯入阻力愈小,土的强度愈低;土愈硬,探头的比贯入阻力愈大,土的强度愈高。根据比贯入阻力与地基承载力之间的关系确定地基承载力特征值。这种方法一般适用于软黏土、一般黏性土、砂土和黄土等,但不适用于含碎石、砾石较多的土层和致密的砂土层。最大贯入深度为 30 m。

静力触探试验目前在国内应用较广,我国不少单位通过对比试验,已建立了不少经验公式。不过这类经验公式具有很大的地区性,因此在使用时要注意所在地区的适用性与土层的相似性。

5.2.2　标准贯入试验

标准贯入试验是先用钻机钻孔,再把上端接有钻杆的标准贯入器放置孔底,然后用质量 63.5 kg 的穿心锤,以 76 cm 的自由落距,将标准贯入器在孔底先预打入土中 15 cm,再测记打入土中 30 cm 的锤击数,称为标准贯入锤击数 N。标准贯入锤击数 N 越大,说明土越密实,强度越大,承载力越高。利用标准贯入锤击数与地基承载力之间的关系,可以得出相应的地基承载力特征值。标准贯入试验适用于砂土、粉土和一般黏性土。

5.2.3　动力触探试验

动力触探试验与标准贯入试验基本相同,都是利用一定的落锤能量,将一定规格的探头连同探杆打入土中,根据探头在土中贯入一定深度的锤击数,来确定各类土的地基承载力特征值。它与标准贯入试验不同的是采用的锤击能量、探头的规格及贯入深度。动力触探试验根据锤击能量及探头的规格分为轻型、重型和超重型三种。轻型动力触探适用于浅部的填土、砂土、粉土和黏性土;重型动力触探适用于砂土、中密以下的碎石土、极软岩;超重型动力触探适用于密实和很密的碎石土、软岩和极软岩。

除载荷试验外,静力触探、标准贯入试验和动力触探试验等原位试验,在我国已积累了丰富的经验,《建筑地基基础设计规范》（GB 50007—2011）允许将其应用于确定地基承载力特征值,但是强调必须有地区经验,即当地的对比资料。同时还应注意,当地基基础设计等级为甲级和乙级时,应结合室内试验成果综合分析,不宜独立应用。

5.3　按公式计算确定地基承载力特征值

《建筑地基基础设计规范》（GB 50007—2011）建议:当偏心距 e 小于等于 0.033 倍的基底宽度时,可根据土的抗剪强度指标按下式确定地基承载力特征值 f_a,但尚应满足变形要求

$$f_a = M_b \gamma b + M_d \gamma_m d + M_c C_k \tag{6-36}$$

式中　f_a——由土的抗剪强度指标确定的地基承载力特征值,kPa;

M_b、M_d、M_c——承载力系数,它们是土体内摩擦角标准值 φ_k 的函数,可查表 6-10 确定;

γ_m——基础底面以上土的加权平均重度,kN/m^3,地下水位以下取浮重度;

γ——基础底面以下土的重度,kN/m^3,地下水位以下取浮重度;

b——基础底面宽度,m,当大于 6 m 时按 6 m 取值,对于砂土,小于 3 m 时按 3 m 取值;

C_k——基础底面以下 1 倍短边宽深度范围内土的黏聚力标准值,kPa。

表 6-10　承载力系数 M_b、M_d、M_c

土的内摩擦角标准值 φ_k(°)	M_b	M_d	M_c
0	0	1.00	3.14
2	0.03	1.12	3.32
4	0.06	1.25	3.51
6	0.10	1.39	3.71
8	0.14	1.55	3.93
10	0.18	1.73	4.17
12	0.23	1.94	4.42
14	0.29	2.17	4.69
16	0.36	2.43	5.00
18	0.43	2.72	5.31
20	0.51	3.06	5.66
22	0.61	3.44	6.04
24	0.80	3.87	6.45
26	1.10	4.37	6.90
28	1.40	4.93	7.40
30	1.90	5.59	7.95
32	2.60	6.35	8.55
34	3.40	7.21	9.22
36	4.20	8.25	9.97
38	5.00	9.44	10.80
40	5.80	10.84	11.73

注:φ_k 为基础底面以下 1 倍短边宽深度范围内土的内摩擦角标准值。

土的内摩擦角标准值 φ_k 和黏聚力标准值 C_k,可按下列规定计算:

(1)根据室内 n 组三轴压缩试验的结果,按下列公式计算某一土性指标的变异系数、试验平均值和标准差

$$\delta = \frac{\sigma}{\mu} \tag{6-37}$$

$$\mu = \frac{\sum\limits_{i=1}^{n} \mu_i}{n} \tag{6-38}$$

$$\sigma = \sqrt{\frac{\sum\limits_{i=1}^{n} \mu_i^2 - n\mu^2}{n-1}} \tag{6-39}$$

式中　δ——变异系数;

　　　μ——试验平均值;

　　　σ——标准差。

(2)按下列公式计算内摩擦角和黏聚力的统计修正系数 ψ_φ、ψ_c

$$\psi_\varphi = 1 - \left(\frac{1.704}{\sqrt{n}} + \frac{4.678}{n^2}\right)\delta_\varphi \tag{6-40}$$

$$\psi_c = 1 - \left(\frac{1.704}{\sqrt{n}} + \frac{4.678}{n^2}\right)\delta_c \tag{6-41}$$

式中　ψ_φ——内摩擦角的统计修正系数;

　　　ψ_c——黏聚力的统计修正系数;

　　　δ_φ——内摩擦角的变异系数;

　　　δ_c——黏聚力的变异系数。

(3)内摩擦角标准值和黏聚力标准值

$$\varphi_k = \psi_\varphi \varphi_m \tag{6-42}$$

$$C_k = \psi_c C_m \tag{6-43}$$

式中　φ_k——内摩擦角标准值;

　　　C_k——黏聚力标准值;

　　　φ_m——内摩擦角的试验平均值;

　　　C_m——黏聚力的试验平均值。

5.4　按经验方法确定地基承载力

对于简单场地上的荷载不大的中小工程,可根据邻近条件相似的建筑物的设计和使用情况进行综合分析,确定其地基承载力特征值。

5.5　地基承载力特征值的修正

地基承载力除与土的性质有关外,还与基础底面尺寸及埋深等因素有关。《建筑地基基础设计规范》(GB 50007—2011)规定,当基础的宽度 b 大于或等于 3 m 以及基础的埋深 d 大于或等于 0.5 m 时,从载荷试验或其他原位测试、经验值等方法确定的地基承载力特征值尚需按下式修正

$$f_a = f_{ak} + \eta_b \gamma (b - 3) + \eta_d \gamma_m (d - 0.5) \qquad (6\text{-}44)$$

式中　f_a——修正后的地基承载力特征值，kPa；

　　　　f_{ak}——修正前的地基承载力特征值，kPa；

　　　　η_b、η_d——基础宽度和埋深的承载力修正系数，按基底土的类别从表 6-11 中查取；

　　　　γ——基础底面以下土的重度，kN/m^3，地下水位以下取浮重度；

　　　　γ_m——基础底面以上土的加权平均重度，kN/m^3，地下水位以下取浮重度；

　　　　b——基础宽度，m，当基础宽度小于 3 m 时按 3 m 计，大于 6 m 时按 6 m 计；

　　　　d——基础埋深，m，一般自室外地面标高算起，在填方整平地区，可自填土地面标高算起，但填土在上部结构施工完成时，应从天然地面标高算起，对于地下室，当采用箱形基础或筏板基础时，基础埋深自室外地面标高算起，当采用独立基础或条形基础时，应从室内地面标高算起。

表 6-11　基础宽度和埋深的承载力修正系数

土的类别		η_b	η_d
淤泥和淤泥质土		0	1.0
人工填土 e 或 I_L 大于等于 0.85 的黏性土		0	1.0
红黏土	含水比 $\alpha_w > 0.8$	0	1.2
红黏土	含水比 $\alpha_w \leqslant 0.8$	0.15	1.4
大面积压实填土	压实系数大于 0.95、黏粒含量 $\rho_c \geqslant 10\%$ 的粉土	0	1.5
大面积压实填土	最大干密度大于 2.1 t/m^3 的级配砂石	0	2.0
粉土	黏粒含量 $\rho_c \geqslant 10\%$ 的粉土	0.3	1.5
粉土	黏粒含量 $\rho_c < 10\%$ 的粉土	0.5	2.0
e 及 I_L 均小于 0.85 的黏性土		0.3	1.6
粉砂、细砂（不包括很湿和饱和时的稍密状态）		2.0	3.0
中砂、粗砂、砾砂和碎石土		3.0	4.4

注：1. 强风化和全风化的岩石，可参照所风化成的相应土类取值，其他状态下的岩石不修正。

　　2. 地基承载力特征值按《建筑地基基础设计规范》（GB 50007—2011）附录 D 深层载荷试验，η_d 取 0。

　　3. 含水比是指土的天然含水量与液限的比值。

　　4. 大面积压实填土是指填土范围大于两倍基础宽度的填土。

5.6　建筑物地基的强度验算

各级建筑物地基的强度验算均应满足下列规定：

轴心荷载作用时　　　　　　　　　$p \leqslant f_a$　　　　　　　　　　　　　　　(6-45)

偏心荷载作用时　　　　　　　　　$p_{max} \leqslant 1.2 f_a$　　　　　　　　　　　(6-46)

式中　p——基础底面处的平均基底压力；

　　　　p_{max}——基础底面的最大压力值；

　　　　f_a——修正后的地基承载力特征值。

6　工作任务

练习题

（1）某条形基础的宽度为 1.2 m，基础埋深为 2.5 m，地基土为均质土，湿重度为 $\gamma = 18$ kN/m³，内摩擦角 $\varphi = 16°$，黏聚力 $C = 10$ kPa，地下水位埋藏很深。试求地基土的临塑荷载 p_{cr} 和临界荷载 $p_{1/4}$。

（参考答案：159.2 kPa，166.9 kPa）

（2）某黏性土地基上建筑条形基础，$b = 2$ m，埋深 $d = 1.5$ m，地下水位与基底面齐平。地基土的比重 $G_s = 2.70$，孔隙比 $e = 0.70$，地下水位以上的饱和度 $S_r = 0.75$，土的抗剪强度 $C = 10$ kPa，$\varphi = 150°$。求地基土的临塑荷载 p_{cr} 和临界荷载 $p_{1/4}$、$p_{1/3}$。

（参考答案：112.54 kPa，118.81 kPa，120.97 kPa）

（3）某条形基础的宽度为 3 m，基础埋深为 1 m，地基土的重度 $\gamma = 19$ kN/m³，黏聚力 $C = 1.0$ kPa，内摩擦角 $\varphi = 10°$。试按太沙基公式求：①地基的极限荷载；②地下水位上升到基础底面时极限荷载的变化。

（参考答案：95.1 kPa，变小）

项目7 挡土墙的稳定性验算

　　本项目的主要任务是确定作用在挡土墙上的各类土压力、对所设计的挡土墙进行稳定性验算。知识目标是掌握土压力的概念和分类,朗肯土压力理论和库仑土压力理论计算的方法,挡土墙的稳定性验算。技能目标是会根据工程资料确定挡土墙的类型、土压力的计算和挡土墙的稳定性验算。

　　为防止土坡发生滑坡和坍塌,在水库枢纽、引水枢纽、水电站及各种渠系建筑工程中常采用挡土墙来支挡边坡或挡土。如土石坝与混凝土坝以及溢流坝的连接结构(见图7-1(a)),水电站及船闸的翼墙、岸墙(见图7-1(b)),水闸的进出口翼墙、岸墙(见图7-2),内河及码头中的挡土墙(见图7-3),渠系水工建筑物中的桥、涵洞、倒虹吸、渡槽等进出口连接结构(见图7-4),水库库岸、河道边坡滑坡及崩塌的防治工程(见图7-5)。

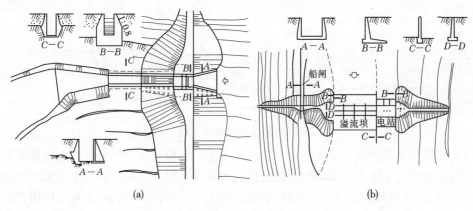

(a)　　　　　　　　　　　　　　(b)

图7-1　水利水电枢纽工程中的挡土墙

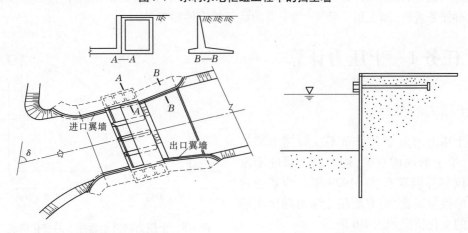

图7-2　进水闸中的挡土墙　　　　　图7-3　港口码头中的挡土墙

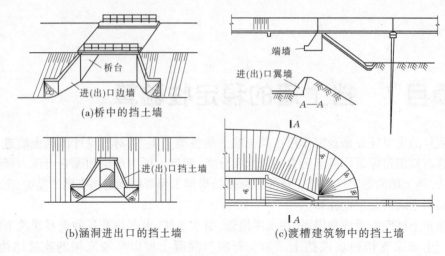

(a)桥中的挡土墙

(b)涵洞进出口的挡土墙

(c)渡槽建筑物中的挡土墙

图 7-4　渠系水工建筑物中的挡土墙

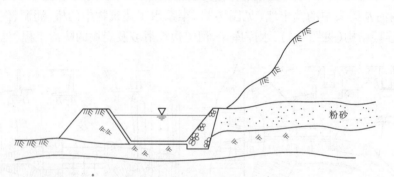

图 7-5　渠边岸边的挡土墙

　　以上所述用来支挡填土并承受来自填土的压力的结构均称为挡土墙。土体作用在挡土墙上的压力称为土压力。要求所设计的挡土墙不发生滑动、倾覆,不产生过大的沉降并且节省工程量、材料和投资,确定作用在墙背上的土压力的性质、大小、方向和作用点是一个关键问题,因此土压力是挡土墙断面设计和稳定性验算的重要依据。本学习项目分两个学习任务进行,即土压力计算、挡土墙的地基稳定性验算。

■ 任务 1　土压力计算

1　土压力的类型

　　土压力的大小和分布不仅与挡土墙的高度、填土的性质有关,还与挡土墙的刚度及其位移等因素有关。1929 年太沙基通过挡土墙模拟试验,研究测得土压力随挡土墙位移的变化情况如图 7-6 所示。

　　根据挡土墙位移情况和墙后填土的应

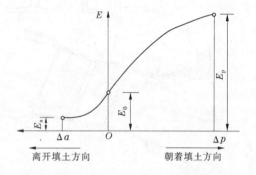

图 7-6　土压力随挡土墙位移的变化情况

力状态,土压力分为静止土压力、主动土压力和被动土压力三类。

(1)静止土压力:当挡土墙静止不动时,墙后填土处于静止状态,此时作用在挡土墙上的土压力称静止土压力(见图7-7(a))。静止土压力强度用 p_0(kPa)表示,作用在每延米长挡土墙上的静止土压力合力用 E_0(kN/m)表示。

(2)主动土压力:当挡土墙在墙后填土推力作用下,背离填土方向移动或转动时,随着挡土墙位移的增加,则作用在挡土墙上的土压力逐渐减小,当墙后填土达到主动极限平衡状态时,填土中出现连续的滑动面,此时作用在挡土墙上的土压力减小到最小值,称为主动土压力(见图7-7(b)),主动土压力强度、主动土压力合力分别用 p_a、E_a 表示。

(3)被动土压力:当挡土墙在外力作用下,向着填土方向移动或转动时,随着挡土墙位移的增加,则作用在挡土墙上的土压力逐渐增加,当墙后填土达到被动极限平衡状态,填土中出现连续的滑动面,此时作用在挡土墙上的土压力增加到最大值,称为被动土压力(见图7-7(c)),被动土压力强度、被动土压力合力分别用 p_p、E_p 表示。

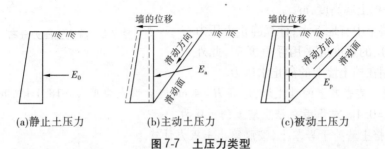

图7-7　土压力类型

由图7-6 土压力与挡土墙位移的关系曲线及三种土压力的概念可知:$E_a < E_0 < E_p$。实际工程中墙后填土未必达到极限平衡状态,作用在挡土墙上的土压力可能为主动土压力和被动土压力之间的某一数值,其大小与挡土墙的位移情况有关。本单元主要介绍三种土压力的计算方法。

2　静止土压力计算

2.1　静止土压力的工程应用

(1)地下室外墙,因有内隔墙支挡,外墙位移与转角为零,外墙受力按静止土压力计算。

(2)坚硬岩基上的挡土墙,因墙与岩石地基联结牢固,墙体不可能发生位移与转动,也按静止土压力计算。

(3)水闸、船闸的边墙,因与闸底板连成整体,边墙位移可忽略不计,也都按静止土压力计算。

2.2　静止土压力的计算

挡土墙受静止土压力作用时,由于墙静止不动,土体无侧向位移,墙后任意深度 z 处取一微小单元体。作用在此微小单元体上的竖向应力 σ_z 为土的自重应力 γz,该处的水平自重应力 σ_0 为静止土压力强度 p_0,即

$$p_0 = \sigma_0 = K_0\sigma_z = K_0\gamma z \tag{7-1}$$

式中　γ——土的重度，kN/m^3；

　　　　z——计算点深度，m；

　　　　K_0——静止土压力系数，与土的性质、密实度、应力历史等有关，可通过室内或现场
　　　　　　　静止侧压力试验测定，当缺少试验资料时，可用经验公式估算：砂土 $K_0 = 1 -$
　　　　　　　$\sin\varphi'$，正常固结黏土 $K_0 = 0.96 - \sin\varphi'$，超固结黏土 $K_0 = OCR^{0.5}(1 - \sin\varphi')$。

由式(7-1)可知：静止土压力的强度 p_0 沿深度 z 为线性变化，其分布规律如图7-8 所示。

作用在挡土墙上，每延米静止土压力合力
E_0 的大小等于分布图形的面积，合力作用点
通过土压力强度分布图形的形心，水平指向
墙背。

$$E_0 = \frac{1}{2}K_0\gamma H^2 \qquad (7-2)$$

式中　H——挡土墙高度，m。

当墙后填土中有地下水，计算静止土压力
时，水下透水层的重度应采用浮重度 γ'，此外
还应考虑作用在挡土墙上的静止水压力。

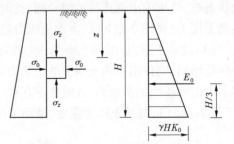

图7-8　静止土压力分布

【例7-1】　某岩基上的挡土墙，墙高 $H = 4$ m，墙后填土重度 $\gamma = 18.1$ kN/m^3，静止土
压力系数 $K_0 = 0.4$。求作用在挡土墙上的土压力。

解：因为挡土墙处于岩基上，按照静止土压力计算。

(1)计算 A、B 两点处的静止土压力强度。

A 点：$p_{0A} = K_0\gamma z_A = 0$

B 点：$p_{0B} = K_0\gamma z_B = 0.4 \times 18.1 \times 4 = 28.96(kPa)$

(2)绘出静止土压力分布图，如图7-9 所示。

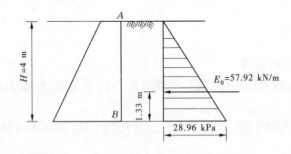

图7-9　例7-1 图

(3)计算总静止土压力，大小即土压力分布图的面积。

$$E_0 = \frac{1}{2} \times 28.96 \times 4 = 57.92(kN/m)$$

方向水平指向墙背，作用点距墙底 $H/3 = 4/3 = 1.33(m)$。

3　朗肯土压力理论

3.1　基本原理

朗肯于 1857 年研究了半无限土体在自重作用下,处于极限平衡时的应力条件,提出了著名的朗肯土压力理论。朗肯土压力理论最初是对干的无黏性土提出的,后来将这一理论推广到黏性土和有水的情况。

朗肯土压力理论假设土体是具有水平表面的半无限体,墙背竖直光滑。目的是使水平面和竖直面为主应力面。在半无限土体中取一竖直平面 AB,如图 7-10(a)所示,在 AB 平面上深度 z 处的 M 点取一单元体,其上作用有法向应力 σ_x、σ_z。因为 AB 面为半无限体的对称面,所以该面无剪力作用,σ_x、σ_z 均为主应力。

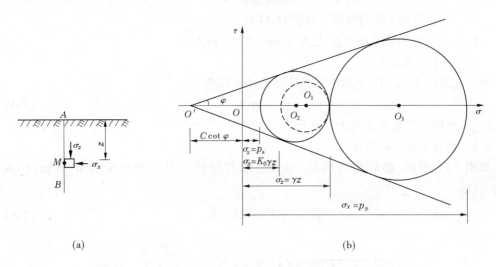

$$(a) \qquad\qquad\qquad (b)$$

图 7-10　朗肯土压力及被动状态

由于 AB 面两侧的土体无相对位移,土体处于弹性平衡状态,$\sigma_z = \gamma z$,$\sigma_x = K_0 \gamma z$,其应力状态可以用图 7-10(b)中的莫尔应力圆 O_1 表示,莫尔应力圆 O_1 与强度包线(库仑直线)相离,该点处于弹性平衡状态,土对墙的作用力即是作用在挡土墙上的静止土压力。

假设用刚性、墙背光滑且竖直的挡土墙代替 AB 面左侧土体,墙与填土间无相对位移时,墙后填土的应力状态仍符合半无限弹性体的应力状态。若挡土墙背离土体方向产生位移,随着位移量的增加,竖向应力 $\sigma_z(\sigma_1)$ 保持不变,水平向应力 $\sigma_x(\sigma_3)$ 则逐渐减小,当莫尔应力圆增大到与强度包线(库仑直线)相切时,该单元体达到主动极限平衡状态,如图 7-10(b)中的圆 O_2。作用在挡土墙上的主动土压力 p_a 大小就等于该单元体的最小水平应力值 $\sigma_{x\min}(\sigma_3)$,此时墙后填土出现两组滑裂面,并与水平面成 $45° + \varphi/2$ 夹角。

若挡土墙向着土体方向产生位移,随着位移量的增加,竖向应力 σ_z 保持不变,水平向应力 σ_x 则逐渐增加,并且大、小主应力的方向发生改变,σ_z 由 σ_1 转变成 σ_3,σ_x 由 σ_3 转变成 σ_1,当莫尔应力圆增大到与强度包线(库仑直线)相切时,该单元体达到被动极限平衡状态,如图 7-10(b)中圆 O_3。作用在挡土墙上的被动土压力 p_p 大小就等于该单元体的最大水平应力值 $\sigma_{x\max}(\sigma_1)$,此时墙后出现两组滑裂面,均与水平面成 $45° - \varphi/2$ 的夹角。

3.2　朗肯主动土压力计算

3.2.1　基本计算公式

当墙后填土处于主动极限平衡状态时,某一深度 z 处的土单元体所受的竖向应力 σ_z 是大主应力,水平向应力 σ_x(主动土压力强度 p_a)是小主应力,即

$$\sigma_z = \sigma_{1f}, \quad \sigma_x = p_a = \sigma_{3f}$$

当土单元体处于极限平衡状态时,大、小主应力之间满足如下条件

$$\sigma_{3f} = \sigma_{1f}\tan^2(45° - \varphi/2) - 2C\tan(45° - \varphi/2)$$

故此得

$$p_a = \sigma_z\tan^2(45° - \varphi/2) - 2C\tan(45° - \varphi/2) = \sigma_z K_a - 2C\sqrt{K_a} \tag{7-3}$$

式中　p_a——墙背任一点处的主动土压力强度,kPa;

　　　　σ_z——深度为 z 处的竖向有效应力,kPa;

　　　　K_a——朗肯主动土压力系数,$K_a = \tan^2(45° - \varphi/2)$;

　　　　C——土的黏聚力。

对于无黏性土,$C = 0$,主动土压力计算公式可写成

$$p_a = \sigma_z K_a \tag{7-4}$$

3.2.2　几种情况下朗肯主动土压力计算

3.2.2.1　墙后填土为均质土

如图 7-11 所示,墙后为均质填土情况,墙背处任一点的竖向应力 $\sigma_z = \gamma z$,代入式(7-3)得

$$p_a = \gamma z K_a - 2C\sqrt{K_a} \tag{7-5}$$

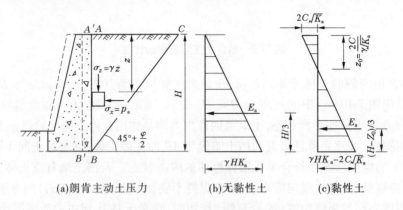

(a)朗肯主动土压力　　　　(b)无黏性土　　　　(c)黏性土

图 7-11　均质填土的朗肯主动土压力

由式(7-5)可以看出,均质填土,p_a 随深度 z 的增大呈线性变化,即主动土压力为线性分布。

(1)填土为无黏性土时,主动土压力沿深度 z 呈三角形线性分布,如图 7-11(b)所示。

设挡土墙高为 H,则作用在墙上的主动土压力合力大小可按三角形分布图面积计算,即

$$E_a = \frac{1}{2}K_a\gamma H^2 \tag{7-6}$$

其方向水平指向墙背,作用点位于图形形心,即 $H/3$ 处。

(2)填土为黏性土时,即有 $C \neq 0$,则由式(7-5)可知:

当 $z = 0$ 时,$p_a = -2C\sqrt{K_a} < 0$,即存在拉应力区,拉应力区的深度 z_0 为 $p_a = 0$ 处的 z 值。

令 $p_a = \gamma z K_a - 2C\sqrt{K_a} = 0$,可得拉应力区高度为

$$z_0 = \frac{2C}{\gamma\sqrt{K_a}} \tag{7-7}$$

当 $z = H$ 时,$p_a = \gamma H K_a - 2C\sqrt{K_a}$。

由于土体不能承受拉应力,所以求合力时不考虑拉应力的作用。朗肯主动土压力的分布图应为图 7-11(c)所示的阴影三角形,三角形高为 $H - z_0$。朗肯主动土压力合力大小是其分布图形面积,即

$$E_a = \frac{1}{2}(\gamma H K_a - 2C\sqrt{K_a})(H - z_0) \tag{7-8}$$

作用点位于墙底以上 $(H - z_0)/3$ 处,方向水平指向墙背。

3.2.2.2　墙后填土为成层土

当墙后填土为成层土时,应考虑填土性质不同(重度、黏聚力、内摩擦角)对土压力的影响。在计算土压力时应注意两点:一是由于各层填土重度不同,计算填土竖向应力时在土层交界面处出现转折;二是由于各层填土内摩擦角不同,在计算主动土压力系数时,需要采用计算点所在土层的内摩擦角,所以在土层交界面处土压力强度出现转折,如图 7-12 所示。

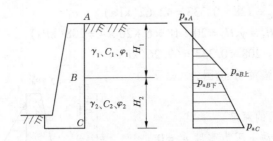

图 7-12　成层土的朗肯主动土压力

土压力合力大小由如图 7-12 所示的压力分布图形面积求得,土压力水平指向墙背,作用点位于图形形心。

3.2.2.3　墙后填土表面有均布荷载作用

如图 7-13 所示,当填土表面有连续均布荷载 q 作用时,可将均布荷载 q 换算成作用在填土上的等效土重(其重度 γ 与填土相同),其厚度 $h = q/\gamma$。墙背任一深度 z 处竖直方向的应力 $\sigma_z = q + \gamma z$,代入式(7-3),可得任一点的土压力强度为

$$p_a = (q + \gamma z)K_a - 2C\sqrt{K_a} \tag{7-9}$$

土压力合力求法同上。

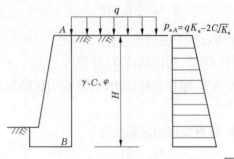

图 7-13　填土表面有均布荷载时的主动土压力

【例 7-2】　已知某挡土墙高 $10\ m$，墙背竖直、光滑，填土地面水平，墙后填土第一层土厚 $6\ m$，$\gamma_1 = 18\ kN/m^3$，$\varphi_1 = 20°$，$C_1 = 10\ kPa$；第二层土厚 $4\ m$，$C_2 = 0$，$\gamma_2 = 20\ kN/m^3$，$\varphi_2 = 30°$；填土表面作用连续均布荷载 $q = 20\ kPa$，如图 7-14 所示。计算挡土墙上的主动土压力分布，绘出土压力分布图，求合力 E_a。

解：(1) 求主动土压力系数。

已知 $\varphi_1 = 20°$，$\varphi_2 = 30°$ 得 $K_{a1} = \tan^2(45° - \dfrac{20°}{2}) = 0.490$，$K_{a2} = \tan^2(45° - \dfrac{30°}{2}) = 0.333$。

(2) 计算墙上 A、B、C 三点的主动土压力强度。

A 点：$\sigma_{zA} = q = 20\ kPa$

$$p_{aA} = \sigma_{zA}K_{a1} - 2C_1\sqrt{K_{a1}} = 20 \times 0.490 - 2 \times 10 \times \sqrt{0.490} = -4.2\ (kPa)$$

B 点：$\sigma_{zB} = q + \gamma_1 H_1 = 20 + 18 \times 6 = 128\ (kPa)$

$$p_{aB上} = \sigma_{zB}K_{a1} - 2C_1\sqrt{K_{a1}} = 128 \times 0.490 - 2 \times 10 \times \sqrt{0.490} = 48.72\ (kPa)$$

$$p_{aB下} = \sigma_{zB}K_{a2} = 128 \times 0.333 = 42.62\ (kPa)$$

C 点：$\sigma_{zC} = q + \gamma_1 H_1 + \gamma_2 H_2 = 20 + 18 \times 6 + 20 \times 4 = 208\ (kPa)$

$$p_{aC} = \sigma_{zC}K_{a2} = 208 \times 0.333 = 69.26\ (kPa)$$

(3) 绘出土压力强度分布图，如图 7-14 所示。

(4) 确定拉应力区的深度。

设距地面 z_0 处主动土压力强度 $p_a = 0$。

令

$$p_a = \sigma_z K_{a1} - 2C_1\sqrt{K_{a1}}$$
$$= (q + \gamma_1 z_0)K_{a1} - 2C_1\sqrt{K_{a1}} = 0$$

可得

$$z_0 = \frac{2C_1}{\gamma_1\sqrt{K_{a1}}} - \frac{q}{\gamma_1} = \frac{2 \times 10}{18 \times \sqrt{0.490}} - \frac{20}{18}$$
$$= 0.48\ (m)$$

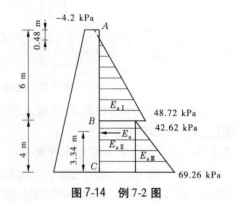

图 7-14　例 7-2 图

(5) 计算总主动土压力，大小即土压力分布图面积，把图形分成三部分：$E_{aⅠ}$、$E_{aⅡ}$、

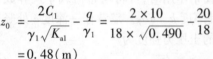

$E_{a\text{III}}$。

$$E_a = E_{a\text{I}} + E_{a\text{II}} + E_{a\text{III}} = \frac{1}{2} \times 48.72 \times (6 - 0.48) + 42.62 \times 4 + \frac{1}{2} \times (69.26 - 42.62) \times 4$$

$$= 134.47 + 170.48 + 53.28 = 358.23(\text{kN/m})$$

总主动土压力 E_a 作用点距 C 点的位置为 y_C，各分部分合力作用点距 C 点的位置为 y_{Ci}，则

$$y_C = \frac{E_{a\text{I}} y_{C\text{I}} + E_{a\text{II}} y_{C\text{II}} + E_{a\text{III}} y_{C\text{III}}}{E_a}$$

$$= \frac{134.47 \times \left(\dfrac{6 - 0.48}{3} + 4\right) + 170.48 \times \dfrac{4}{2} + 53.28 \times \dfrac{4}{3}}{358.23} = 3.34(\text{m})$$

3.2.2.4　墙后填土有地下水

当墙后填土中有地下水存在时,土压力计算时需把水上和水下作为两层,其中水上部分的土压力计算同前;水下的土压力计算土体的自重应力按浮重度计算。此外,在计算挡土墙受力情况时还应另计静水压力。

【例 7-3】　某挡土墙高 6 m,墙背铅直、光滑,无黏性填土表面水平,地下水位埋深 2 m,水上土体重度 $\gamma = 18$ kN/m³,水下土体饱和重度 $\gamma_{\text{sat}} = 19.3$ kN/m³,土体内摩擦角 $\varphi = 30°$(水上、水下相同)。如图 7-15 所示,试计算作用在挡土墙上的总压力。

解:(1)求主动土压力系数。

已知 $\varphi = 30°$ 得

$$K_a = \tan^2\left(45° - \frac{30°}{2}\right) = 0.333$$

(2)计算墙上 A、B、C 三点的主动土压力强度

A 点: $\sigma_{zA} = 0$

$$p_{aA} = \sigma_{zA} K_a = 0$$

B 点: $\sigma_{zB} = \gamma H_1 = 18 \times 2 = 36(\text{kPa})$

$$p_{aB} = \sigma_{zB} K_a = 36 \times 0.333 = 11.99(\text{kPa})$$

C 点: $\sigma_{zC} = \gamma H_1 + \gamma' H_2 = 36 + (19.3 - 9.81) \times 4 = 73.96(\text{kPa})$

$$p_{aC} = \sigma_{zC} K_a = 73.96 \times 0.333 = 24.63(\text{kPa})$$

(3)绘出土压力强度分布图,如图 7-15 所示。

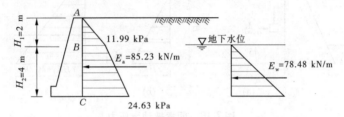

图 7-15　例 7-3 图

(4)计算总主动土压力。

$$E'_a = \frac{1}{2} \times 11.99 \times 2 + 11.99 \times 4 + \frac{1}{2} \times (24.63 - 11.99) \times 4$$

$$= 11.99 + 47.96 + 25.28 = 85.23(\text{kN/m})$$

(5)墙背上的静水压力呈三角形分布,总水压力为

$$E_w = \frac{1}{2}\gamma_w h_w^2 = \frac{1}{2} \times 9.81 \times 4^2 = 78.48(\text{kN/m})$$

(6)作用在挡土墙墙背上的总压力为

$$E = E_a + E_w = 85.23 + 78.48 = 163.71(\text{kN/m})$$

方向水平指向墙背,作用点距 C 点 y_C 为

$$y_C = \frac{11.99 \times (\frac{2}{3} + 4) + 47.96 \times 2 + 25.28 \times \frac{4}{3} + 78.48 \times \frac{4}{3}}{163.71} = 1.77(\text{m})$$

3.3　朗肯被动土压力计算

如图 7-16(a)所示,当墙后填土处于被动极限平衡状态时,某一深度 z 处的土单元体所受的水平向应力 σ_x(主动土压力强度 p_p)是大主应力,竖向应力 σ_z 是小主应力,即

$$\sigma_z = \sigma_{3f}, \quad \sigma_x = p_p = \sigma_{1f}$$

当土单元体处于极限平衡状态时,大、小主应力之间满足如下条件

$$\sigma_{1f} = \sigma_{3f}\tan^2(45° + \varphi/2) + 2C\tan(45° + \varphi/2)$$

故此得

$$p_p = \sigma_z\tan^2(45° + \varphi/2) + 2C\tan(45° + \varphi/2)$$

$$= \sigma_z K_p + 2C\sqrt{K_p} \tag{7-10}$$

式中　p_p——墙背任一点处的被动土压力强度,kPa;

　　　σ_z——深度为 z 处的竖向有效应力,kPa;

　　　K_p——朗肯被动土压力系数,$K_p = \tan^2(45° + \varphi/2)$;

　　　C——土的黏聚力。

对于无黏性土,$C = 0$,主动土压力计算公式可写成

$$p_p = \sigma_z K_p \tag{7-11}$$

朗肯被动土压力合力求法同朗肯主动土压力,如图 7-16(b)、(c)所示。

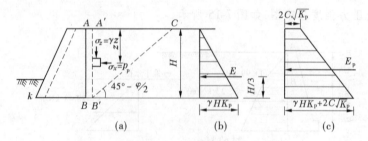

图 7-16　朗肯被动土压力

【例 7-4】　计算例 7-2 中作用在挡土墙上的被动土压力。

解:(1)求被动土压力系数。

$$K_{p1} = \tan^2\left(45° + \frac{20°}{2}\right) = 2.04, \quad K_{p2} = \tan^2\left(45° + \frac{30°}{2}\right) = 3$$

（2）计算墙上 A、B、C 三点的被动土压力强度。

A 点：$\sigma_{zA} = q = 20\ \text{kPa}$

$$p_{pA} = \sigma_{zA}K_{p1} + 2C_1\sqrt{K_{p1}} = 20 \times 2.04 + 2 \times 10 \times \sqrt{2.04} = 69.37(\text{kPa})$$

B 点：$\sigma_{zB} = q + \gamma_1 H_1 = 20 + 18 \times 6 = 128(\text{kPa})$

$$p_{pB上} = \sigma_{zB}K_{p1} + 2C_1\sqrt{K_{p1}} = 128 \times 2.04 + 2 \times 10 \times \sqrt{2.04} = 289.69(\text{kPa})$$

$$p_{pB下} = \sigma_{zB}K_{p2} = 128 \times 3 = 384(\text{kPa})$$

C 点：$\sigma_{zC} = q + \gamma_1 H_1 + \gamma_2 H_2 = 20 + 18 \times 6 + 20 \times 4 = 208(\text{kPa})$

$$p_{pC} = \sigma_{zC}K_{p2} = 208 \times 3 = 624(\text{kPa})$$

（3）绘出土压力强度分布图，如图 7-17 所示。

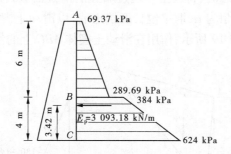

图 7-17　例 7-4 图

（4）被动土压力合力为

$$E_p = 69.37 \times 6 + 384 \times 4 + \frac{1}{2} \times (289.69 - 69.37) \times 6 + \frac{1}{2} \times (624 - 384) \times 4$$

$$= 416.22 + 1\,536 + 660.96 + 480 = 3\,093.18(\text{kN/m})$$

总被动土压力 E_p 作用点距 C 点的位置为 y_C

$$y_C = \frac{416.22 \times (3 + 4) + 1\,536 \times 2 + 660.96 \times (2 + 4) + 480 \times \dfrac{4}{3}}{3\,093.18} = 3.42(\text{m})$$

　　朗肯土压力理论，以土体中任一点的极限平衡条件推导计算公式，概念明确，公式简单，计算方便，但实际工程中挡土墙并非墙背光滑、铅直、填土表面水平，因而计算结果和实际情况有一定的误差。

4　库仑土压力理论

4.1　基本理论

　　库仑以墙后填土为干的无黏性土进行挡土墙模型试验，1776 年建立了根据墙后整个滑动土楔体的力的平衡条件来确定土压力的理论，即库仑土压力理论。

　　库仑土压力理论假定挡土墙是刚性的，墙后填土是均质的砂性土，当挡土墙背离或向着填土发生位移时，随着位移量的增加，墙后将产生一通过墙踵的滑裂面，当墙后土体达到主动或被动极限平衡状态时，形成滑动土楔体 ABC，如图 7-18 所示，根据滑动土楔体

ABC 的外力平衡条件的极限状态,可分别求出主动土压力或被动土压力的合力。

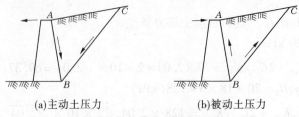

(a)主动土压力　　　　　　　(b)被动土压力

图 7-18　　库仑土压力假定

4.2　库仑主动土压力计算

如图 7-19 所示为一墙背倾斜的挡土墙,墙背倾角为 ε,填土表面 AC 是一平面,与水平面夹角为 β,设墙背与土体之间的摩擦角为 δ。当挡土墙背离土体方向产生位移而使墙后土体处于极限平衡状态时,将产生一通过墙踵的滑裂面 BC,形成滑动土楔体 ABC。假定该滑动面与水平面夹角为 α,取单位长度挡土墙,以滑动土楔体 ABC 为研究对象,考虑其静力平衡条件,如图 7-19 所示,作用在滑动土楔体 ABC 上的作用力有:

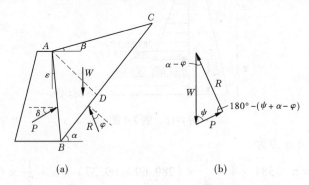

(a)　　　　　　　　　　　(b)

图 7-19　　库仑主动土压力计算图

(1)滑动土楔体 ABC 的自重 W,$W = \gamma S_{\triangle ABC}$,$\gamma$ 为土体重度,若 α 确定,W 就唯一确定。

(2)滑动面 BC 下土体的反力 R,R 是 BC 面上的摩擦力和法向反力的合力,R 的方向与 BC 面法线的夹角等于土的内摩擦角 φ。由于滑动土楔体 ABC 相对于 BC 面向下滑动,所以摩擦力沿 BC 面向上,故 R 的作用方向已知(法线下方)。

(3)墙背对滑动土楔体的支持力 P(大小等于土压力),P 是 AB 面上的摩擦力和法向反力的合力,P 的方向与 AB 面法线的夹角等于墙背与土体之间的摩擦角 δ。由于滑动土楔体 ABC 相对于墙背 AB 面下滑,所以摩擦力沿 AB 面向上,故 P 的作用方向已知(法线下方)。

根据滑动土楔体 ABC 的静力平衡条件,绘出 W、R 和 P 的力矢三角形,如图 7-19 所示。由正弦定理可得

$$\frac{W}{\sin(180° - \psi - \alpha + \varphi)} = \frac{P}{\sin(\alpha - \varphi)} \tag{7-12}$$

式中　$\psi = 90° - \varepsilon - \delta$;

其余符号意义同前。

由图 7-19 可知

$$W = \frac{1}{2}\gamma H^2 \frac{\cos(\varepsilon - \alpha)\cos(\beta - \varepsilon)}{\cos^2\varepsilon\sin(\alpha - \beta)}$$

代入式(7-12)可得

$$P = \frac{1}{2}\gamma H^2 \frac{\cos(\varepsilon - \alpha)\cos(\beta - \varepsilon)\sin(\alpha - \varphi)}{\cos^2\varepsilon\sin(\alpha - \beta)\cos(\alpha - \varepsilon - \delta - \varphi)} \tag{7-13}$$

从式(7-13)可知, P 的大小取决于 α, 即取的 α 值不同就有不同的 P 值。把 P 的反力看成是土楔体在自重作用下克服了滑动面 BC 上的摩擦力以后向前滑动的力。可见, P 值越大, 土楔体向下滑动的可能性也越大, 所以对应于 P_{max} 的滑动面是最危险滑动面, P_{max} 的反力即是主动土压力 E_a。因此, 求最危险滑动面的条件是 $\dfrac{dP}{d\alpha} = 0$, 解得 α, 就确定了最危险滑动面的位置。将 α 值代入式(7-13)即得

$$E_a = P_{max} = \frac{1}{2}\gamma H^2 K_a \tag{7-14}$$

其中

$$K_a = \frac{\cos^2(\varphi - \varepsilon)}{\cos^2\varepsilon\cos(\delta + \varepsilon)\left[1 + \sqrt{\dfrac{\sin(\delta + \varphi)\sin(\varphi - \beta)}{\cos(\delta + \varepsilon)\cos(\varepsilon - \beta)}}\right]^2} \tag{7-15}$$

式中　K_a ——库仑主动土压力系数, 是 φ、ε、δ、β 角的函数, 可由式(7-15)计算或查有关表求得;

　　　δ ——外摩擦角, 可按以下规定取值: 俯斜的混凝土或砌体墙, 取 $\left(\dfrac{1}{2} \sim \dfrac{2}{3}\right)\varphi$, 台阶形墙背, 取 $\dfrac{2}{3}\varphi$, 垂直混凝土或砌体墙, 取 $\left(\dfrac{1}{3} \sim \dfrac{1}{2}\right)\varphi$。

当符合朗肯土压力条件时($\varepsilon = 0$、$\delta = 0$、$\beta = 0$), 可得 $K_a = \tan^2(45° - \varphi/2)$。由此可以看出, 朗肯土压力公式是库仑公式的一种特例。

由式(7-14)可以看出, 主动土压力合力 E_a 的大小与挡土墙高 H 的平方成正比, 因此可以推定主动土压力沿墙高按直线规律分布, 任意深度 z 处的土压力强度 p_a 为 E_a 对 z 的一阶导数, 即

$$p_a = \frac{dE_a}{dz} = \frac{d}{dz}\left(\frac{1}{2}\gamma z^2 K_a\right) = \gamma z K_a \tag{7-16}$$

由式(7-16)可见, 主动土压力强度沿挡土墙高呈三角形分布, 如图7-20所示, 主动土压力的合力方向与墙背法线成 δ 角(在法线上方), 与水平面的夹角为 $\delta + \varepsilon$, 其作用点在距离墙底 $H/3$ 处。

【例7-5】　如图7-21所示, 挡土墙高5 m, 墙背倾角 $\varepsilon = +10°$。回填砂土并填成水平, 其重度 $\gamma = 18$ kN/m^3, $\varphi = 35°$, $\delta = 20°$。试计算作用于挡土墙上的主动土压力。

　　解: 已知 $\varphi = 35°$, $\delta = 20°$, $\varepsilon = +10°$, $\beta = 0$, 代入式(7-15)得: $K_a = 0.322$。

总主动土压力为

$$E_a = \frac{1}{2}\gamma H^2 K_a = \frac{1}{2} \times 18 \times 5^2 \times 0.322 = 72.45(\text{kN/m})$$

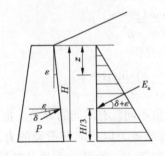

图 7-20　库仑土压力强度分布图

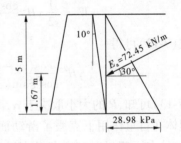

图 7-21　例 7-5 图

土压力为三角形分布,墙底处土压力强度为

$$p_a = \gamma H K_a = 18 \times 5 \times 0.322 = 28.98 (\mathrm{kPa})$$

土压力合力作用在 $H/3 = 1.67$ m 处,合力位于法线上方,方向与水平面成 $\varepsilon + \delta = 30°$ 角。

4.3　库仑被动土压力计算

当挡土墙在外力作用下向着填土方向发生位移而使墙后填土达到被动极限平衡状态时,将产生一通过墙踵的滑裂面 BC,形成滑动土楔体 ABC。假定该滑动面与水平面夹角为 α,取单位长度挡土墙,作用在滑动土楔体 ABC 上的作用力有 W、R、P,根据滑动土楔体 ABC 的静力平衡条件,绘出 W、R 和 P 的力矢三角形,如图 7-22 所示。

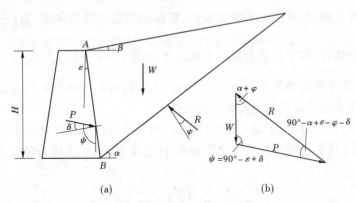

图 7-22　库仑被动土压力计算图

由正弦定理可得

$$P = \frac{W\sin(\alpha + \varphi)}{\sin(90° + \varepsilon - \delta - \alpha - \varphi)} \tag{7-17}$$

同样,可知 P 的大小取决于 α,对应于 P_{min} 的滑动面是最危险滑动面,P_{min} 的反力即是被动土压力 E_p。所以,求最危险滑动面的条件是 $\dfrac{\mathrm{d}P}{\mathrm{d}\alpha} = 0$,解得 α,就确定了最危险滑动面的位置。将解得的 α 值代入式(7-17)即得

$$E_p = P_{min} = \frac{1}{2}\gamma H^2 K_p \tag{7-18}$$

其中

$$K_p = \frac{\cos^2(\varepsilon + \varphi)}{\cos^2\varepsilon\cos(\delta - \varepsilon)\left[1 - \sqrt{\dfrac{\sin(\delta + \varphi)\sin(\varphi + \beta)}{\cos(\varepsilon - \delta)\cos(\varepsilon - \beta)}}\,\right]^2}$$　　　　(7-19)

式中　　K_p——库仑被动土压力系数,是 ε、β、δ、φ 的函数,可由式(7-19)计算,当 $\varepsilon = 0$,$\delta = 0$,$\beta = 0$ 时,$K_p = \tan^2(45° + \varphi/2)$。

　　被动土压力强度沿墙背的分布仍呈三角形,被动土压力的合力方向与墙背法线成 δ 角(在法线下方),与水平面的夹角为 $\delta - \varepsilon$,其作用点在距离墙底 $H/3$ 处。

5　工作任务

练习题

　　(1)已知一挡土墙,墙背铅直、光滑,墙后填土面水平,土的黏聚力 $C = 0$,内摩擦角 $\varphi = 25°$,填土重度 $\gamma = 18$ kN/m³,$K_0 = 1 - \sin\varphi$。求下列三种情况下地面以下 4 m 处的土压力。

　　①挡土墙的位移为 0;

　　②挡土墙被土推动,发生一微小位移;

　　③挡土墙向着土发生一微小位移。

（参考答案:41.6 kPa,29.2 kPa,177.4 kPa）

　　(2)已知一挡土墙,墙背竖直、光滑,墙后填土面水平,填土由两层土组成,4 m 以上为黏土,$\gamma_1 = 17$ kN/m³,$C_1 = 10$ kPa,$\varphi_1 = 20°$;4 m 以下为砂层,$\gamma_2 = 18$ kN/m³,$C_2 = 0$,$\varphi_2 = 26°$。求:①墙被推动,在 4 m 深处砂层顶面标高上和黏土层底面标高上的土压力各为多大?②墙推土发生一位移,在 4 m 深处砂土层顶面标高上和黏土层底面标高上的土压力各为多大?

（参考答案:26.55 kPa,19.33 kPa;174.15 kPa,167.25 kPa）

　　(3)一挡土墙高 4 m,墙背竖直、光滑,墙后填土面水平,填土为中砂,含水率 $\omega = 25\%$,孔隙比 $e = 1.0$,土粒比重 $G_s = 2.65$,$C = 0$,$\varphi = 30°$,若地下水位自墙底处上升到地面,求作用在墙背上的总压力合力和总压力合力的变化。

（参考答案:101.8 kN/m,减少 21.8 kN/m）

　　(4)一挡土墙高 6 m,墙背竖直、光滑,墙后填土面水平,并有 15 kPa 均布荷载,填土的孔隙率 $e = 0.4$,土粒比重 $G_s = 2.65$,$C = 0$,$\varphi = 30°$,地下水位在地表处,计算在墙背上的主动土压力合力及其作用点位置。

（参考答案:100.71 kN/m,2.3 m）

　　(5)已知一挡土墙高 5 m,墙背倾角为 10°,填土表面倾角为 20°,填土为无黏性土,重度 $\gamma = 20$ kN/m³,内摩擦角 $\varphi = 30°$,$C = 0$,墙背与土的摩擦角 $\delta = \dfrac{\varphi}{2}$。试求作用在墙上的总主动土压力。

（参考答案:$E_a = 133.5$ kN/m）

■ 任务 2　验算挡土墙的稳定性

挡土墙设计包括挡土墙类型的选择，挡土墙断面尺寸的确定，以及挡土墙的验算。挡土墙的地基稳定性验算应根据地基情况、挡土墙的类型特点及施工条件进行计算。在各种荷载作用下，挡土墙地基应满足承载力、稳定和变形的要求。

1　挡土墙类型的选择

挡土墙的结构形式有多种，常用的结构形式有重力式、衡重式、半重力式、悬臂式、扶壁式、U 形槽结构、空箱式和板桩式等。

1.1　重力式挡土墙

重力式挡土墙一般由砖、石或混凝土材料建造，墙身截面较大，墙体的抗拉强度较小，主要依靠墙身的自重来保持稳定。在土质地基上往往由于受地基承载力的限制，不能太高；在岩基上虽然承载力不是控制条件，但高的重力式挡土墙由于截面大，材料耗费较多，一般高度在 6 m 以下较为经济。由于重力式挡土墙多就地取材、构造简单、施工方便，常在小型水工建筑物中应用。

重力式挡土墙按其墙背的形式，可以分为俯斜式、仰斜式和直立式三种，如图 7-23 所示。俯斜式挡土墙墙后填土易于压实，利于防渗，且便于施工。仰斜式挡土墙可降低土压力，但墙后填土不易压实，不便于施工。若墙后允许开挖边坡较陡，或为获得好的水流条件，有时采用由俯斜到仰斜过渡的扭曲翼墙。仰斜式挡土墙有时在渠道滑坡和崩塌防治工程中采用。

1.2　衡重式挡土墙

如图 7-24 所示，衡重式挡土墙由上墙、衡重台与下墙三部分组成，多采用混凝土或浆砌石建造。其稳定主要靠墙身自重和衡重台上填土重来满足。墙背开挖，允许边坡较陡时，如坚硬黏土，其衡重台以下可直接在开挖边坡内浇筑混凝土，以节省模板费用。由于衡重台以下墙背为仰斜，其土压力值也大为减小。墙背靠岩石修建的挡土墙，也常采用衡重式，衡重台以下由于墙背与岩石接触，此部分不受土压力的作用。由于衡重式挡土墙衡重台有减小土压力的作用，其断面一般比重力式小。因此，其应用高度较重力式大，特别是修建在岩基上的衡重式挡土墙，由于容许承载力较高，有时挡土墙的高度大于 20 m。

1.3　半重力式挡土墙

如图 7-25 所示，半重力式挡土墙采用混凝土建造，与重力式挡土墙比较有以下两个特点：其一是立墙断面减小，前后底脚放大；其二是墙身和底脚混凝土强度满足要求处不配筋或配置少量构造钢筋，在强度不满足要求处配有少量受力钢筋。与重力式挡土墙相比，同样高度的挡土墙，其地基应力小，且分布较均匀。因此，在同样地基条件下，其建筑高度可大于重力式挡土墙。

1.4　悬臂式挡土墙

如图 7-26 所示，悬臂式挡土墙由断面较小的立墙和底板（前趾板和踵板）组成，属轻型钢筋混凝土结构。其稳定性主要靠底板以上的填土重来保证，可以在较大范围内应用。

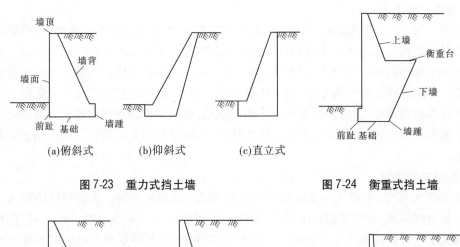

图 7-23　重力式挡土墙　　　　　　图 7-24　衡重式挡土墙

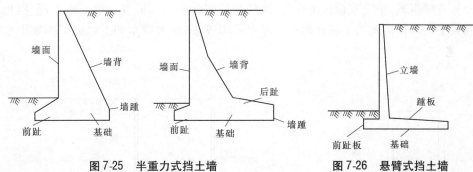

图 7-25　半重力式挡土墙　　　　　　图 7-26　悬臂式挡土墙

这种挡土墙在水工建筑物中应用广泛,8 m 以下高度范围内应用较多。

1.5　扶壁式挡土墙

如图 7-27 所示,扶壁式挡土墙由墙面板、底板(前趾板和踵板)和扶壁三部分组成,属轻型钢筋混凝土结构。其稳定性也主要是靠底板以上填土重来保证的。高度大于 10 m 的高挡土墙多采用这种形式。这种挡土墙在大型水利水电工程中有较广泛的应用。

1.6　U 形槽结构

如图 7-28 所示,在小型涵闸等水工建筑进出口及闸室部位,常采用 U 形槽结构,U 形槽结构分立墙和底板两部分。在岩基上 U 形槽跨度一般在 20 m 以内,在土地基上可达 30 m。在上述跨度内一般底板与边墙采用整体式结构较经济,而且整体性强,受力条件好。

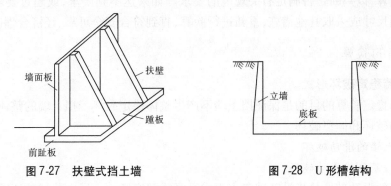

图 7-27　扶壁式挡土墙　　　　　　图 7-28　U 形槽结构

1.7　空箱式挡土墙

如图 7-29 所示,空箱式挡土墙由前墙、后墙、隔板、底板和顶板 5 部分构成,也属钢筋混凝土轻型结构。箱内不填土,但可以进水。这种挡土墙主要靠自重维持其稳定。其特点是作用于地基的单位压力小,且分布均匀,适于在墙的高度很大且地基承载力较低情况下采用。空箱式挡土墙结构复杂,材料用量较大。由于墙后填土部位地基承受压力远大于空箱底部的地基压力,常使地基产生不均匀沉陷,致使空箱挡土墙向填土方向倾斜。当水闸岸墙高度较大时,为使岸墙不受土压力作用,有时在岸墙外侧设置空箱式挡土墙起挡土作用。

1.8　板桩式挡土墙

如图 7-30 所示,板桩式挡土墙分无锚板桩和锚定式板桩两种。无锚板桩由埋入土中的部分和悬臂组成,锚定式板桩由板桩、锚杆和锚定板组成。板桩一般采用木板、钢板或钢筋混凝土板。板桩式挡土墙在码头工程中采用较多,在大型水利工程施工围堰中也有采用。

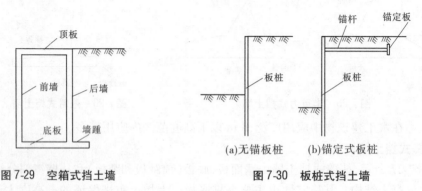

图 7-29　空箱式挡土墙　　　　　　　图 7-30　板桩式挡土墙

1.9　其他形式挡土墙

在水利工程中还有连拱式、加筋土式、空心重力式等挡土墙。

2　挡土墙断面尺寸的确定

挡土墙断面尺寸常采用试算法确定。首先,根据挡土墙所处的条件(工程地质条件、填土性质、墙体材料和施工条件等),凭经验初步拟定断面尺寸,然后进行挡土墙稳定性和强度的验算,以判断是否满足有关规范的要求。如果达不到要求,或超过要求甚远,则须调整断面尺寸或采取其他措施,重新进行验算,直到符合安全可靠、经济合理的要求。

3　挡土墙的验算

3.1　挡土墙稳定破坏形式

挡土墙稳定验算的目的是保证挡土墙不产生整体稳定破坏。挡土墙的整体稳定破坏主要有滑动破坏和倾覆破坏。

3.1.1　挡土墙的滑动破坏

3.1.1.1　沿基底的滑动破坏

沿基底的滑动破坏是指沿基础底表面或沿紧临基底表面土层中剪切破坏而产生的滑

动,如图7-31所示。

3.1.1.2　深层剪切滑动破坏

深层剪切滑动破坏也是由于地基中某一曲面上剪应力过大而产生的,如图7-32所示。这种情况多发生在基底上部为坚硬土层,其下有一层抗剪强度低的软弱土层。这时需考虑深层剪切破坏问题,挡土墙一般不会产生深层滑动稳定问题。

3.1.2　挡土墙的倾覆破坏

挡土墙的倾覆破坏是指挡土墙绕其前趾产生过大的前倾而破坏(见图7-33)。

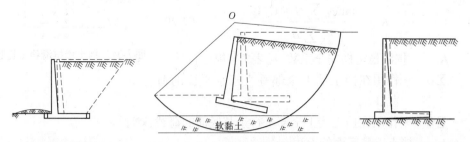

图7-31　沿基底的滑动破坏　　　图7-32　深层剪切滑动破坏　　　图7-33　挡土墙的倾覆破坏

3.2　挡土墙的稳定性验算

挡土墙设计应保证不产生前述各种稳定性破坏,为此需进行抗滑稳定性验算和抗倾覆稳定性验算。

以重力式挡土墙为例,进行抗滑稳定性和抗倾覆稳定性验算。

3.2.1　确定挡土墙上的受力

(1)墙身自重 W:挡土墙结构及其上部填料的自重应按其几何尺寸及材料重度计算确定。永久性设备应采用铭牌重量。

(2)土压力 E:这是挡土墙的主要荷载。作用在挡土墙上的土压力应根据挡土墙的类型和位移情况、墙后填土性质、挡土高度、填土内的地下水位、填土顶面坡角及超荷载等选择相应的计算公式计算确定。若挡土墙基础有一定埋深,则埋深部分前趾上因整个挡土墙前移而受挤压,故前趾部分受到被动土压力,但在挡土墙设计中因基坑开挖松动而忽略不计,使结果偏于安全。

(3)静水压力 E_w:应根据挡土墙不同运用情况时的墙前、墙后水位组合条件计算确定。多泥沙河流上的挡土墙还应考虑含沙量对水的重度的影响。

(4)挡土墙基础底面扬压力 U:即浮托力与渗透压力之和,计算时应根据地基类别,防渗与排水布置及墙前、墙后水位组合条件(应和计算静水压力的墙前、墙后水位组合条件相对应)计算确定。

(5)基底反力:挡土墙基底反力可分解为法向分力和水平分力两部分。为简化计算,法向分力与偏心受压基底反力相同,合力用 $\sum V$ 表示;水平分力的合力用 $\sum H$ 表示。

(6)淤沙压力:应根据墙前可能淤积的厚度及泥沙重度等参照 DL 5077—1997 的规定进行计算。

(7)风浪压力:由于其作用方向对挡土墙的稳定一般也是有利的,因此也可以不进行计算。当遇到需要计算挡土墙上所承受的风压力及浪压力时,可参照 DL 5077—1997 及

SL 265—2001 等标准的有关规定进行计算。

此外,作用在挡土墙上的冰压力、土的冻胀力、地震荷载等可按 DL 5077—1997、
SL 211—2006、SL 203—1997 等标准的规定进行计算。

3.2.2　抗滑稳定性验算

挡土墙抗滑稳定性验算见图 7-34。

（1）土质地基上挡土墙沿基底面的抗滑稳定性安全
系数

$$K_c = \frac{\tan\varphi_0 \sum G + C_0 A}{\sum H} \qquad (7\text{-}20)$$

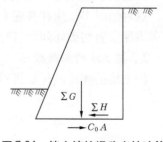

图 7-34　挡土墙抗滑稳定性验算

式中　K_c——抗滑稳定性安全系数,见表 7-1 规定;

　　　　$\sum G$——作用在挡土墙上全部垂直于水平面的荷

　　　　　　　　载,kN;

　　　　$\sum H$——作用在挡土墙上全部平行于基底面的荷载,kN;

　　　　A——挡土墙基底面的面积,m^2;

　　　　φ_0——挡土墙基底面与土质地基之间的摩擦角,(°),可按表 7-2 确定;

　　　　C_0——挡土墙基底面与土质地基之间的黏聚力,kPa,可按表 7-2 确定。

表 7-1　挡土墙抗滑稳定性安全系数的容许值

荷载组合		土质地基				岩石地基
		挡土墙级别				
		1	2	3	4	
基本组合		1.35	1.30	1.25	1.20	3.00
特殊组合	I	1.20	1.15	1.10	1.05	2.50
	II	1.10	1.05	1.05	1.00	2.30

注:特殊组合 I 适用于施工情况及校核洪水位情况,特殊组合 II 适用于地震情况。

表 7-2　φ_0、C_0 值

土质地基类别	φ_0 值	C_0 值
黏性土	0.9φ	$(0.2 \sim 0.3)C$
砂性土	$(0.85 \sim 0.9)\varphi$	0

注:φ、C 为室内饱和固结快剪试验测得的内摩擦角(°)、黏聚力(kPa)。

（2）岩石地基上挡土墙沿基底面的抗滑稳定性安全系数

$$K_c = \frac{f' \sum G + C' A}{\sum H} \qquad (7\text{-}21)$$

式中　f'——挡土墙基底面与岩石地基之间的抗剪断摩擦系数,可按表 7-3 确定;

　　　　C'——挡土墙基底面与岩石地基之间的抗剪断黏聚力,MPa,可按表 7-3 确定;

其余符号意义同前。

表7-3　f'、C'值

岩石地基类别		f'值	C'值（MPa）
硬质岩石	坚硬	$1.5 \sim 1.3$	$1.5 \sim 1.3$
	较坚硬	$1.3 \sim 1.1$	$1.3 \sim 1.1$
软质岩石	较软	$1.1 \sim 0.9$	$1.1 \sim 0.7$
	软	$0.9 \sim 0.7$	$0.7 \sim 0.3$
	极软	$0.7 \sim 0.4$	$0.3 \sim 0.05$

增加挡土墙的抗滑稳定性常采取以下工程措施：

①修改断面尺寸，通常加大底宽，增加墙自重，以增大抗滑力；

②在挡土墙基底铺砂、碎石垫层，提高摩擦系数，增大抗滑力；

③将挡土墙基底做成逆坡，利用滑动面上部分反力抗滑；

④在软土地基上，抗滑稳定性安全系数相差很小，采用其他方法无效或不经济时，可在挡土墙踵后面加钢筋混凝土拖板，或在墙底做凸榫，增大抗滑力（见图7-35）。

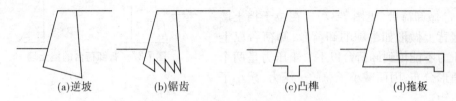

(a)逆坡　　　(b)锯齿　　　(c)凸榫　　　(d)拖板

图7-35　增加挡土墙抗滑稳定性的措施

3.2.3　抗倾覆稳定性验算

挡土墙抗倾覆稳定性验算见图7-36。

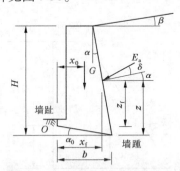

图7-36　挡土墙抗倾覆稳定性验算

挡土墙的抗倾覆稳定性是指挡土墙抵抗绕前趾向外转动倾覆的能力（力矩），用抗倾覆稳定性安全系数 K_0 表示。K_0 表示对于前趾抗倾覆的稳定力矩之和与倾覆力矩之和的比值，即

$$K_0 = \frac{M_{抗倾覆}}{M_{倾覆}} \qquad\qquad (7\text{-}22)$$

式中　K_0——挡土墙抗倾覆稳定性安全系数，见表7-4规定；

　　　$M_{抗倾覆}$——对挡土墙基底前趾的抗倾覆力矩，kN·m；

$M_{倾覆}$——对挡土墙基底前趾的倾覆力矩, kN·m。

表 7-4　挡土墙抗倾覆稳定性安全系数的允许值

荷载组合	土质地基				岩石地基			
	挡土墙级别				挡土墙级别			
	1	2	3	4	1	2	3	4
基本组合	1.60	1.50	1.50	1.40	1.50	1.50	1.50	1.40
特殊组合	1.50	1.40	1.40	1.30	1.30			

提高抗倾覆稳定性的措施如下:

(1)修改挡土墙尺寸,如加大墙底宽,增加墙自重,以增大抗倾覆力矩。这一方法增加较多的工程量,不经济。

(2)伸长墙前趾,增加混凝土工程量不多,但需增加钢筋用量。

(3)将墙背做成仰斜,可减小土压力,但施工不方便。

图 7-37　有卸荷台的挡土墙

(4)做卸荷台(见图 7-37)。在位于挡土墙竖向墙背上做形如牛腿的卸荷台,卸荷台以上的土压力不能传到卸荷台以下。土压力呈两个小三角形分布,因而减小了总的土压力,减小了倾覆力矩。

【例 7-6】　某二级挡土墙高 5 m,断面如图 7-38 所示,砌体重度 $\gamma = 25$ kN/m³,墙背铅直、光滑,墙后填土面水平,填土内摩擦角 $\varphi = 30°$,黏聚力 $C = 0$,填土重度 $\gamma = 18$ kN/m³,基底摩擦系数 $\mu = 0.43$。试验算该挡土墙的稳定性。

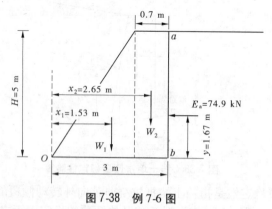

图 7-38　例 7-6 图

解:(1)计算墙背上总的土压力。

主动土压力系数:已知 $\varphi = 30°$,得 $K_a = \tan^2(45° - \dfrac{30°}{2}) = 0.333$。

计算墙上 a、b 两点的主动土压力强度:

a 点: $p_a = 0$

b 点:$p_a = \gamma H K_a = 18 \times 5 \times 0.333 = 29.97(\text{kPa})$

计算总主动土压力

$$E'_a = \frac{1}{2} \times 29.97 \times 5 = 74.93(\text{kN/m})$$

E'_a 作用点距墙底距离为

$$y = \frac{H}{3} = \frac{5}{3} = 1.67(\text{m})$$

取 1 m 墙长,其上的总土压力为

$$E_a = 74.93 \times 1 = 74.93(\text{kN})$$

(2)计算挡土墙自重。

取 1 m 墙长

$$W_1 = \frac{1}{2} \times (3 - 0.7) \times 5 \times 1 \times 25 = 143.75(\text{kN})$$

W_1 的作用点距 O 点距离 $x_1 = \frac{2}{3} \times (3 - 0.7) = 1.53(\text{m})$

$$W_2 = 0.7 \times 5 \times 1 \times 25 = 87.5(\text{kN})$$

W_2 的作用点距 O 点距离 $x_2 = 3 - \frac{0.7}{2} = 2.65(\text{m})$

(3)抗滑稳定性验算。

抗滑稳定性安全系数

$$K_c = \frac{\mu(W_1 + W_2)}{E_a} = \frac{0.43 \times (143.75 + 87.5)}{74.93} = 1.33 > 1.3$$

设计满足要求。

(4)抗倾覆稳定性验算。

对墙趾 O 点的倾覆力矩为

$$M_{倾覆} = E_a y = 74.93 \times 1.67 = 125.13(\text{kN} \cdot \text{m})$$

对墙趾 O 点的抗倾覆力矩为

$$M_{抗倾覆} = W_1 x_1 + W_2 x_2 = 143.75 \times 1.53 + 87.5 \times 2.65 = 451.8(\text{kN} \cdot \text{m})$$

抗滑稳定性安全系数为

$$K_0 = \frac{M_{抗倾覆}}{M_{倾覆}} = \frac{451.8}{125.13} = 3.6 > 1.5$$

设计满足要求。

4　工作任务

练习题

(1)挡土墙的几何尺寸如图 7-39 所示,填土的 $\varphi = 26°$,$\gamma = 18 \text{ kN/m}^3$,基底摩擦系数 $\mu = 0.5$,墙体重度 $\gamma = 22 \text{ kN/m}^3$。试验算挡土墙的抗滑稳定性和抗倾覆稳定性。

(参考答案:抗滑稳定性安全系数为 1.41,抗倾覆稳定性安全系数为 10.07)

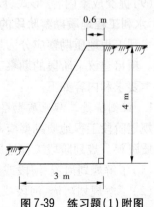

图 7-39　练习题(1)附图

项目 8　水利工程地质勘察报告阅读与分析

　　本项目的主要任务是学习工程地质勘察的内容与方法及阅读水利工程地质勘察报告。知识目标是熟悉工程地质勘察的内容与方法,了解工程地质勘察的工作程序。技能目标是会阅读分析水利工程地质勘察报告。

任务 1　水利工程地质勘察

1　水利工程地质勘察的内容

1.1　水利工程地质勘察大纲

　　勘察单位在开展野外工作之前,应收集和分析已有的地质资料,进行现场踏勘,了解自然条件和工作条件,结合工程设计方案和任务要求,编制工程地质勘察大纲。勘察大纲在执行过程中应根据客观情况变化适时调整。工程地质勘察大纲应包括下列内容:

　　(1)任务来源、工程概况、勘察阶段、勘察目的和任务。

　　(2)勘察地区的地形地质概况及工作条件。

　　(3)已有地质资料,前阶段勘察成果的主要结论及审查、评估的主要意见。

　　(4)勘察工作依据的规程、规范及有关规定。

　　(5)勘察工作关键技术问题和主要技术措施。

　　(6)勘察内容、技术要求、工作方法和勘探工程布置图。

　　(7)计划工作量和进度安排。

　　(8)资源配置及质量、安全保证措施。

　　(9)提交成果内容、形式、数量和日期。

1.2　水利工程地质勘察阶段的划分

　　水利工程地质勘察应分为规划、可行性研究、初步设计、招标设计和施工详图设计等阶段。项目建议书阶段的勘察工作宜基本满足可行性研究阶段的深度要求。各勘察阶段的基本要求和内容如下。

1.2.1　规划阶段工程地质勘察

　　规划阶段工程地质勘察应对规划方案和近期开发工程选择进行地质论证,并提供工程地质资料。规划阶段工程地质勘察应包括下列内容:

　　(1)了解规划河流、河段或工程的区域地质和地震概况。

　　(2)了解规划河流、河段或工程的工程地质条件,为各类型水资源综合利用工程规划选点、选线和合理布局进行地质论证。重点了解近期开发工程的地质条件。

(3)了解梯级坝址及水库的工程地质条件和主要工程地质问题,论证梯级兴建的可能性。

　　(4)了解引调水工程、防洪排涝工程、灌区工程、河道整治工程等的工程地质条件。

　　(5)对规划河流(段)和各类规划工程天然建筑材料进行普查。

1.2.2　可行性研究阶段工程地质勘察(选址勘察)

　　可行性研究阶段工程地质勘察应在河流、河段或工程规划方案的基础上选择工程的建设位置,并应对选定的坝址、场址、线路等和推荐的建筑物基本形式、代表性工程布置方案进行地质论证,提供工程地质资料。可行性研究阶段勘察应包括下列内容:

　　(1)进行区域构造稳定性研究,并对工程场地的构造稳定性和地震危险性作出评价。

　　(2)初步查明工程区及建筑物的工程地质条件、存在的工程地质问题,并作出初步评价。

　　(3)进行天然建筑材料初查。

　　(4)进行移民集中安置点选址的工程地质勘察,初步评价新址区场地的整体稳定性和适宜性。

1.2.3　初步设计阶段工程地质勘察

　　初步设计阶段工程地质勘察应在可行性研究阶段选定的坝(场)址、线路上进行。查明各类建筑物及水库区的工程地质条件,为选定建筑物形式、轴线,工程总布置提供地质依据。对选定的各类建筑物的主要工程地质问题进行评价,并提供工程地质资料。

　　(1)根据需要复核或补充区域构造稳定性研究与评价。

　　(2)查明水库区水文地质、工程地质条件,评价存在的工程地质问题,预测蓄水后的变化,提出工程处理措施建议。

　　(3)查明各类水利水电工程建筑物区的工程地质条件,评价存在的工程地质问题,为建筑物设计和地基处理方案提供地质资料和建议。

　　(4)查明导流工程及其他主要临时建筑物的工程地质条件。根据需要进行施工和生活用水水源调查。

　　(5)进行天然建筑材料详查。

　　(6)设立或补充、完善地下水动态观测和岩土体位移监测设施,并应进行监测。

　　(7)查明移民新址区工程地质条件,评价场地的稳定性和适宜性。

1.2.4　招标设计阶段工程地质勘察

　　招标设计阶段工程地质勘察应在批准审查的初步设计报告的基础上,复核初步设计阶段的地质资料与结论,查明遗留的工程地质问题,为完善和优化设计及编制招标文件提供地质资料。招标设计阶段勘察应包括下列内容:

　　(1)复核初步设计阶段的主要勘察成果。

　　(2)查明初步设计阶段遗留的工程地质问题。

　　(3)查明初步设计阶段工程地质勘察报告审查中提出的工程地质问题。

　　(4)提供与优化设计有关的工程地质资料。

1.2.5　施工详图设计阶段工程地质勘察

　　施工详图设计阶段工程地质勘察应在招标设计阶段的基础上,检验、核定前期勘察的

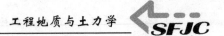

地质资料与结论,补充论证专门性工程地质问题,进行施工地质工作,为施工详图设计、优化设计、建设实施、竣工验收等提供工程地质资料。施工详图设计阶段工程地质勘察应包括下列内容:

(1)对招标设计报告评审中要求补充论证的和施工中出现的工程地质问题进行勘察。

(2)水库蓄水过程中可能出现的专门性工程地质问题。

(3)优化设计所需的专门性工程地质勘察。

(4)进行施工地质工作,检验、核定前期勘察成果。

(5)提出对工程地质问题处理措施的建议。

(6)提出施工期和运行期工程地质监测内容、布置方案和技术要求的建议。

1.3　水利工程地质勘察的工作程序

水利工程地质勘察的工作程序见图 8-1。

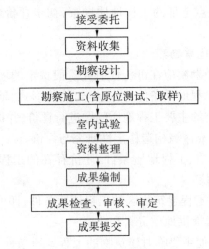

图 8-1　水利工程地质勘察的工作程序

1.4　工程地质勘察方法

工程地质勘察的基本方法有工程地质测绘和调查、工程地质勘探与物探、岩土工程测试、工程地质长期观测、工程地质资料室内整理等。

1.4.1　工程地质测绘和调查

1.4.1.1　工程地质测绘和调查的任务

工程地质测绘和调查是工程地质勘察的早期工作,它的任务是在综合分析测区内已有的地形地质、工程地质、水文地质等地质资料的基础上,编制测区的工程地质测绘工作底图,再利用工作底图填绘出测区内的地表工程地质图,为工程地质勘探、取样、试验、监测等的规划、设计和实施提供基础资料。它包括以下几项内容:

(1)地层岩性:查明测区范围内地表地层(岩层)的性质、厚度、分布变化规律,并确定其地质年代、成因类型、风化程度及工程地质特性等。

(2)地质构造:研究测区范围内各种构造形迹的产状、分布、形态、规模及其结构面的物理力学性质,明确各类构造岩的工程地质特性,并分析其对地貌形态、水文地质条件、岩石风化等方面的影响,以及构造活动尤其是地震活动的情况。

(3)地貌条件:调查地表形态的外表特征,如高低起伏、坡度陡缓和空间分布等;进而从地质学和地理学的观点分析地表形态形成的地质原因和年代,及其在地质历史中不断演变的过程和将来发展的趋势;研究地貌条件对工程建设总体布局的影响。

(4)水文地质:调查地下水资源的类型、埋藏条件、渗透性,分析水的物理性质、化学成分、动态变化,研究水文条件对工程建设和使用期间的影响。

(5)地质灾害:调查测区内边坡稳定状况,查明滑坡、崩塌、泥石流、岩溶等地质灾害分布的具体位置、规模及发育规律,并分析其对工程结构的影响。

(6)建筑材料:在建筑场地或线路附近寻找可以利用的石料、砂料、土料等天然建筑材料,查明其分布位置、大致数量和质量、开采运输条件等。

1.4.1.2　工程地质测绘和调查的精度

工程地质测绘和调查的精度可以通过测绘的比例尺和地质界线及地质点的测绘精度来控制。

(1)测绘的比例尺:一般根据工程地质勘察的阶段来确定。在可行性研究勘察阶段可选用1:5 000 ~ 1:50 000,在初步勘察阶段可选用1:2 000 ~ 1:10 000,在详细勘察阶段和施工勘察阶段可选用1:500 ~ 1:2 000。

对于工程地质条件复杂和对工程有重要影响的地质单元,可适当加大比例尺。

(2)测绘和调查的精度:对于图上尺寸不低于3 mm地质单元体的地质界线和地质观测点均应进行测绘和调查。

1.4.1.3　工程地质测绘方法

工程地质测绘方法有像片成图法和实地测绘法等。像片成图法是利用地面摄影或航空(卫星)摄影的像,在室内根据判释标志,结合所掌握的区域地质资料,把判明的地层岩性、地质构造、地貌、水系和不良地质现象等,转绘在图纸上,并在新绘成的图纸上选择需要进一步调查的地点和路线进行实地调查,对图纸进行修正和补充,得到工程地质图。

实地测绘法主要依靠野外实地测绘来完成。实地测绘法有路线穿越法、界线追索法和测点法三种。

(1)路线穿越法是指沿着在测区内选择的一些路线,穿越测绘场地,将沿线所遇到的地层、构造、不良地质现象、水文地质、地形、地貌等界线和特征点填绘在工作底图上的方法。为了能用较少的工作量获得较多工程地质资料,提高工作效率,测绘线路应尽量选择在与岩层走向、构造线方向及地貌单元相垂直,且露头多、覆盖层薄的方向上。

(2)界线追索法是指沿地层走向线、地质构造线、不良地质现象边界线等重要的工程地质界线进行追踪测绘的方法。

(3)测点法是指在测区内设若干观测点,再根据这些观测点的记录资料和工程地质图作图的原理进行工程地质测绘的方法。

以上三种方法的选择往往视测区内的地形、地质条件分布而定。由于路线穿越法具有工作量少、效率高的特点,因此在有条件的地区应首先选用,尤其是当地势较为平坦,布设测绘线路较为方便时,一般选用路线穿越法。测点法由于不利于测区内地质模型的判断或建立,一般仅用于地形复杂、不宜布置测绘线路的地区,或作为测绘线路附近的特殊观测点的补充使用。界线追索法则适用于重要的地质界线的专门测绘,多作为路线穿越法的补充。当然,在实际工程中测区内的地形、地质条件是千变万化的,常常需要将三种方法灵活运用。一般采用以路线穿越法为基础,对测绘线路附近的特殊观测点增加临时测点,对测绘线路附近的重要地质界线采用临时增加追索线路的办法可以取得较为理想的效果。

1.4.2　开挖勘探

开挖勘探是指将局部地质条件直接开挖,进行详细观察和描述的勘探方法。根据开挖体的空间形状的不同,开挖勘探可分槽探、坑探、井探和硐探等几种类型。

1.4.2.1　槽探

槽探是在地表挖掘呈长条形的沟槽(通常称探槽)进行地质观察和描述的勘探方法。它主要用于地层分界线、地质构造线或断裂破碎带、岩脉比较集中的地质剖面的测绘。

探槽的开挖深度一般小于 3 m,其断面有矩形、梯形和阶梯形等多种形式。一般采用矩形,当探槽深度较大时常用梯形,当探槽深度很大且探槽的两壁地层的稳定性较差时则需要阶梯形来保证探槽的两壁地层的稳定。

1.4.2.2　坑探

凡揭露勘探挖掘空间的三向尺寸相差不大时称挖掘空间为探坑,与之相应的勘探称为坑探。坑探主要用于非常局部的地质现象的重点勘探,深度一般为 1 ~ 2 m。

1.4.2.3　井探

凡揭露勘探挖掘空间的平面的长度和宽度相差不大,而深度远大于长度和宽度时称挖掘空间为探井,与之相应的勘探称为井探。井探主要用于局部地质现象随深度变化情况的重点勘探。探井深度一般为 3 ~ 15 m,断面形状有方形、矩形和圆形等。当在易坍塌的地层中开挖时要采取支护措施。

1.4.2.4　硐探

当需要对坡体以下某一标高的某一水平方向的工程地质条件进行重点勘探时,常采用在指定标高的指定方向开挖地下硐室的方法来完成。此种勘探方法称为硐探,所开挖的地下硐室称为探硐。

由上所述可以看出,揭露勘探,特别是井探和硐探的成本是比较高的,为了提高资金的使用效率,工程中除利用揭露勘探掌握勘探区域的工程地质现象外,还常利用开挖过程进行试验取样、现场试验等工作。

1.4.3　钻探

工程地质钻探是利用钻进设备,通过采集岩芯或观察井壁,以探明地下一定深度内的工程地质条件,补充和验证地面测绘资料的勘探工作。工程地质钻探既是获取地表下准确的地质资料的重要方法,也是采取地下原状岩土样和进行多种现场试验及长期观测的重要手段。目前,国内的土木工程的工程地质钻探工作主要按《建筑工程地质钻探技术标准》(JGJ 87—92)进行。

1.4.4　物探

物探是地球物理勘探的简称。它是利用岩土间的电学性质、磁性、重力场特征等物理性质的差异探测场区地下工程地质条件的勘探方法的总称。其中,利用岩土间的电学性质差异而进行的勘探称电法勘探;利用岩土间的磁性变化而进行的勘探称磁法勘探;利用岩土间的地球引力场特征差异而进行的勘探称重力勘探;利用岩土间传播弹性波的能力差异而进行的勘探称地震勘探。此外,还有利用岩土的放射性、热辐射性质的差异而进行的地球物理勘探方法。

物探虽然具有速度快、成本低的优点,但由于它仅能对物理性质差异明显的岩土进行辨别,且勘察过程中无法对岩土进行直接的观察、取样及其他的试验测试,因而一般工程地质主要用于特定的工程地质环境中精度要求较低的早期勘察阶段的大型构造、空区、地下管线等的探测。

1.4.5 岩土工程测试

岩土工程测试是在工程地质勘探的基础上,为进一步研究勘探区内岩土的工程地质性质而进行的试验和测定,故也称岩土测试。测试方法分原位测试和室内测试两种。原位测试是在现场岩土体中对不脱离母体的"试样"进行的试验和测定,室内测试则是将从野外或钻孔采取的试样送到实验室进行的试验和测定。原位测试是在现场条件下直接测定岩土的性质,避免了岩土样在取样、运输及室内试验准备过程中被扰动,因而所得的指标参数更接近于岩土体的天然状态,一般在重大工程中采用;室内测试的方法比较成熟,所取试样体积小,与自然条件有一定的差异,因而结果不够准确,但能满足一般工程的要求。

原位测试主要有三大任务:一是测定岩土体(地基土)的力学性质和承载力强度,方法主要有静载荷试验、静力触探试验、标准贯入试验、十字板剪切试验等;二是水文地质试验,主要有渗水试验、压水试验和抽水试验等;三是地基及基础工程试验,主要有不良地基灌浆补强试验和桩基础承载力试验等。

室内试验主要测定岩土体的物理性质指标(密度、界限含水率、含水率、饱和度、孔隙度、孔隙比等)和力学性质指标(压缩变形参数、抗剪强度、抗压强度等)。其内容已在前几个项目叙述,以下只介绍静载荷试验、静力触探试验、标准贯入试验和十字板剪切试验几种常用的测试方法。

(1)静载荷试验。

静载荷试验是在现场试坑或钻孔内放一载荷板,在其上依次分级加压 p,测得各级压力下土体的最终沉降量 s,直到承压板周围的土体有明显的侧向挤出或发生裂纹,即土体已达到极限状态。由此可以确定地基土的允许承载力和变形模量,研究地基变形范围和应力分布规律等。

(2)静力触探试验。

静力触探试验的仪器设备包括探杆、带有电测传感器的探头、压入主机、数据采集记录仪等,常将全部仪器设备组装在汽车上,造成静力触探车。试验方法是用压入装置,以 20 mm/s 的匀速静力,将探头压入被试验的土层,用电阻应变仪测量出不同深度土层的比贯入阻力等,以确定地基土的物理力学性质及划分土类。根据目前的研究和经验,静力触探试验成果可以用来划分土层,评定地基土的强度、变形参数和承载力等。静力触探试验适用于软土、黏性土、粉土、砂土和含少量碎石的土。

（3）标准贯入试验。

标准贯入试验是用 63.5 kg 的穿心锤，以 76 cm 的落距反复提起和自动脱钩落下，锤击一定尺寸的圆筒形贯入器，将其打入，测定每贯入 30 cm 厚土层所需的锤击数 $N_{63.5}$，以此确定该深度土层性质和承载力的一种动力触探方法。

标准贯入试验的主要成果有标准击数与深度的关系曲线和标贯孔工程地质柱状图，可以用来判断土的密实度和稠度、估算土的强度与变形指标、判别砂土液化、确定地基承载力、划分土层等。

（4）十字板剪切试验。

十字板剪切试验是采用十字板剪切仪，在现场测定饱和软黏土的抗剪强度的一种原位测试方法。试验时，将十字板头压入被测试土层中，或将十字板头装在钻杆前端压入打好的钻孔底以下 0.75 m 左右的被测试的土层中，然后缓慢匀速摇动手柄旋转（大约每转或每度 10 s 的速度转动），每转 1 转（1 度）记录钢环变形的百分表读数一次，直至读数不再增加或开始减小（即土体已经被剪切破坏）。试验一般要求在 3 ~ 10 min 内把土体剪切破坏，以免在剪切过程中产生孔隙水压力消散。

1.4.6　工程地质长期观测

工程地质长期观测是指在工程规划、勘察、施工阶段以至完工以后，对某些工程地质条件和某些工程地质问题进行长期观测，以了解其随时间变化的规律及发展趋势，从而验证、预测、评价其对工程建筑和地质环境的影响。工程地质长期观测的内容有地下水动态（水位、水量、水质等），各种物理地质现象，如滑坡动态、斜坡岩土体变形、水库塌岸、地基沉降速度及各部分沉降差异、建筑物变形等。观测时间为定期或不定期，其间隔和长短视观测内容需要和变化特点而定。

2　水利工程地质勘察报告

一个完整的水利工程地质勘察报告应由报告正文和报告附件组成。具体分述如下。

2.1　水利工程地质勘察报告正文

报告正文应全面论述本阶段勘察工作获得的各项成果并进行工程地质评价，提出结论和建议，要求内容客观真实，论述重点突出，形式务求实用，且应做到文字简练、条理清晰、论证有据，且图文相符。正文一般包括以下几个部分。

2.1.1　绪论（前言、概况）

绪论主要包括以下内容：勘察的目的、任务与要求，即接受任务时下达的设计书指标内指出的拟建建筑物的项目内容、区域地质条件、场地位置、面积范围；钻孔布置及钻探施工具体要求、施工注意事项；工作概况，应叙述钻机进退场时间、室内分析试验和报告编制时间；钻探过程中使用的钻机型号、钻进方法及冲洗液类型，岩土芯采取率；勘察项目完成的实际工作量（钻孔进尺、钻孔试验及取样等）；钻探质量是否达到勘察设计规范要求；勘察过程中主要执行的规范和规程。

2.1.2　区域地质概况

区域地质概况决定了一项工程的场地条件和地基岩土条件，应从地貌、地质构造和不良地质现象三个方面加以论述。

（1）地貌包括勘察场地的地貌部位、主要形态、次一级地貌单元划分。如果场地小且地貌简单,应着重论述地形的平整程度、相对高差。

（2）地质构造主要阐述的内容是:地层(岩石)、岩性、厚度;勘察场地所在的构造部位,有无活动断层通过,附近有无发震断层;岩层中节理、裂隙发育情况和风化、破碎程度。如果勘察场地大多地处平原,应划分第四系的成因类型,论述其分布埋藏条件、土层性质和厚度变化。

（3）不良地质现象包括勘察场地及其周围有无滑坡、崩塌、塌陷、潜蚀、冲沟、地裂缝等不良地质现象。如在碳酸盐岩类分布区,则要叙述岩溶的发育及其分布、埋藏情况。如果勘察场地较大,地质地貌条件较复杂,或不良地质现象发育,报告中应附地质地貌图或不良地质现象分布图;如场地小且地质地貌条件简单,又无不良地质现象,则在前述钻孔位置平面图上加地质地貌界线即可。当然,倘若地质地貌单一,则可免绘地质地貌界线。

2.1.3　工程地质条件

这一部分是工程地质勘察报告着重论述的问题,是进行工程地质评价的基础。

2.1.4　水文地质条件

工程地质勘察报告中应叙述施工场地的含水层,地表水及地下水的性质,影响地下水位发生变化的因素,地下水的补给方式、埋藏状态,地下水水质对混凝土的侵蚀性,要结合场地的地质环境,列出据以判定的主要水质指标,即 H^+、HCO_3^-、SO_4^{2-}、侵蚀 CO_2 的分析结果,并附水样化验报告说明场地的地表水及地下水情况,或按要求阐明水文地质条件。对于小场地或水文地质条件简单的勘察场地,论述的内容可以简化。

2.1.5　天然建筑材料

天然建筑材料是工程施工过程中必不可少的一部分,主要包括土料、砂砾料和石料等。应叙述勘察任务,各料场的勘探和取样情况、储量、质量评价及开采、运输条件等。

2.1.6　结论与建议

结论是勘察报告的精华,它不是前文已论述的重复归纳,而是简明扼要的评价和建议,一般包括以下几点:

（1）对场地条件和地基岩土条件的评价。

（2）结合工程的类型及荷载要求,论述各层地基岩土作为基础持力层的可能性和适宜性。

（3）选择持力层,建议基础形式和埋深。若采用桩基础,应建议桩型、桩径、桩长、桩周土摩擦力和桩端土承载力标准值。

（4）地下水对基础施工的影响和防护措施。

（5）基础施工中应注意的有关问题。

（6）建筑是否作抗震设防。

（7）其他需要专门说明的问题。

2.2　水利工程地质勘察报告的附件

水利工程地质勘察报告的附件主要是指报告附图、附表和照片图册等,一般包括如下内容。

2.2.1　工程地质图

工程地质图以地形图或地形地质图为底图,标明地貌单元,各类勘探点,剖面线的位置和编号,地层的时代,岩土性质和产状,构造的位置、产状和性质,不良地质现象的位置和性质,工程地质分区,图例,比例尺等。有时还附有综合地层柱状图表等,并附勘探点坐标、高程数据表。

2.2.2　工程地质剖面图

图上画出该剖面的岩土单元体的分布、地下水位、地质构造、标准贯入试验击数、静力触探曲线等。

2.2.3　钻孔柱状图

钻孔柱状图表示该钻孔所穿过的地层面综合成图表。图中表示有地层的地质年代,埋藏深度,厚度,顶、底标高,特征描述,取样和测试的位置,实测标准贯入击数,地下水位标高和测量日期,以及有关的物理力学指标随钻孔深度的变化曲线等。

柱状图的比例尺一般为 1:100 ~ 1:500。

2.2.4　有关图表

有关图表包括标准贯入试验、静力触探试验、动力触探试验、十字板剪切试验、旁压试验、载荷试验、波速试验、水底地层剖面仪探测等原位测试的成果图表,试验图表,岩芯照片图册等。

任务2　阅读与分析水利工程地质勘察报告

1　红山水库工程地质勘察报告实例

1.1　概述

红山水库位于宁波市东约 34 km 的北仑区春晓镇龙头岙山涧溪流上,坝址有沿海南线及简易公路相连接,交通较便利。红山水库于 1970 年 8 月动工,至 1982 年上半年竣工蓄水。水库大坝为黏土心墙砂壳坝,坝长 215 m,坝高 26.0 m(本次勘探揭露最大坝高为 33.20 m),坝顶高程约 48.7 m(1985 国家高程基准,下同),库区集水面积 2.8 km², 正常库容为 122.0 万 m³,总库容为 160.1 万 m³,是一座以灌溉为主,结合防洪、发电等综合利用的小型水库。

红山水库建库前没有做过地质勘察工作,建库后已运行 20 余年。按大坝安全鉴定的相关规程规范要求,本次勘察工作共布置 9 个钻孔:坝顶布置 6 个钻孔(其中 1 个植物胶取样孔),迎水坡布置 1 个钻孔,背水坡布置 2 个钻孔。现场勘察手段以钻探和水文地质试验为主,结合工程地质测绘。本阶段勘察工作的主要目的有:

(1)查明坝基覆盖层、坝肩的工程地质条件和水文地质条件。

(2)对坝体心墙土质量及心墙与下伏基岩、砂砾石层接触段进行水文地质评价。

(3)对左坝头溢洪道进口东侧的滑坡体进行工程地质测绘,提出工程治理建议。

本次工程地质勘察工作主要依据《水利水电工程地质勘察规范》(GB 50487—2008)、

《中小型水利水电工程地质勘察规范》（SL 55—2005）、《水利水电工程钻孔压水试验规程》（SL 30—2003）、《土工试验规程》（SL 237—1999）、《土工试验方法标准》（GB/T 50123—1999）、《碾压式土石坝设计规范》（SL 274—2001）进行。

勘察外业自 2005 年 7 月 5 日开始，8 月 29 日结束。完成的勘察工作量见表 8-1。

表 8-1　勘察外业完成的勘察工作量

项目		单位	工作量	
坝址区工程地质测绘（1∶1 000）		km²	0.10	
钻探	1. 常规钻孔	m/孔	354.75/8	411.75/9
	2. 植物胶取样孔	m/孔	57.0/1	
现场试验	1. 注水试验	段次	73	
	2. 压水试验	段次	5	
	3. 重型圆锥动力触探试验	次	17	
室内试验	1. 原状土样常规试验	个	55	
	2. 原状土样分散度试验	个	12	
	3. 砂砾石颗分试验	个	3	
	4. 水质分析试验	个	1	

1.2　区域地质及库区工程地质条件

1.2.1　地形地貌

库区属浙江省东部低山丘陵区，山势北高南低，区内植被茂盛，山涧沟谷深切，群山环抱，以构造侵蚀地貌为主，坝址南面紧临象山港。

1.2.2　地层岩性

库区出露的基岩为单一的侏罗系上统西山头组（J_3x）熔结凝灰岩，新鲜岩石呈青灰色，块状结构。第四系覆盖层主要为第四系全新统冲洪积（Q_4^{al+pl}）砂砾卵石层、第四系上更新统冲洪积（Q_3^{al+pl}）含泥砂砾卵石层，坝址处总厚度大于 25 m，分布于溪流河谷；第四系全新统残坡积（Q_4^{el+dl}）、崩坡积（Q_4^{col+dl}）粉质黏土夹碎石，主要分布于山坡坡麓及坡脚。

1.2.3　地质构造与地震

工程区位于华南褶皱系（I_2）浙东南褶皱带（II_3）中丽水—宁波隆起（III_7）的新昌—定海断隆带（IV_9）的北段，区内构造以断裂为主，褶皱不发育，地质构造较为简单，以北东向、北北东向压性、压扭性断裂为主。

本区区域构造稳定，根据《中国地震动参数区划图》（GB 18306—2001），工程区设防水准为 50 年超越概率 10% 的地震动参数：地震动峰值加速度为 0.05g（相应地震基本烈度值为 6 度），地震动反应谱特征周期为 0.35 s（按 1 区中硬场地考虑），设计地震分组为第一组。

1.2.4　水文地质条件

本区属亚热带季风气候，气候温暖，雨量充沛。地下水主要受大气降水补给，向河流排泄。地下水类型有第四系松散堆积物孔隙潜水和基岩裂隙水。局部（含泥）砂砾卵石层可能分布有孔隙性承压水，但水头很小，本次勘探期间坝址区钻孔中未见承压水。

孔隙潜水地下水位埋深浅，水位受季节变化，透水性大，水量相对丰富。基岩裂隙水富水性主要受岩石的风化程度和地质构造控制，水量贫乏。

1.2.5　水库区工程地质条件

1.2.5.1　水库渗漏

水库库周群山环抱，分水岭宽厚，组成库周的岩石为抗渗性良好的火山碎屑岩，库周围未见渗透性良好的区域性断层通过，故水库渗漏问题不存在。

1.2.5.2　库岸稳定

水库已运行 20 余年，库周除左坝头溢洪道进口东北侧山体存在滑坡体外，水库其余库周岩土体完整性较好，自然边坡整体稳定性尚好，未发生大范围的库岸再造问题。

1.3　坝址区工程地质条件

1.3.1　坝体填筑料及物理力学性质指标

水库大坝为心墙砂壳坝，坝体填筑材料由心墙防渗体、坝壳、护坡块石等组成。坝体填筑材料分别描述如下：

I_1：碎石土，由碎石及少量粉质黏土组成，厚度 0.65～0.9 m，分布于坝顶表面。

I_2：干砌护坡块石，以块石为主，底部有少量碎石，厚度 0.5～0.6 m，分布于迎水坡、背水坡表面。

II_1（心墙防渗体）：主要为含砾粉质黏土，局部为粉质黏土、砾砂，以灰黄色、棕黄色为主，粉质黏土呈可塑—硬塑状。心墙土局部夹风化碎石，碎石粒径一般为 0.5～5 cm，大者大于 10 cm。坝顶处心墙最厚达 32.55 m。

心墙土主要物理力学性质指标如下：

黏粒含量 10.9%～43.4%，平均值 29.15%，$\omega = 20.1\%～37.0\%$，$\rho_d = 1.36～1.69$ g/cm^3，$e = 0.615～1.011$，$a_v = 0.144～0.432$ MPa^{-1}，$E_s = 4.21～11.35$ MPa，$k_h = 4.22 \times 10^{-7}～2.77 \times 10^{-4}$ cm/s（室内试验，下同），$k_v = 5.77 \times 10^{-8}～1.50 \times 10^{-4}$ cm/s，$C_{快} = 7.9～31.6$ kPa，$\varphi_{快} = 14.8°～25.7°$，$C_{固} = 18.6～43.5$ kPa，$\varphi_{固} = 19.1°～27.5°$。

ZK2、ZK3 孔各取 1 组心墙土样进行击实试验，最大干密度 $\rho_{dmax} = 1.63～1.67$ g/cm^3，平均为 1.65 g/cm^3；最优含水量 $\omega_{op} = 20.0\%～21.5\%$，平均为 20.7%。

本次勘察共取了 12 组心墙土样进行分散度试验，分散度为 0～8.3%，均为非分散性土。分散度试验结果汇总见表 8-2。

表8-2 心墙土分散度试验结果汇总

土样编号	钻孔位置	孔口高程(m)	取样深度(m)	分散度 D(%)	类别
ZK1－2	坝轴线桩号 0＋020 m	48.80	4.45～4.70	4.0	非分散性土
ZK1－4			9.85～10.10	0	
ZK1－6			17.45～17.70	1.5	
ZK2－2	坝轴线桩号 0＋072 m	48.65	6.00～6.25	1.8	
ZK2－4			12.00～12.25	2.6	
ZK2－6			18.20～18.45	0	
ZK2－8			24.25～24.50	1.6	
ZK2－10			30.40～30.65	8.3	
ZK3－5	坝轴线桩号 0＋107 m	48.60	16.20～16.45	0	
ZK3－8			26.50～26.50	0.3	
ZK4－3	坝轴线桩号 0＋140 m	48.60	10.25～10.50	0	
ZK4－7			22.70～22.95	0.4	

Ⅱ₂、Ⅱ₃(坝壳):坝壳填筑料可分为Ⅱ₂层砂砾土和Ⅱ₃层堆石两个亚层。Ⅱ₂层砂砾土由残坡积、全风化层填筑而成,主要由黏土质砾砂及少量粉质黏土组成,局部偶夹碎块石。Ⅱ₂层砂砾土主要物理力学性质指标如下:

$\omega = 20.0\% \sim 28.9\%$,$\rho_d = 1.49 \sim 1.69$ g/cm³,$e = 0.599 \sim 0.833$,$a_v = 0.144 \sim 0.249$ MPa^{-1},$E_s = 6.86 \sim 11.16$ MPa,$C_固 = 29.5$ kPa,$\varphi_固 = 27.7°$。

Ⅱ₃层堆石主要由碎石组成,含少量块石,碎石粒径一般为5～10 cm,大者大于15 cm。该层主要分布在迎水坡及背水坡一级马道以下坝体上部。背水坡 ZK7、ZK8 钻孔揭露该层。

1.3.2 坝基工程地质条件

坝基覆盖层为第四系全新统冲洪积(Q_4^{al+pl})砂砾卵石层、上更新统冲洪积(Q_3^{al+pl})含泥砂砾卵石层,基岩为侏罗系上统西山头组(J_3x)熔结凝灰岩。ZK7 钻孔揭露坝基覆盖层埋藏最深达－4.85 m 高程。坝基地层自上而下分别描述如下:

Ⅲ₁:粉质黏土层(Q_4^{al+pl}),灰色,稍湿,可塑。该层为原坝基地表耕植土,本次勘探仅背水坡第二级别马道 ZK8 钻孔揭露,厚度 0.45 m。上游坝基部位施工时已将该层全部挖除。

Ⅲ₂:砂砾卵石层(Q_4^{al+pl}),灰黄色,稍密—中密,卵石粒径一般为2～5 cm,少数大于10 cm,局部见漂石,砾卵石成分以火山岩为主,次圆—次棱角状,分选性较差,厚度为4.8～6.0 m。水库建坝时,坝轴线心墙齿槽部位已将该层全部挖除。

Ⅲ₃:含泥砂砾卵石层(Q_3^{al+pl}),灰黄色、黄褐色,中密—密实,泥质胶结,卵石粒径一般为2～10 cm,少数大于10 cm,局部见漂石,钻孔中见漂石,最大直径达 1.35 m;砾卵石表面已风化,部分砾卵石呈全强风化,砾卵石成分以火山岩为主,次圆—次棱角状,泥质胶结程度、密实度随埋深增大而提高。ZK7 钻孔揭露该层最大厚度达 23.45 m。不均匀系数 $C_u = 190.17 \sim 3\,471.0$,曲率系数 $C_c = 5.162 \sim 124.28$。ZK9 钻孔中原状砂砾石样品,颗粒分析成果详见表 8-3。根据 ZK9 钻孔颗粒分析试验成果,细颗粒含量 P_c 均小于 25%,坝基含泥砂砾卵石的渗透变形类别为管涌。

表 8-3　钻孔 ZK9 坝基含泥砂砾卵石颗粒分析成果

样品编号	取样高程(m)	d_{60} (mm)	d_{30} (mm)	d_{10} (mm)	C_u	C_c
ZK9 – 1	10.0 ~ 15.0	38.182	7.225	0.011	3 471.0	124.28
ZK9 – 2	5.0 ~ 10.0	54.580	11.352	0.287	190.17	8.227
ZK9 – 3	0 ~ 5.0	55.460	6.873	0.165	336.12	5.162

Ⅳ:基岩,岩性为侏罗系上统西山头组(J_3x)熔结凝灰岩,青灰色,块状构造。左岸强风化带厚 0 ~ 4.0 m,弱风化带厚 7.0 ~ 12.0 m;河床段强风化带厚 0.8 ~ 1.1 m;右岸强风化带厚 1.0 ~ 1.5 m。

1.3.3　地质构造

坝址区地质构造简单,两岸地表及钻孔中均未见断层通过。发育的节理以中等—陡倾角为主,节理面较平直,多充填铁锰质、方解石薄膜。大坝左岸主要发育两组节理:①N35° ~ 40°E/SE∠80°,② N60° ~ 65°W/SW∠75°;大坝右岸主要发育两组节理:①N15° ~ 20°E/NW∠85°,②N60° ~ 65°W/SW∠55°。

1.3.4　物理地质作用

左坝头溢洪道进口东北侧山体曾多次发生滑坡,该滑坡体若再次滑动,极有可能堵塞溢洪道进口,严重影响溢洪道的正常行洪功能,进而威胁水库大坝及下游村庄的安全。为查明滑坡体的工程地质条件,北仑区春晓镇政府于 2004 年 6 月委托浙江省工程勘察院对该滑坡体进行了勘察,并提交了《北仑区春晓镇红山水库左坝肩山体滑坡地质灾害勘察与方案设计》。因此,本次安全鉴定地质勘察工作,未针对该滑坡体布置钻探工作,仅以现场工程地质测绘为主,分析评价时结合利用前期的滑坡勘察资料。

该滑坡体地表为较松散的第四系全新统残坡积(Q_4^{el+dl})灰黄色含碎石粉质黏土覆盖,下伏基岩为侏罗系上统西山头组(J_3x)青灰色熔结凝灰岩。根据滑坡体附近基岩露头调查成果及前期钻孔资料,下伏基岩无不利于山体稳定的结构面组合,基岩整体稳定。

滑坡体后缘边界呈近直立的弧形,局部折线形,后缘高程 74 ~ 84 m,前缘高程 43 m,滑坡体纵向长度约 58 m,最大横向宽度约 100 m,经钻孔揭露平均厚度约 12 m,总体积约 6 万余 m³。滑坡体地表多处发育拉张、剪切陡坎,剪切、鼓丘裂缝。

1.3.5　工程地质评价

1.3.5.1　心墙土填筑质量评价

坝体心墙由非分散性的含砾粉质黏土填筑而成,土料主要来源于残坡积土,土质不均匀,性质差异较大,局部含较多碎石、砾砂。

本次勘察共进行了 48 组心墙土干密度试验,心墙土干密度 $\rho_d = 1.36 \sim 1.69$ g/cm³,平均干密度 $\rho_d = 1.50$ g/cm³。心墙土击实试验平均最大干密度 $\rho_{dmax} = 1.65$ g/cm³,计算可得坝体心墙土的平均压实度为 91%,低于现行规范要求的标准。48 组土样中仅有 6 组土样压实度大于 96%,仅占取样总数的 12.5%。

1.3.5.2　心墙土防渗性能评价

坝体 II₁ 层心墙土现场注水试验渗透系数 $k = 2.2 \times 10^{-5} \sim 1.4 \times 10^{-3}$ cm/s,属弱—中等透水性;室内土工试验水平渗透系数 $k_h = 4.22 \times 10^{-7} \sim 2.77 \times 10^{-4}$ cm/s,属极微—中等透水性,垂直渗透系数 $k_v = 5.77 \times 10^{-8} \sim 1.50 \times 10^{-4}$ cm/s,属极微—中等透水性。

心墙土现场 32 段注水试验渗透系数均大于 1.0×10^{-5} cm/s,18 组土样室内渗透试验中,亦有 10 组土样水平渗透系数大于 1.0×10^{-5} cm/s,8 组土样垂直渗透系数大于 1.0×10^{-5} cm/s,不能满足现行规范要求的心墙防渗体渗透系数不大于 1.0×10^{-5} cm/s 的要求,建议进行防渗处理。

1.3.5.3　坝基渗漏与渗透稳定性评价

坝基为深厚的(含泥)砂砾卵石层。水库动工至今已 42 年,蓄水运行也已 30 年,坝体、坝基压缩沉降变形已基本趋于稳定,坝基的主要工程地质问题是心墙土与坝基接触带、坝基深厚覆盖层的渗漏与渗透稳定问题。

大坝基础开挖时虽已挖除表部强透水的 III₂ 层砂砾卵石,将防渗心墙齿槽设置在 III₃ 层含泥砂砾卵石上,但坝轴线位置 III₃ 层含泥砂砾卵石上部(厚度 4.7 ~ 5.6 m,底部高程 10.5 ~ 10.9 m)仍属中等透水性,存在渗漏及渗透稳定问题。心墙齿槽与坝基接触带属中等透水性,存在接触渗流问题。坝轴线处 III₃ 层含泥砂砾卵石与基岩接触带属弱透水性,不存在接触渗流问题。建议对心墙齿槽地基 III₃ 层上部中等透水的含泥砂砾卵石层进行渗透稳定分析,必要时进行防渗处理。

1.3.5.4　坝肩渗漏与渗透稳定评价

左岸坡基岩风化较深,浅部基岩及坝体与基岩接触带均为相对透水层,存在接触冲刷和浅部绕坝渗漏问题,建议进行帷幕灌浆处理,防渗帷幕应与坝基防渗体相连。右岸坡基岩风化浅,岩体完整性相对较好,且坝体与基岩接触带透水性弱,工程地质条件较左岸好,不存在接触冲刷和绕坝渗漏问题。

1.3.5.5　左岸滑坡体工程地质评价

据现场工程地质测绘及浙江省工程勘察院的专题报告,溢洪道进口东北侧滑坡体主要由残坡积的灰黄色含碎石粉质黏土组成,滑坡体主要沿着土体与下伏基岩的接触面滑动。由于滑坡体土质较松散,且下伏基岩面倾角较陡,因而在持续强降雨作用下,土体浸润饱和导致自身抗剪强度降低,同时在强降雨形成的土体渗流作用下,土体与下伏基岩接触面摩擦系数亦降低,两者同时作用导致了土体沿基岩面滑动。

总之,该滑坡体是持续强降雨作用诱发的沿下伏基岩面的顺层滑坡。目前,该滑坡体由蠕动阶段进入滑动阶段,在持续强降雨作用下有可能再次发生滑动,建议对该滑坡体采取削坡卸荷处理措施,同时加强坡面排水和植被保护的综合治理措施。

1.3.5.6　建议参数

III₂ 层砂砾卵石:干密度 $\rho_d = 2.0$ g/cm³,$E_s = 35$ MPa,$\varphi = 33°$,$J_允 = 0.10 \sim 0.12$;III₃

层含泥砂砾卵石层:干密度 $\rho_d = 1.90\ \mathrm{g/cm^3}$,$E_s = 40\ \mathrm{MPa}$,$\varphi = 35°$,$J_允 = 0.30 \sim 0.40$。

1.4　结论及建议

(1)水库区域构造稳定,根据《中国地震动参数区划图》(GB 18306—2001),工程区设防水准为 50 年超越概率 10% 的地震动参数:地震动峰值加速度为 $0.05g$(相应地震基本烈度值为 6 度),地震动反应谱特征周期为 $0.35\ \mathrm{s}$,设计地震分组为第一组。

(2)大坝心墙防渗体由非分散性的含砾粉质黏土填筑而成,局部含较多砾砂、碎石,土质均匀性较差,部分物理力学性质指标(如压实度、渗透系数等)大多不能满足现行规范要求,建议进行防渗处理。

(3)坝基覆盖层为深厚的(含泥)砂砾卵石层。坝基的主要工程地质问题是心墙土与坝基接触带存在接触渗流,心墙齿槽地基Ⅲ₃层上部中等透水的含泥砂砾卵石存在渗漏与渗透稳定问题。建议对心墙齿槽地基Ⅲ₃层上部中等透水的含泥砂砾卵石层进行渗透稳定分析,必要时进行防渗处理。

(4)大坝右岸工程地质条件较左岸好。左岸浅部基岩及坝体与基岩接触带为相对透水层,存在接触冲刷和浅部绕坝渗漏问题,建议进行帷幕灌浆处理。

(5)左坝头溢洪道进口东北侧滑坡体主要是持续强降雨作用诱发的沿下伏基岩面的残坡积土体顺层滑坡,建议对该滑坡体采取削坡卸荷处理措施,同时加强坡面排水和植被保护的综合治理措施。

2　工作任务

练习题

(1)水利工程地质勘察的主要任务是什么?

(2)水利工程地质勘察应查明的工程地质条件有哪些?

(3)水利工程地质勘察的方法有哪些?

(4)水利工程地质勘察的步骤有哪些?

(5)水利工程地质勘察报告应包括哪些内容?

(6)水利工程地质勘察报告的附件应包括哪些内容?

参 考 文 献

[1] 中华人民共和国水利部. SL 237—1999 土工试验规程[S]. 北京:中国水利水电出版社,1999.

[2] 中华人民共和国交通部. JTG E40—2007 公路土工试验规程[S]. 北京:中国人民交通出版社,2007.

[3] 中华人民共和国水利部. SL 176—2007 水利水电工程施工质量检验与评定规程[S]. 北京:中国水利水电出版社,1997.

[4] 中华人民共和国住房和城乡建设部. GB 50487—2008 水利水电工程地质勘察规范[S]. 北京:中国计划出版社,2009.

[5] 中华人民共和国建设部. GB 50021—2001 岩土工程勘察规范(2009 年版)[S]. 北京:中国建筑工业出版社,2009.

[6] 中华人民共和国建设部. GB/T 50266—99 工程岩体试验方法标准[S]. 北京:中国计划出版社,1999.

[7] 中华人民共和国水利部. SL 55—2005 中小型水利水电工程地质勘察规范[S]. 北京:中国水利水电出版社,2005.

[8] 王启亮. 工程地质与土力学[M]. 北京:中国水利水电出版社,2008.

[9] 叶火炎. 土力学与地基基础[M]. 郑州:黄河水利出版社,2009.

[10] 张生. 堤防工程施工与质量控制[M]. 郑州:黄河水利出版社,2006.

[11] 《工程地质手册》编委会. 工程地质手册[M]. 4 版. 北京:中国建筑工业出版社,2008.

[12] 巫朝新. 工程地质与土力学[M]. 北京:中国水利水电出版社,2005.

[13] 左建. 工程地质及水文地质[M]. 北京:中国水利水电出版社,2004.

[14] 臧秀平. 工程地质[M]. 北京:高等教育出版社,2009.

[15] 刘世凯. 公路工程地质与勘察[M]. 北京:人民交通出版社,1999.

[16] 崔冠英. 水利工程地质[M]. 4 版. 北京:中国水利水电出版社,2008.

[17] 务新超. 土力学[M]. 郑州:黄河水利出版社,2003.

[18] 陈希哲. 土力学与地基基础[M]. 北京:清华大学出版社,1998.

[19] 管枫年. 水工挡土墙设计[M]. 北京:中国水利水电出版社,1995.

[20] 高大钊. 土质学与土力学[M]. 北京:人民交通出版社,2001.